工程建设定额原理与实务
（第4版）

主　编　陈贤清　阳利君

副主编　王淑敏　杨世金　张犁慌

　　　　奚元嶂　李晓英　付　沛

参　编　李苗苗　贺　超

北京理工大学出版社
BEIJING INSTITUTE OF TECHNOLOGY PRESS

内 容 提 要

本书按照高等院校人才培养目标以及专业教学改革的需要，根据最新工程造价相关标准和概预算定额编写。全书共分为九个项目，主要内容包括：工程建设定额概论，人工、材料、机械消耗定额的确定，企业定额，人工、材料、机械台班单价的确定方法，预算定额，概算定额、概算指标和投资估算指标，工程费用和费用定额，工期定额，建筑面积计算等。

本书可作为高等院校工程造价、建筑工程技术等土建类相关专业的教材，也可作为工程造价从业人员、参加培训人员的参考用书，以及函授和自考的辅导用书。

图书在版编目（CIP）数据

工程建设定额原理与实务 / 陈贤清，阳利君主编
. -- 4 版 . -- 北京：北京理工大学出版社，2024.1
ISBN 978-7-5763-2744-1

Ⅰ . ①工… 　Ⅱ . ①陈…②阳… 　Ⅲ . ①建筑工程—工程造价—高等学校—教材 　Ⅳ . ① TU723.3

中国国家版本馆 CIP 数据核字（2023）第 152443 号

责任编辑：封　雪　　　文案编辑：毛慧佳
责任校对：刘亚男　　　责任印制：王美丽

出版发行 / 北京理工大学出版社有限责任公司
社　　址 / 北京市丰台区四合庄路 6 号
邮　　编 / 100070
电　　话 / （010）68914026（教材售后服务热线）
　　　　　　（010）68944437（课件资源服务热线）
网　　址 / http：//www.bitpress.com.cn

版 印 次 / 2024 年 1 月第 4 版第 1 次印刷
印　　刷 / 北京紫瑞利印刷有限公司
开　　本 / 787 mm × 1092 mm　1/16
印　　张 / 15
字　　数 / 351 千字
定　　价 / 89.00 元

第4版前言

工程建设定额是固定资产再生产过程中的生产消耗定额，反映在工程建设中则是消耗在单位产品上的人工、材料、机械台班的规定额度。这种量的规定，反映了在一定社会生产力发展水平和正常生产条件下，完成建设工程中某项产品与各种生产消费之间的特定的数量关系。在建筑产品交易的过程中，定额能为市场需求主体和供给主体提供较准确的信息，并能反映出不同时期生产力水平与市场实际的适应程度。

党的二十大报告指出："深化教育领域综合改革，加强教材建设和管理"。本书本着"必需、够用"的原则，按"讲清概念、强化应用"的主旨进行修订。编者在修订时充分吸取了教师和学生反馈的意见和建议，对工程建设定额的相关原理及理论进行了广泛深入的调研和学习研究。为进一步增强学生的感性认识，本次修订主要注重教材内容的适用性和前沿性，充分体现先进的职业教育教学理念，突出实用性和操作性，以够用为主。本次修订主要进行了以下工作：

（1）为使本书更好地为学生提供其职业生涯所需要的实践知识、操作技能和职业态度，进一步体现工程建设定额的编制原理及定额套用的实际过程，本次修订时将本书的体例由传统的章节式调整为项目任务式，从而使本书能更好满足高职院校教育教学工作的需要。

（2）进行本次修订时，编者为每个项目设置了"素质目标"和"项目导读"模块。其中，"素质目标"模块以提高学生素质为根本宗旨，以培养学生的创新精神和实践能力为重点，明确学生学习完本项目内容应具备的综合素质目标；"项目导读"模块对本项目所讲述的内容进行了细致的归纳与总结，可以更加方便教师的教学和学生的学习，使学生对项目有整体了解、认识和把握，并使学生明确学习本项目后应达到的相应职业能力。

（3）本次修订根据最新工程定额及造价相关政策文件对原内容进行了修改与补充，强化了教材的实用性和先进性，使修订后的教材能更好地满足高等院校教学工作的需要。例如，结合《房屋建筑与装饰工程消耗量定额》（TY 01—31—2015）的内容，对书中定额项目说明及定额工程量计算规则进行修订；根据国家全面开展营业税改增值税的相关政策文件，对书中有关税金计取的内容进行修订。

（4）本次修订进一步完善相关细节，使本书的结构更加合理，叙述方式更加简明扼要，且富有逻辑性，便于学生理解和掌握。

本书由常德职业技术学院陈贤清、广西交通职业技术学院阳利君担任主编，广州南洋理工职业学院王淑敏、广西安全工程职业技术学院杨世金、云南农业职业技术学院张犁慌、吉林省经济管理干部学院奚元嶂、武汉工程职业技术学院李晓英、湖南建筑高级技工学校付沛担任副主编，阜新高等专科学校李苗苗、湖南高速铁路职业技术学院贺超参与编写。具体编写分工为：陈贤清编写项目一、项目四，阳利君、杨世金共同编写项目二、项目三，王淑敏、李苗苗共同编写项目五，张犁慌、贺超共同编写项目七，奚元嶂编写项目六，李晓英编写项目八，付沛编写项目九；本书修订过程中参阅了国内同行的多部著作，也参考了部分高等院校老师提出的很多宝贵的意见，在此表示衷心的感谢！

由于时间仓促，编者的经验和水平有限，书中难免存在不妥之处，恳请广大读者批评指正。

编　者

第3版前言

定额是企业管理科学化的产物，也是科学管理企业的基础和必备条件，在企业的现代化管理中占有十分重要的地位。工程建设定额是根据国家一定时期的管理体制和管理制度，依照不同定额的用途和适用范围，由指定机构按照一定程序和规则制定的。在工程建设中，定额通过对工时消耗的研究、机械设备的选择、劳动组织的优化、材料合理节约使用等方面的分析和研究，使各生产要素得到最合理的配置，从而最大限度地节约劳动力和减少材料的消耗，然后不断挖掘潜力，提高劳动生产率并降低成本。

"工程建设定额原理与实务"课程是以建筑制图、房屋构造、施工技术、施工组织为基础，通过本课程的学习，学生要掌握人工定额、机械台班定额、材料消耗定额的编制与应用、预算定额、企业定额的编制、概算定额、概算指标的编制。本书根据全国高职高专教育土建类专业教学指导委员会编写的专业教育标准和培养方案及主干课程教学大纲的要求，本着"必要、够用"的原则，以"讲清概念、强化应用"为主旨组织进行编写的。

为更加突出教学重点，本书在每章前均设置了【知识目标】和【能力目标】，对本章内容进行重点提示和教学引导；在每章后均设置了【本章小结】和【思考与练习】。其中【本章小结】以学习重点为依据，对各章内容进行归纳和总结，【思考与练习】以填空题、选择题及简答题的形式，更深层次的对学习的知识进行巩固。通过本课程的学习，学生应符合以下要求：

（1）熟悉工程建设定额的分类及体系，建设工程造价与定额计价。

（2）熟悉概算定额、概算指标和投资估算指标的编制。

（3）掌握人工、材料、机械消耗定额的确定方法。

本书由常德职业技术学院陈贤清、贵州工商职业学院苏军担任主编，由贵州城市职业学院薛倩、吉林省经济管理干部学院赵恩亮、吉林电子信息职业技术学院崔雪担任副主编。具体编写分工为：陈贤清编写第一章、第三章、第四章、第六章，苏军编写第八章、第九章，薛倩编写第二章，赵恩亮编写第五章，崔雪编写第七章。全书由贵州城市职业学院付盛忠担任主审。

本书资料丰富、内容充实，图文并茂编写新颖，注重对工程造价编制人员专业技术能力的培养，力求做到通俗易懂、易于理解，特别适合工程造价编制人员随查随用。

编者在本书的修订过程中参阅了大量的文献，在此向这些文献的作者致以诚挚的谢意！

由于时间仓促，编者的经验和水平有限，书中难免存在不妥之处，恳请广大读者批评指正。

编　者

第2版前言

工程建设定额是固定资产再生产过程中的生产消耗定额，反映在工程建设中则是消耗在单位产品上的人工、材料、机械台班的规定额度。这种量的规定，反映了在一定社会生产力发展水平和正常生产条件下，完成建设工程中某项产品与各种生产消费之间的特定的数量关系。在建筑产品交易过程中，定额能为市场需求主体和供给主体提供较准确的信息，并能反映出不同时期生产力水平与市场实际的适应程度。因此，由定额形成并完善建筑市场信息系统是我国社会主义市场经济体制的一大特色。

定额计价是以定额单价法确定工程造价，是我国采用的一种与计划经济相适应的工程造价管理制度。定额计价实际上是国家通过颁布统一的估算指标、概算指标，以及概算、预算和有关定额来对建筑产品价格进行有计划的管理。国家以假定的建筑安装产品为对象，制定统一的预算和概算定额，计算出每一单元子项的费用后，再综合形成整个工程的价格。在不同经济发展时期，建筑产品有不同的价格形式、不同的定价主体、不同的价格形成机制，而一定的建筑产品价格形式产生、存在于一定的工程建设管理体制和一定的建筑产品交换方式之中。我国建筑产品价格市场化经历了"国家定价—国家指导价—国家调控价"三个阶段。定额计价是以概预算定额、各种费用定额为基础依据，按照规定的计算程序确定工程造价的特殊计价方法。因此，就价格形成而言，利用工程建设定额计算出的工程造价介于国家指导价和国家调控价之间。

本书是以建筑制图、房屋构造、施工技术、施工组织为基础，通过本课程学习，学生要掌握人工定额、机械台班定额、材料消耗定额的编制与应用，预算定额、企业定额的编制，概算定额、概算指标的编制，并了解学习方法和学习目的。

本书是实践性很强的专业课，为增强学生的感性认识，本书的修订主要注重适用性和前沿性，充分体现先进的职业教育教学理念，突出实用性和操作性，以够用为主。在内容上，本次修订工作主要为增加工程建设定额实务方面的内容，特别增加了一些应用实例，如增加了工程建设定额的制定及修订，工程定额测定方法，企业定额编制实例，企业定额的应用，预算定额手册简介，预算定额的应用，概算定额应用注意事项，概算指标编制示例，概算指标的应用，投资估算指标编制示例，投资估算指标的应用，工期定额，建筑安装工期定额应用，建筑安装工程费用项目组成等内容。此外，在本次修订中，在各章后"思考与练习"部分增加了填空题、选择题与计算题，以便于学生课后复习参考，强化工程建设定额实务应用的能力。

本书由陈贤清、苏军、杨启鑫担任主编，由卢照辉、杨哲、薛倩、崔雪担任副主编，王亮、辛玉刚、彭子茂参与了本书部分章节的编写，全书由付盛忠担任主审。

编者在本书的修订过程中参阅了国内同行的多部著作，也参考了部分高职高专院校老师提出的很多宝贵意见，在此表示衷心的感谢！对于参与本书第1版编写但不再参加本次修订的老师、专家和学者，本书所有编写人员向你们表示敬意，感谢你们对高等职业教育改革所做出的不懈努力，希望你们对持续关注本书并多提宝贵意见。

限于编者的学识及专业水平和实践经验，本书仍难免存在疏漏之处，恳请广大读者批评指正。

编　者

第1版前言

定额是企业管理科学化的产物，也是科学管理企业的基础和必备条件，在企业的现代化管理中占有十分重要的地位。工程建设定额是根据国家一定时期的管理体制和管理制度，依照不同定额的用途和适用范围，由指定机构按照一定程序和规则制定的。在工程建设中，定额通过对工时消耗的研究、机械设备的选择、劳动组织的优化、材料合理节约使用等方面的分析和研究，使各生产要素得到最合理的分配，最大限度地节约劳动力和减少材料的消耗，从而提高劳动生产率和降低成本。

"工程建设定额原理与实务"是高职高专教育土建学科工程造价专业的一门重要专业课程。本书是根据全国高职高专教育土建类专业教学指导委员会制定的专业教育标准和培养方案及主干课程教学大纲的要求，本着"必需、够用"的原则，以"讲清概念、强化应用"为主旨进行编写的。

本书共分八章，主要阐述了建设工程造价与定额计价，人工、材料、机械台班消耗定额的确定，建筑安装工程人工、材料、机械台班单价的确定，预算定额，概算定额、概算指标和投资估算指标，企业定额的编制，费用和费用定额，建筑面积计算等内容。为更加适合教学使用，编者在章前设置了【学习重点】与【培养目标】，对本章内容进行重点提示和教学引导；章后设置【本章小结】和【思考与练习】，【本章小结】以学习重点为框架，对各章内容进行归纳总结，【思考与练习】以简答题和综合题的形式，从更深的层次给学生以思考、复习的切入点，从而构建出"引导—学习—总结—练习"的教学全过程。通过本课程的学习，学生应该符合以下要求：

◆ 熟悉工程投资估算指标、概算定额与概算指标、预算定额、工期定额以及企业定额的编制方法与作用。

◆ 掌握人工定额、材料消耗定额、机械台班消耗定额编制原理与方法。

◆ 掌握建设项目费用组成及应用；掌握人工、材料、机械台班预算价格组成及计取方法。

◆ 熟悉建设项目费用组成及计取方法；掌握建筑安装工程费用组成与计取方法。

◆ 能运用定额的编制原理，进行工时及材料消耗数量测定，编制企业定额、预算定额、概算定额。

◆ 能熟练运用预算定额、费用定额和工期定额，进行定额的套用、调整与换算，以及费用计取和施工工期的计算。

本书既可作为高职高专院校土建学科工程造价等专业的教材，也可作为工程造价从业人员学习、培训的参考用书。本书的主编陈贤清在编写过程中参阅了国内同行多部著作，也参考了部分高职高专院校老师提出的很多宝贵意见，一并表示衷心的感谢！

限于编者的专业水平和实践经验，书中若存在疏漏之处，恳请广大读者批评指正。

编　者

目 录

项目一 工程建设定额概论

定额是指人们根据各种不同需要，对某一事物规定的数量标准。在工程建设中时，定额一般是指在一个工程项目的新建、改建、扩建及进行生产经营活动中，为完成一定计量单位的合格产品所预先规定的必须消耗的人工、材料和机械台班的消耗量标准。工程建设定额是确定建筑工程造价、编制工程计划，以及组织和管理施工的重要依据。

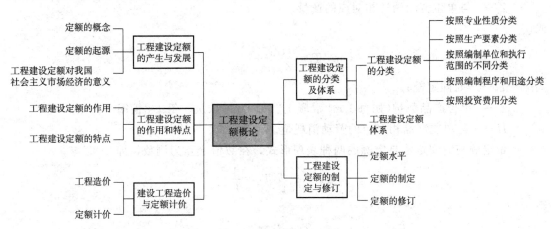

学习导图

任务一 工程建设定额的产生与发展

◎ 任务重点

掌握定额的概念。

一、定额的概念

定额是在正常的施工生产条件下，完成单位合格产品所必需的人工、材料、施工机械设备及资金消耗的数量标准。它反映出一定时期的生产力水平。不同的产品有不同的质量要求，因此，不能把定额看成是单纯的数量关系，而应将其看成是质和量的统一体。考察个别生产过程中的因素不能形成定额，只有通过考察总体生产过程中的各生产因素，归结出社会平均必需的数量标准，才能形成定额。同时，定额还可以反映出一定时期的社会生产力水平。

定额是企业管理科学化的产物，也是科学管理的基础。它一直在企业管理中占有重要的地位。如果没有定额提供可靠的基本管理数据，即使使用电子计算机也不能计算出科学、合理的结果。

在数值上，定额表现为生产成果与生产消耗之间一系列对应的比值常数，用公式表示为

$$T_z = \frac{Z_{1,2,3,\cdots,n}}{H_{1,2,3,\cdots,m}}$$

式中　T_z——产量定额；

　　　H——单位劳动消耗量（如每一工日、每一机械台班等）；

　　　Z——与单位劳动消耗相对应的产量。

或

$$T_h = \frac{H_{1,2,3,\cdots,n}}{Z_{1,2,3,\cdots,m}}$$

式中　T_h——时间定额；

　　　Z——单位产品数量（如每 1 m³ 混凝土、每 1 m² 抹灰、每 1 t 钢筋等）；

　　　H——与单位产品相对应的劳动消耗量。

产量定额与时间定额是定额的两种表现形式，在数值上互为倒数，即

$$T_z = \frac{1}{T_h} \text{或} T_h = \frac{1}{T_z}$$

则

$$T_z \cdot T_h = 1$$

特别提醒 定额的数值表明生产单位产品所需的消耗越少，则单位消耗获得的生产成果越大；反之，生产单位产品所需的消耗越多，则单位消耗获得的生产成果越小。它反映了经济效果的提高或降低。

二、定额的起源

定额产生于 19 世纪末资本主义企业管理科学的发展初期。当时，高速的工业发展与低水平的劳动生产率之间产生了矛盾。虽然科学技术发展很快，机器设备很先进，但企业在管理上仍然沿用传统的经验、方法，生产效率低，生产能力得不到充分发挥，阻碍了社会经济的进一步发展和繁荣，而且也不利于资本家赚取更多的利润。改善管理成了生产发展的迫切需求。在这种背景下，著名的美国工程师泰勒(F. W. Taylor, 1856—1915)制定了工时定额，以提高工人的劳动效率。他为了减少工时消耗，研究提高生产工具与设备性能的方法，并提出一整套进行科学管理的方法，即著名的"泰勒制"。

泰勒提倡科学管理，主要着重于提高劳动生产率，提高工人的劳动效率。他突破了当时传统管理方法的羁绊，通过科学试验，对工作时间的利用进行细致的研究，制定标准的操作方法；通过对工人进行训练，要求工人改变原来习惯的操作方法，取消不必要的操作程序，并且在此基础上制定出较高的工时定额，用工时定额评价工人工作的好坏；为了使工人能达到定额，又制定了工具、机器、材料和作业环境的"标准化原理"；为了鼓励工人努力完成定额，还制定了一种有差别的计件工资制度。如果工人能完成定额，就采用较高的工资率；如果工人完不成定额，则采用较低的工资率，以刺激工人为多拿 60% 或者更多的工资去努力工作，去适应标准化操作方法的要求。

"泰勒制"是资本家榨取工人剩余价值的工具，但它又以科学方法来研究分析工人劳动中的操作和动作，从而制定最节约的工作时间——工时定额。"泰勒制"给资本主义企业的管理带来了根本性变革，为提高劳动效率做出了显著的科学贡献。

我国的古代工程也很重视工料消耗计算，并形成了许多则例。如果说人们在长期生产中积累的丰富经验是定额产生的基础，这些则例就可以看作是工料定额的原始形态。我国北宋著名的土木建筑家李诚编修的《营造法式》刊行于公元 1103 年，它是土木建筑工程技术的巨著，也是工料计算方面的巨著。《营造法式》共有三十四卷，分为释名、制度、功限、料例和图样五个部分。其中，第十六卷至第二十五卷是各工种计算用工量的规定；第二十六卷至第二十八卷是各工种计算用料的规定。这些关于算工算料的规定，可以看作古代的工料定额。清代工部的《工程做法则例》中也有许多内容是说明工料计算方法的，甚至可以说它主要是一部算工算料的书。直到今天，《仿古建筑及园林工程预算定额》仍将这些则例等技术文献作为编制依据。

三、工程建设定额对我国社会主义市场经济的意义

工程建设定额是固定资产再生产过程中的生产消耗定额，反映在工程建设中则是消耗在单位产品上的人工、材料、机械台班的规定额度。这种量的规定反映了在一定社会生产力发展水平和正常生产条件下，完成建设工程中某项产品与各种生产消费之间特定的数量关系。

1. 工程建设定额是对工程建设进行宏观调控和管理的手段

市场经济并不排斥宏观调控，而利用定额对工程建设进行宏观调控和管理主要表现在以下三个方面：

(1)对经济结构进行合理的调控，包括对企业结构、技术结构和产品结构进行合理调控。

(2)对工程造价进行宏观管理和调控。

(3)对资源进行合理配置。

2. 工程建设定额有利于完善市场信息系统

在建筑产品的交易过程中，定额能为市场需求主体和供给主体提供较准确的信息，并能反映出不同时期生产力水平与市场实际的适应程度。因此，由定额形成并完善建筑市场信息系统，是我国社会主义市场经济体制的一大特色。

3. 工程建设定额有利于市场公平竞争

在市场经济规律作用下的商品交易中，特别强调等价交换的原则。所谓等价交换，就是要求产品按价值量产交换。建筑产品的价值量是由社会必要劳动时间决定的，而定额消耗量标准是建筑产品形成市场公平竞争、等价交换的基础。

任务二　工程建设定额的作用和特点

⊙ 任务重点

确定和执行合理的定额。

一、工程建设定额的作用

在工程建设和企业管理中，确定和执行先进合理的定额是技术和经济管理工作中的重要一环。

1. 定额是总结先进生产方法的手段

定额是在平均先进的条件下，通过对生产流程进行观察、分析、总结而制定的，它可以最严格地反映出生产技术和劳动组织的先进合理程度。因此，我们就可以用定额方法为手段，对同一产品在同一操作条件下的不同生产方法进行观察、分析和总结，从而得到一套比较完整的、优良的生产方法，作为可以在生产中推广的范例。

由此可见，定额是实现工程项目，确定人力、物力和财力等资源需要量，有计划地组织生产，提高劳动生产率，降低工程造价，完成和超额完成计划的重要的技术经济工具，是进行工程管理和企业管理的基础。

2. 定额是确定工程造价的依据和评价设计方案经济合理性的尺度

工程造价是根据由设计规定的工程规模、工程数量及需要相应的人工、材料、机械设备消耗量及其他必须消耗的资金确定的。其中，人工、材料、机械设备的消耗量又是根据定额计算出来的，定额是确定工程造价的依据。同时，建设项目投资的大小又反映出各种不同设计方案技术经济水平的高低。因此，定额也是比较和评价设计方案经济合理性的尺度。

3. 定额是编制计划的基础

工程建设活动需要编制各种计划来组织与指导生产，而计划编制中又需要各种定额来作为计算人力、物力、财力等资源需要量的依据。因此，定额是编制计划的重要基础。

4. 定额是组织和管理施工的工具

建筑企业要计算和平衡资源需要量、组织材料供应、调配劳动力、签发任务单、组织劳动竞赛、调动人的积极性因素、考核工程消耗和劳动生产率、贯彻按劳分配的工资制度、计算工人报酬等，都需要利用定额。因此，从组织施工和管理生产的角度来说，定额又是建筑企业组织和管理施工的工具。

二、工程建设定额的特点

工程建设定额的特点有科学性、稳定性与时效性、统一性、权威性、系统性。

1. 科学性

工程建设定额的科学性首先表现在定额是在认真研究客观规律的基础上，自觉地遵守客观规律的要求，实事求是地制定的。因此，它能正确地反映单位产品生产所必需的劳动量，从而以最少的劳动消耗取得最大的经济效果，促进劳动生产率的不断提高。

工程建设定额的科学性还表现在制定定额所采用的方法上。通过不断吸收现代科学技术的新成就，不断加以完善，形成了一套严密的确定定额水平的科学方法。这些方法不仅在实践中已经行之有效，而且有利于研究建筑产品生产过程中的工时利用情况，即可以从中找出影响劳动消耗的各种主、客观因素，设计出合理的施工组织方案，挖掘生产潜力，提高企业管理水平，减少甚至杜绝生产中的浪费现象，从而促进生产的不断发展。

2. 稳定性与时效性

工程建设定额中的任何一项都是一定时期技术发展和管理水平的反映，因此，在一段时间内都表现出稳定的状态。工程建设定额稳定的时间有长有短，一般为5～10年。保持定额的稳定性是维护定额的权威性所必需的，更是有效贯彻定额所必需的。如果某种定额处于经常修改变动之中，必然会造成定额执行中的困难和混乱，使人们感到没有必要去认真对待它，很容易导致定额丧失权威性。另外，工程建设定额的不稳定性也会给定额的编制工作带来极大的困难。

工程建设定额的稳定性也是相对的。当生产力向前发展了，定额就会与已经发展了的生产力不相适应。这样，它原有的作用就会逐步减弱或消失，需要进行重新编制或修订。

3. 统一性

工程建设定额的统一性主要由国家对经济发展的有计划的宏观调控职能决定。为了使国民经济按照既定的目标发展，需要借助于某些标准、定额、参数等，对工程建设进行规划、组织、调节和控制。而这些标准、定额、参数在一定的范围内必须是一种统一的尺度，才能实现上述职能，进而利用它对项目的决策、设计方案、投标报价、成本控制手段进行比选和评价。

工程建设定额的统一性按照其影响力和执行范围来看，有全国统一定额、地区统一定额和行业统一定额等；按照定额的制定、颁布和贯彻使用来看，有统一的程序、统一的原则、统一的要求和统一的用途。

在生产资料私有制的条件下，定额的统一性是很难想象的，充其量也只是工程量计算规则的统一和信息提供。我国工程建设定额的统一性和工程建设本身的巨大投入和巨大产出有关。它对国民经济的影响不仅表现在投资的总规模和全部建设项目的投资效益等方面，而且还往往在具体建设项目的投资数额及其投资效益方面需要借助统一的工程建设定额进行社会监督。这一点和工业生产、农业生产中的工时定额、原材料定额不同。

4. 权威性

工程建设定额具有很大的权威性，而这种权威性在一些情况下具有经济法规性质。权威性反映统一的意志和统一的要求，也反映出信誉和信赖程度及严肃性。

工程建设定额权威性的客观基础是定额的科学性，因为只有科学的定额才具有权威性。在社会主义市场经济条件下，定额必然涉及各有关方面的经济关系和利益关系。赋予工程建设定额以一定的权威性，这就意味着在规定的范围内，对于定额的使用者和执行者来说，无论主观上愿不愿意，都必须按定额的规定执行。在当前市场不规范的情况下，赋予工程建设定额以权威性是十分重要的。但是，在竞争机制被引入工程建设的情况下，定额的水平必然会受市场供求状况的影响，从而在执行中可能产生定额水平的浮动。

在社会主义市场经济条件下，定额的权威性不应该绝对化。定额毕竟是主观对客观的反映，定额的科学性会受到人们认识的局限。与此相关，定额的权威性也就会受到削弱和挑战。更为重要的是，随着投资体制的改革和投资主体多元化格局的形成和企业经营机制的转换，它们都可以根据市场的变化和自身的情况，自主地调整自己的决策行为。因此，一些与经营决策有关的工程建设定额的权威性特征就弱化了。

5. 系统性

工程建设定额是相对独立的系统，是由多种定额结合而成的有机的整体。它的结构复杂，有鲜明的层次和明确的目标。

工程建设定额的系统性是由工程建设的特点决定的。按照系统论的观点，工程建设就是庞大的实体系统。工程建设定额是为这个实体系统服务的。因而工程建设本身的多种类、多层次就决定了以它为服务对象的工程建设定额的多种类、多层次。从整个国民经济来看，进行固定资产生产和再生产的工程建设，是一个由多项工程集合体组成的整体，其中包括农林水利、轻纺、机械、煤炭、电力、石油、冶金、化工、建材工业、交通运输、邮电工程，以及商业物资、科学教育文化、卫生体育、社会福利和住宅工程等。这些工程的建设都有严格的项目划分，如建设项目、单项工程、单位工程、分部分项工程；在计划和实施过程中有严密的逻辑阶段，如规划、可行性研究、设计、施工、竣工交付使用，以及投入使用后的维修。为了与此相适应，工程建设定额必然形成多种类、多层次的特征。

任务三　工程建设定额的分类及体系

◎ **任务重点**

按照不同原则和方法给工程建设定额分类。

一、工程建设定额的分类

工程建设定额反映了工程建设产品和各种资源消耗之间的客观规律。工程建设定额是一个综合概念，它是多种类、多层次单位产品生产消耗数量标准的总和。为了对工程建设定额有一个全面的了解，我们可以按照不同原则和方法对它进行科学的分类。

1. 按照专业性质分类

工程建设定额按照专业性质，可分为建筑工程定额、安装工程定额、仿古建筑及园林工程定额、装饰工程定额、公路工程定额、铁路工程定额、井巷工程定额、水利工程定额等。

2. 按照生产要素分类

生产要素包括劳动者、劳动手段和劳动对象，反映其消耗的定额可分为人工消耗定额、材料消耗定额和机械台班消耗定额三种，如图 1-1 所示。

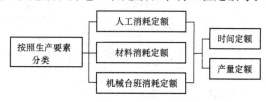

图 1-1　定额按照生产要素分类

3. 按照编制单位和执行范围分类

按照编制单位和执行范围的不同，工程建设定额可分为全国统一定额、行业统一定额、地区统一定额、企业定额和补充定额，如图 1-2 所示。

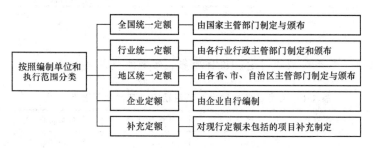

图 1-2　定额按编制单位和执行范围分类

4. 按照编制程序和用途分类

工程建设定额根据编制程序和用途，可分为施工定额、预算定额、概算定额、概算指标和投资估算指标，如图 1-3 所示。

5. 按照投资费用分类

按照投资费用分类，工程建设定额可分为直接工程费定额、措施费定额、间接费定额、利润和税金定额、设备及工器具定额、工程建设其他费用定额，如图1-4所示。

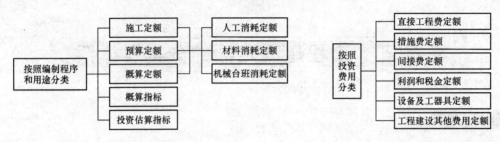

图1-3 定额按照编制程序和用途分类　　　　图1-4 定额按照投资费用分类

二、工程建设定额体系

在工程定额的分类中，可以看出各种定额之间的有机联系。它们相互区别、相互交叉、相互补充、相互联系，从而形成了一个与建设程序分阶段工作深度相适应、层次分明、分工有序的庞大的工程定额体系，如图1-5所示。

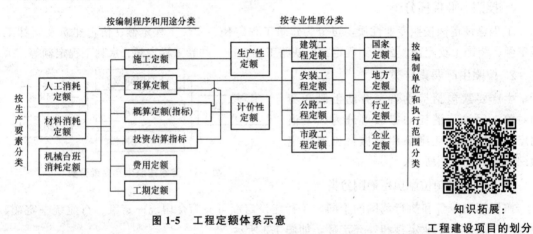

图1-5 工程定额体系示意

知识拓展：
工程建设项目的划分

知识窗

表1-1反映了各类定额的用途、项目粗细、定额水平及其性质。

表1-1 各类定额的用途、项目粗细、定额水平及其性质

定额分类	施工定额	预算定额	概算定额	概算指标	投资估算指标
研究对象	工序	分项工程	扩大的分项工程	整个建筑物或整个构筑物	单位工程、单项工程或整个建设项目
用途	编制施工预算	编制施工图预算	编制设计概算	编制初步设计概算	编制投资估算
项目粗细	最细	细	较粗	粗	很粗
定额水平	平均先进	平均	平均	平均	平均
定额性质	生产性质	计价性质			

任务四　工程建设定额的制定及修订

任务重点

定额水平、定额的制定以及定额的修订。

一、定额水平

1. 定额水平的含义

定额水平是指规定完成单位合格产品所需消耗的资源(人工、材料、机械台班)数量的多少。它是按照一定的施工程序和工艺条件规定的施工生产中活劳动与物化劳动的消耗水平。

定额水平是一种"平均先进水平"，即在正常施工条件下，大多数施工队组和工人经过努力能够达到和超过的水平，它低于先进水平，略高于平均水平。

定额水平反映企业的生产水平，是施工企业经营管理的依据和标准，每个企业和工人都必须努力达到或超额完成。

定额水平应直接反映劳动生产率水平和资源消耗水平。定额水平变化与劳动生产率水平变化的变化方向应一致，与资源消耗水平变化的变化方向则应相反。

2. 影响定额水平的因素

(1)施工操作人员的技术水平。

(2)新材料、新工艺、新技术的应用情况。

(3)企业施工的机械化程度。

(4)企业施工的管理水平。

(5)工人的生产积极性。

二、定额的制定

1. 制定平均先进水平定额的意义

(1)平均先进水平的定额，能调动工人生产积极性，进而提高劳动生产率。由于定额是平均且先进的标准，工人的生产便有章可循，即有明确的努力目标。在正常的施工条件下，只要工人通过自己的努力，目标是一定可以达到或超过的。因而，定额会激发和调动工人的生产积极性，为社会多做贡献。

(2)平均先进水平的定额是施工企业制定内部使用的"企业定额"的理想水平。由于定额是平均先进水平，因而低于先进水平，而又略高于平均水平。这种定额的水平，使先进工人感到有一定的压力，必须努力更上一层楼；使中间工人感到定额水平可望又可及，从而增加达到和超过定额水平的信心；使后进工人感到有压迫力，落后就要挨打，必须尽快提高操作技术水平，以达到定额水平。

（3）平均先进水平的定额可以减少资源消耗，提高产品的质量。由于定额不仅规定了一个"数量标准"，还有其具体的工作内容和应该达到的质量要求。如果施工生产过程中有了定额，"产量的高与低、质量的好与差、消耗的多与少"就有了衡量标准。

总之，平均先进水平的定额起着可以鼓励先进、鞭策落后的作用。因此，定额在施工生产中贯彻执行，必然会提高劳动生产率，并增加工人的物质生活福利。因此，定额在促使施工工程缩短工期、加快进度、确保质量、降低成本等诸多方面均有重要的现实意义。

2. 定额制定的要求

（1）定额是根据生产某种建筑产品，工人劳动的实际情况和用于该产品的材料消耗、机械台班使用情况，并考虑先进施工方法的推广程度，分别通过调查、研究、测定、分析、讨论和计算之后所制定出来的标准。因此，定额是平均的，同时又是先进的标准。

（2）定额的制定应符合从实际出发，体现"技术先进、经济合理"的要求。同时，其也要考虑"适当留有余地"，从而反映出在正常施工条件下，施工企业的生产技术和管理水平。

三、定额的修订

定额水平并非一成不变的，而是随着社会生产力水平的变化而变化的。定额只是一定时期社会生产力的反映。随着科学技术的发展和定额对社会劳动生产率的不断促进，定额水平往往落后于社会劳动生产率水平。当定额水平已经不能促进生产和管理，甚至影响进一步提高劳动生产率时，就应当修订已陈旧的定额，以达到新的平衡。

为贯彻落实《住房和城乡建设部关于进一步推进工程造价管理改革的指导意见》（建标〔2014〕142 号），中华人民共和国住房和城乡建设部组织修订了《房屋建筑与装饰工程消耗量定额》（TY 01—31—2015）、《通用安装工程消耗量定额》（TY 01—31—2015）、《市政工程消耗量定额》（ZYA 1—31—2015）、《建设工程施工机械台班费用编制规则》及《建设工程施工仪器仪表台班费用编制规则》，且自 2015 年 9 月 1 日起施行。

中华人民共和国住房和城乡建设部 1995 年发布的《全国统一建筑工程基础定额土建》（GJD 101—1995），1999 年发布的《全国统一市政工程预算定额》，1999 年发布的《全国统一安装工程施工仪器仪表台班费用定额》，2000 年发布的《全国统一安装工程预算定额》，2001年发布的《全国统一施工机械台班费用编制规则》，2002 年发布的《全国统一建筑装饰工程消耗量定额》同时废止。

任务五　建设工程造价与定额计价

◉ 任务重点

工程造价的概念和定额计价的概念。

一、工程造价

(一)工程造价的概念

工程造价是指进行一个工程项目的建造所需要花费的全部费用，即从工程项目确定建设意向直至建成、竣工验收为止的整个建设期间所支出的总费用，它是保证工程项目建造正常进行的必要资金，是建设项目投资中最主要的部分。工程造价主要由工程费用和工程其他费用组成。

1. 工程费用

工程费用包括建筑工程费用、安装工程费用，以及设备和工器具购置费用。

(1)建筑工程费用。建筑工程费用主要包括各类房屋建筑工程的供水、供暖、卫生、通风、气等设备费用及其装设、油饰工程的费用；列入工程预算的各种管道、电力、电信和电缆导线敷设工程的费用；设备基础、支柱、工作台、烟囱、水塔、水池等建筑工程，以及各种炉窑的砌筑工程和金属结构工程的费用；为施工而进行的场地平整、地质勘探、原有建筑物和障碍物的拆除，以及工程完工后的场地清理、环境美化等工作的费用；矿井开凿、井圈延伸，露天矿剥离，修建铁路、公路、桥梁、水库及防洪等工程的费用等。

(2)安装工程费用。安装工程费用主要包括生产、动力、起重、运输、医疗、试验等各种需要安装的机械设备的装配费用；与设备相连的工作台、梯子、栏杆等设施的工程费用；附属于被安装设备的管线敷设工程费用；单台设备单机试运转、系统设备进行系统联动无负荷试运转工作的测试费用等。

(3)设备和工器具购置费用。设备和工器具购置费用是指建设项目设计范围内需要安装及不需要安装的设备、仪器、仪表等及其必要的备品备件购置费；为保证投产初期正常生产所必需的仪器仪表、工卡量具、模具、器具及生产家具等的购置费。在生产性建设项目中，设备及工器具费用可称为"积极投资"，它占项目投资费用比例的提高，标志着技术的进步和生产部门有机构成的提高。

2. 工程其他费用

工程其他费用是指未纳入以上工程费用的、由项目投资支付的、为保证工程建设顺利完成和交付使用后能够正常发挥效用而必须开支的费用。它包括建设单位管理费、土地使用费、研究试验费、勘察设计费、供配电贴费、生产准备费、引进技术和进口设备其他费、施工机构迁移费、联合试运转费、预备费、财务费用，还有涉及固定资产投资的其他税费等。

（二）工程造价的特点

工程造价具有动态性、大额性、兼容性、个别性和差异性、层次性等特点。

（1）动态性。任何一项工程从决策到竣工交付使用，都有一个较长的建设时期，而且由于不可控因素的影响，在预计工期内，许多影响工程造价的动态因素，如工程变更，设备材料价格，工资标准以及费率、利率、汇率，都会发生变化。这种变化必然会影响到造价的变动。所以，工程造价在整个建设期中处于不确定状态，直至竣工决算后才能确定工程的实际造价。

（2）大额性。能够发挥投资效用的任何一项工程，不仅实物形体庞大，而且造价高昂，动辄数百万元、数千万元、数亿元、十几亿元，特大型工程项目的造价可达百亿元、千亿元。工程造价的大额性使其关系到有关各方面的重大经济利益，同时，也会对宏观经济产生重大影响。这就决定了工程造价的特殊地位，也说明了造价管理的重要意义。

（3）兼容性。首先，工程造价的兼容性表现在它具有两种含义，即工程造价既是指建设一项工程预期开支或实际开支的全部固定资产投资价格；也是指为建成一项工程，在土地市场、设备市场、技术劳务市场，以及承包市场等交易活动中预计或实际形成的建筑安装工程的价格和建设工程总价格。其次，工程造价的兼容性表现在工程造价构成因素的广泛性和复杂性。在工程造价中成本因素非常复杂。其中，为获得建设工程用地支出的费用、项目可行性研究和规划设计费用、与政府一定时期政策（特别是产业政策和税收政策）相关的费用占相当高的份额。最后，工程造价的营利的构成也较为复杂，资金成本也较高。

（4）个别性和差异性。由于任何一项工程都有特定的用途、功能、规模，对每一项工程的结构、造型、空间分割、设备配置和内外装饰都有具体的要求，因此，工程内容和实物形态都具有个别性、差异性。产品的个别性和差异性决定了工程造价的个别性和差异性。同时，由于每项工程所处地区、地段各不相同，这一特点便得到了强化。

（5）层次性。造价的层次性取决于工程的层次性。一个建设项目往往含有多个能够独立发挥设计效能的单项工程（车间、写字楼、住宅楼等）。而一个单项工程又是由能够各自发挥专业效能的多个单位工程（土建工程、电气安装工程等）组成的。与此相适应，工程造价有三个层次：建设项目总造价、单项工程造价和单位工程造价。若专业分工更细，单位工程（如土建工程）的组成部分——分部分项工程也可以成为造价对象，如大型土方工程、基础工程、装饰工程等，这样工程造价的层次就增加分部工程造价和分项工程造价而成为五个层次。即使只从造价的计算和工程管理的角度看，工程造价的层次性也是非常突出的。

💡 知识窗

工程造价、建设项目投资费用和建筑产品价格之间的关系

一般可以这样理解，建设项目投资费用包含工程造价，工程造价包含建筑产品价格。

由于建设项目投资费用主要是由建筑安装工程费用、设备及工器具购置费用及工程建设其他费用所构成的，就工程项目的建设及建设期而言，在狭义的角度上，人们通常习惯将投资费用与工程造价等同，将投资控制与工程造价控制等同。

建筑产品价格构成是建筑产品价格各组成要素的有机组合形式。通常，建筑产品价格构成与建设项目总投资中的建筑安装工程费用构成相同，后者是从投资耗费的角度进行表述，而前者反映商品价值的内涵，是对后者在价格学角度的归纳。

（三）工程造价的职能

工程造价除具有一般商品的价格职能外，还有自己特殊的职能。

1. 调节职能

工程建设直接关系到经济增长，也直接关系到国家的重要资源分配和资金流向，对国计民生都会产生重大影响。所以，国家对建设规模、结构的宏观调节在任何条件下都不可缺少，对政府投资项目进行直接调控和管理也是非常必要的。而这些都需要通过工程造价来对工程建设中的物质消耗水平、建设规模、投资方向等进行调节。

工程造价职能实现的最主要条件是市场竞争机制的形成。在现代市场经济中，市场主体要有自身独立的经济利益，并能根据市场信息（特别是价格信息）和利益取向来决定其经济行为。无论是购买者还是出售者，在市场上都处于平等竞争的地位，他们都不可能单独地影响市场价格，更没有能力单方面决定价格。作为买方的投资者和作为卖方的建筑企业，以及其他商品和劳务的提供者，在市场竞争中根据价格变动，以及自己对市场走向的判断来调节自己的经济活动。也只有在这种条件下，价格才能实现它的基本职能和其他各项职能。因此，建立和完善市场机制、创造平等竞争的环境是十分迫切而且重要的任务。具体来说，首先，投资者和建筑企业等产品和劳务的提供者首先要使自己真正成为具有独立经济利益的市场主体，能够了解并适应市场信息的变化，能够做出正确的判断和决策；其次，要给建筑企业创造出平等竞争的条件，使不同类型、不同所有制、不同规模、不同地区的企业，在同一项工程的投标竞争中处于平等的地位，为此，就要规范建筑市场和规范市场主体的经济行为；最后，要建立完善的、灵活的价格信息系统。

2. 预测职能

由于工程造价存在大额性和多变性，无论是投资者还是承包商，都要对拟建工程进行预先测算。投资者预先测算工程造价不仅作为项目决策依据，同时也是筹集资金、控制造价的依据。承包商对工程造价的测算既为投标决策提供依据，也为投标报价和成本管理提供依据。

3. 控制职能

工程造价的控制职能表现在两个方面：一方面是它对投资的控制，即在投资的各个阶段，根据对造价的多次性预估，对造价进行全过程、多层次的控制；另一方面是它对以承包商为代表的商品和劳务供应企业的成本控制。在价格一定的条件下，企业实际成本开支决定企业的营利水平。成本越高，营利越低。若成本高于价格，就会危及企业的生存。因此，企业以工程造价来控制成本，利用工程造价提供的信息资料作为控制成本的依据。

4. 评价职能

工程造价是评价总投资和分项投资合理性和投资效益的主要依据之一。若要评价土地价格、建筑安装产品和设备价格的合理性，就必须利用工程造价资料。另外，在评价建设项目偿贷能力、获利能力和宏观效益时，也要依据工程造价。同时，工程造价也是评价建筑安装企业管理水平和经营成果的重要依据。

（四）工程造价的作用

1. 工程造价是合理进行利益分配和调节产业结构的手段

工程造价的高低，关系到国民经济各部门和企业之间利益分配的多少。在计划经济体制下，政府为了用有限的财政资金建成更多的工程项目，总是趋向于压低建设工程造价，使建设中的劳动消耗得不到完全补偿，价值不能得到完全实现。而未被实现的部分价值则被重新分配到各个投资部门，为项目投资者所占有。这种利益的再分配有利于各产业部门按照政府的投资导向加速发展，也有利于按宏观经济的要求调整产业结构。但是，它也会严重损害建筑企业等的利益，从而使建筑业的发展长期处于落后状态，与整个国民经济的发展不相适应。在市场经济中，工程造价也无一例外地受供求状况的影响，并在围绕价值的波动中实现对建设规模、产业结构和利益分配的调节。当政府采用正确的宏观调控和价格政策导向后，工程造价在这方面的作用会充分发挥出来。

2. 工程造价是控制投资的依据

工程造价在控制投资方面的作用非常明显。工程造价通过多次预估，最终通过竣工决算确定下来。每次预估的过程就是对造价的控制过程；而每次估算都是对下次估算严格的控制，具体来说，就是每次估算都不能超过前一次估算的一定幅度。这种控制是在投资者财务能力的限度内为取得既定的投资效益所必需的。建设工程造价对投资的控制也表现在利用制定各类定额、标准和参数，对建设工程造价的计算依据进行控制。在市场经济利益风险机制的作用下，造价对投资的控制作用成为投资的内部约束机制。

3. 工程造价是评价投资效果的重要指标

工程造价是一个包含着多层次工程造价的体系，就一个工程项目来说，它既是建设项目的总造价，又包含单项工程的造价和单位工程的造价，还包含单位生产能力的造价，或一平方米建筑面积的造价等。这些使工程造价自身形成了一个指标体系。它能够为评价投资效果提供多种评价指标，还能够形成新的价格信息，也可以为今后类似项目的投资提供参考。

4. 工程造价是项目决策的依据

建设工程投资高、生产和使用周期长等特点决定了项目决策的重要性。工程造价决定着项目的一次投资费用。投资者是否有足够的财务能力支付这笔费用，是否值得支付这项费用，是项目决策中要考虑的主要问题。财务问题是一个独立的投资主体必须首先解决的问题。如果建设工程的价格超过投资者的支付能力，就会迫使其放弃拟建的项目；如果项目投资的效果达不到预期目标，其也会自动放弃拟建的工程。因此，在项目决策阶段，建设工程造价就成为项目财务分析和经济评价的重要依据。

5. 工程造价是筹集建设资金的依据

投资体制的改革和市场经济的建立均要求项目的投资者必须有很强的筹资能力，以保证工程建设有充足的资金供应。工程造价基本上决定了建设资金的需要量，从而为筹集资金提供了比较准确的依据。当建设资金用的是金融机构的贷款时，金融机构在对项目的偿贷能力进行评估的基础上，也需要依据工程造价来确定给予投资者的贷款数额。

知识拓展：
工程造价全面管理

二、定额计价

1. 定额计价的概念

定额计价是以定额单价法确定工程造价，是我国采用的一种与计划经济相适应的工程造价管理制度。定额计价实际上是国家通过颁布统一的估算指标、概算指标，以及概算、预算和有关定额，来对建筑产品价格进行有计划的管理。国家以假定的建筑安装产品为对象，制定统一的预算和概算定额，计算出每个单元子项的费用后，再综合形成整个工程的价格。

2. 定额计价的性质

在经济发展的不同时期，建筑产品有不同的价格形式、不同的定价主体、不同的价格形成机制，而一定的建筑产品价格形式产生、存在于一定的工程建设管理体制和一定的建筑产品交换方式中。定额计价是以概预算定额、各种费用定额为基础依据，按照规定的计算程序确定工程造价的特殊计价方法。因此，就价格形成而言，利用工程建设定额计算出的工程造价介于国家指导价和国家调控价之间。

我国建筑产品价格市场化经历了"国家定价—国家指导价—国家调控价"三个阶段。

第一阶段，即国家定价阶段。在我国传统经济体制下，工程建设任务是由国家主管部门按计划分配的，建筑业不是一个独立的物质生产部门，建设单位、施工单位的财务收支实行统收统支，建筑产品实际上的价格仅仅是一个经济核算的工具而不是工程价值的货币反映。在这一阶段，建筑产品并不具有商品性质，所谓的"建筑产品价格"也是不存在的。在这种工程建设管理体制下，建筑产品价格实际上是在建设过程的各个阶段利用国家或地区所颁布的各种定额进行投资费用的预估和计算，也可以说成是概预算加签证的形式。

第二阶段，即国家指导价阶段。改革开放以后，传统的建筑产品价格形式已经逐步产生新的建筑产品价格形式所取代。这一阶段实施的是国家指导定价，出现了预算包干价格形式和工程招标投标价格形式。预算包干价格形式与概预算加签证形式相比，两者都属于国家计划价格形式，企业只能按照国家有关规定计算、执行工程价格。包干额是按照国家有关部门规定的包干系数、包干标准及计算方法计算的。但是预算包干价格对工程施工过程中费用的变动采取了一次包死的形式，因此对提高工程价格管理水平起到了一定的作用。工程招标投标价格是在建筑产品招标投标交易过程中形成的工程价格，表现为标底价、投标报价、中标价、合同价、结算价等形式。这一阶段的工程招标投标价格属于国家指导性价格，是在最高限价范围内国家指导下的竞争性价格。在该价格的形成过程中，国家和企业是价格的双重决策主体。

第三阶段，即国家调控价阶段。国家调控的招标投标价格形式是一种以市场形成价格为主的价格机制。它是在国家有关部门调控下，由工程承发包双方根据工程市场中建筑产品供求关系变化自主确定工程价格。其价格的形成可以不受国家工程造价管理部门的直接干预，而是根据市场的具体情况由承发包双方协商形成。

3. 定额计价的依据

(1)经过批准和会审的全部施工图设计文件。在编制施工图预算或清单报价之前，施工图纸必须经过建设主管机关批准，还要经过图纸会审，并签署"图纸会审纪要"。审批和会审后的施工图纸及技术资料表明了工程的具体内容、各部分的做法、结构规格、技术特征等，它是计算工程量的主要依据。造价部门不仅要有全部施工图设计文件和"图纸会审纪要"，还要有图纸中要求的全部标准图。

(2)经过批准的工程设计概算文件。设计单位编制的设计概算文件经过主管部门批准后,是国家控制工程投资最高限额和单位工程造价的主要依据。如果施工图预算所确定的投资总额超过设计概算,则应调整设计概算,并经原批准部门批准后,方可实施。施工企业编制的施工图预算或投标报价是由建设单位根据设计概算文件进行控制的。

(3)经过批准的项目管理实施规划或施工组织设计。项目管理实施规划或施工组织设计是确定单位工程的施工方法、施工进度计划、施工现场平面布置和主要技术措施等内容的文件;是对建筑安装工程规划、组织施工有关问题的设计说明。拟建工程项目管理实施规划或施工组织设计经有关部门批准后,就成为指导施工活动的重要技术经济文件,它所确定的施工方案和相应的技术组织措施就成为造价部门必须具备的依据之一;它也是计算分项工程量,选套预算单价和计取有关费用的重要依据。

(4)建筑工程消耗量定额或计价规范。国家和地方颁发的现行建筑工程消耗量定额及计价规范,都详细地规定了分项工程项目划分、分项工程内容、工程量计算规则和定额项目使用说明等内容。因此,它们是编制施工图预算和招标控制价(标底)的主要依据。

(5)单位估价表或价目表。单位估价表或价目表是确定分项工程费用的重要文件,是编制建筑工程招标标底的主要依据,也是计取各项费用的基础和换算定额单价的主要依据。

(6)人工工资单价、材料价格、施工机械台班单价。这些资料是计算人工费、材料费和机械台班使用费的主要依据是编制工程综合单价的基础,是计取各项目费用的重要依据,也是调整价差的依据。

(7)建筑工程费用定额。建筑工程费用定额规定了建筑安装工程费用中的管理费用、利润和税金的取费标准和取费方法,它是在建筑安装工程人工费、材料费和机械台班使用费计算完毕后,计算其他各种费用的主要依据。工程费用随地区不同取费标准不同。按照国家相关规定,各地区均制定了建筑工程费用定额,它规定了各项费用取费标准,这些标准是确定工程造价的基础。

(8)造价工作手册。造价工作手册是工程造价人员必备的参考书。它主要包括各种常用数据和计算公式、各种标准构件的工程量和材料量、金属材料规格和计量单位之间的换算,以及投资估算指标、概算指标、单位工程造价指标和工期定额等参考资料。它能为准确、快速地编制施工图预算和清单报价提供方便。

(9)工程承发包合同文件。对于施工企业和建设单位签订的工程承发包合同文件中的若干条款(如工程承包形式、材料设备供应方式、材料供应价格、工程款结算方式、费率系数或包干系数等),在编制施工图预算和清单报价时必须充分考虑,认真执行。

4. 定额计价的方法

建设工程造价编制的最基本内容有工程量计算和工程计价两个。为统一口径,工程量的计算均按照统一的项目划分和工程量计算规则计算。工程量确定以后,就可以按照一定的方法确定出工程的成本及营利,最终就可以确定出工程预算造价(或投标报价)。定额计价就是一个量与价结合的问题。概预算单位价格的形成过程,就是根据概预算定额所确定的消耗量乘以定额单价或市场价,经过不同层次的计算达到量与价的最优结合的过程。

5. 工程定额计价的发展与改革

定额计价方法从产生到完善的数十年中,对我国的工程造价管理起到了巨大作用,为政府进行工程项目的投资控制提供了很好的工具。但是随着国内市场经济体制改革的深度和广度的不断增加，传统的定额计价方法受到了冲击。自20世纪80年代末以来，建设要素市场放开，各种建筑材料不再统购统销，人力、机械市场等也随之逐步放开，人工、材料、机械台班的价格随市场供求的变化而变化。定额中所提供的要素价格资料与市场实际价格不能保持一致，按照统一定额计算出的工程造价已经不能更好地实现投资控制的目的，从而引发了定额计价方法的改革。

工程定额计价方法改革的核心思想是"量价分离"，即由国务院建设行政主管部门制定符合国家有关标准、规范并反映一定时期施工水平的人工、材料、机械等消耗量标准，实现了国家对消耗量标准的宏观管理；对人工、材料、机械的单价等，由工程造价管理机构依据市场价格的变化发布工程造价相关信息和指数，将过去完全由政府计划统一管理的定额计价改变为"控制量、指导价、竞争费"。但这一阶段的改革，主要围绕定额计价制度的一些具体操作的局部问题展开，对建筑产品是商品的认识还不够，工程造价依然停留在政府定价阶段，尚未实现"市场形成价格"这一工程造价管理体制改革的最终目标。

 项目小结

"定"就是规定，"额"就是数量，定额即是规定在生产中各种社会必要劳动的消耗量的标准规格。定额就是在一定的社会制度、生产技术和组织条件下规定完成单位合格产品所需人工、材料、机械台班的消耗标准。它反映了一定时期的生产力水平。本项目主要介绍了工程建设定额的产生与发展、作用和特点、分类及体系、制定及修订、建设工程造价与定额计价。

 思考与练习

一、填空题

1. 定额是在正常的施工生产条件下，完成_____所必需的人工、材料、施工机械设备及资金消耗的数量标准。

2. 在数值上，定额表现为_____与_____之间一系列对应的比值常数。

3. 产量定额与时间定额是定额的两种表现形式，在数值上互为_____。

4. 生产要素包括劳动者、劳动手段和劳动对象，反映其消耗的定额就分为_____、_____和_____三种。

5. _____是指规定完成单位合格产品所需消耗的资源（人工、材料、机械台班）数量的多少。

6. 工程费用包括_____、_____和_____。

二、选择题(有一个或多个答案)

1. 定额产生于( )世纪末资本主义企业管理科学的发展初期。

   A. 17 B. 18 C. 19 D. 20

2. 工程建设定额根据编制程序和用途,可分为( )、预算定额、概算定额、概算指标和投资估算指标五种。

   A. 施工定额 B. 工序定额 C. 劳动定额 D. 人工定额

3. 影响定额水平的因素有( )。

   A. 施工现场规模大小 B. 新材料、新工艺、新技术的应用情况

   C. 企业施工采用机械化的程度 D. 企业施工的管理水平

   E. 企业工人的生产积极性

三、简答题

1. 简述工程建设定额对我国社会主义市场经济的意义。

2. 简述工程建设定额的作用。

3. 工程建设定额具有哪些特点?

4. 工程建设定额按照专业性质可分为哪几类?

5. 制定平均先进水平定额有哪些意义?

6. 工程造价有哪些作用?

项目二　人工、材料、机械消耗定额的确定

项目导读

工程建设定额是合理组织和管理建设工程建设过程的依据。任何工程建设都需要投入一定的人力、物力和机械设备，工程建设定额原理就是围绕工程建设所需的生产要素，研究人工、材料和机械的消耗原理，其中工时研究是确定定额消耗量的基础工作。

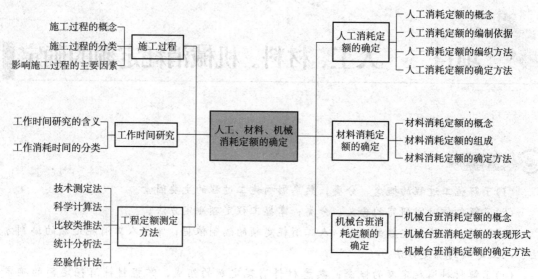

学习导图

任务一 施工过程

任务重点

施工过程的概念，根据不同的标准和需要进行施工过程的分类。

一、施工过程的概念

施工过程是指在建筑工地范围内所进行的生产过程。其目的是建造、恢复、改建、移动或拆除工业、民用建筑物或构筑物的全部或一部分。

建筑安装施工过程有劳动者、劳动对象、劳动工具三大要素组成，即施工过程完成必须具备以下三个条件：

(1)施工过程是由不同工种、不同技术等级的建筑工人完成；

(2)必须有一定的劳动对象——建筑材料、半成品、配件、预制品等；

(3)必须有一定的劳动工具——手动工具、小型机具和机械等。

特别提醒 如砌筑墙体、粉刷墙面、安装门窗和安设管道等都是施工过程。

二、施工过程的分类

根据不同的标准和需要，施工过程有以下分类：

(1)按施工过程的专业性质和内容分类，施工过程可分为建筑过程、安装过程和建筑安装过程。

1)建筑过程。建筑过程是指工业与民用建筑的新建、恢复、改建、移动或拆除的施工过程。

2)安装过程。安装过程是指安装工艺设备或科学试验等设备的施工过程，以及用大型预制构件装配工业和民用建筑的施工过程。

3)建筑安装过程。随着现代建筑技术的发展和新型建筑材料的应用，建筑过程和安装过程往往交错进行，难以区分，在这种情况下进行的施工过程称为建筑安装过程。

(2)按施工过程的完成方法和手段分类。施工过程可分为手工操作过程(手动过程)、机械化过程(机动过程)和机手并动过程(半自动化过程)。

1)手工操作过程。手工操作过程是指劳动者从事体力劳动，在无任何动力驱动的机械设备参与下所完成的施工过程。

2)机械化过程。机械化过程是指劳动者操纵机器所完成的施工过程。

3)机手并动过程。机手并动过程是指劳动者利用由动力驱动的机械所完成的施工过程。

(3)按施工过程劳动组织特点分类。施工过程可分为个人完成的过程、小组完成的过程和工作队完成的过程。

(4)根据施工过程组织上的复杂程度分类。施工过程可分为工序、工作过程和综合工作过程。

1)工序。工序是指施工过程中在组织上不可分开，在操作上属同一类的作业环节。其主要特征是劳动者、劳动对象和使用的劳动工具均不发生变化。如果其中一个因素发生变化，就意味着这个工序转入了另一个工序。从劳动全过程看，工序一般是由一系列的操作组成的，每个操作往往又是由一系列的动作完成的。

完成一项施工活动一般要经过若干道工序，如现浇钢筋混凝土梁就需要经过支模板、绑扎钢筋、浇筑混凝土这三个工艺阶段。每一阶段又可划分为若干工序：支模板可分为模板制作、安装、拆除；绑扎钢筋可分为钢筋制作、绑扎，其中钢筋制作又可再分为平直、切断、弯曲；浇筑混凝土可分为混凝土搅拌、运输、浇筑、振捣等。在这些工序前后，还有搬运和检验等工序。

工序可以由一个工人完成，也可以由小组或几名工人协同完成；可以手动完成，也可以用机械操作完成。在机械化的施工过程中，工序又可以包括由工人自己完成的各项操作和由机械完成的工作两部分。

应用提示　工序是组成施工过程的基本单元，是制定定额的基本对象，其劳动方式与制定劳动定额密切相关。因为在各种不同的工序中，影响劳动效率高低的因素各有特点，只有掌握这些特点，才便于科学地制定定额。如手动作业工作效率低、工人易疲劳，就应考虑机械化施工的可能性，并注意研究改进操作方法和合理地规定休息时间。而机动作业时，劳动效率主要取决于机械能力的有效利用，应着重研究如何合理、正确地使用机械设备。实行机械化作业，可以大大提高劳动生产率并减轻工人的劳动强度。因此，研究采用机械设备来替代施工活动中的手工劳动，是在定额测定工作中应特别注意的。

2)工作过程。工作过程是指由同一工人或同一工人班组所完成的技术操作上相互有机联系的工程总合体。工作过程的特点是人员不变、工作地点不变，而材料和工具可以变换。

如砌墙工作过程由调制砂浆、运输砂浆、运砖、砌墙等工作过程组成。

3）综合工作过程。综合工作过程又称复合施工过程，是指在施工现场同时进行的，在组织上有直接联系的，为完成一个最终产品结合起来的各个工作过程的综合。例如，砌砖墙这一综合工作过程，由调制砂浆、运砂浆、运砖、砌墙等工作过程构成，它们在不同的空间同时进行，在组织上有直接联系，并最终形成的共同产品是一定数量的砖墙。

（5）按施工工序是否重复循环分类。施工过程可分为循环施工过程和非循环施工过程。如果施工过程的工序或其组成部分以同样的内容和顺序不断循环，并且每重复一次循环可以生产出同样的产品，则称为循环施工过程；反之，则称为非循环施工过程。

（6）根据施工各阶段工作在产品形成中所起的作用分类。施工过程可分为施工准备过程、基本施工过程、辅助施工过程和施工服务过程。

1）施工准备过程。施工准备过程是指在施工前所进行的各种技术、组织等准备工作，如编制施工组织设计、现场准备、原材料的采购、机械设备进场、劳动力的调配和组织等。

2）基本施工过程。基本施工过程是指为完成建筑工程或产品所必须进行的生产活动，如基础打桩、墙体砌筑、构件吊装、门窗安装、管道敷设、电器照明安装等。

3）辅助施工过程。辅助施工过程是指为保证基本施工过程正常进行所必需的各种辅助性生产活动，如施工中临时道路的铺筑，临时供水、照明设施的安装，机械设备的维修保养等。

4）施工服务过程。施工服务过程是指为保证实现基本和辅助施工过程所需要的各种服务活动，如原材料、半成品、机具等的供应、运输和保管，现场清理等。

上述四部分既有区别又互相联系，其核心是基本施工过程。

（7）按劳动者、劳动工具、劳动对象所处位置和变化分类。每个施工过程可分为工艺过程、搬运过程和检验过程。

1）工艺过程。工艺过程是指直接改变劳动对象的性质、形状、位置等，使其成为预期的建筑产品的过程，如房屋建筑中的挖基础、砌砖墙、粉刷墙面、安装门窗等。工艺过程是施工过程中最基本的内容，因此它是工作研究和制定劳动定额的重点。

2）搬运过程。搬运过程是指将原材料、半成品、构件、机具设备等从某处移动到另一处，保证施工作业顺利进行的过程。但操作者在作业中随时拿起或存放在工作地点的材料等，是工艺过程的一部分，不应视为搬运。如砌砖工将已堆放在砌筑地点的砖块拿起砌在砖墙上，这一操作就属于工艺过程，而不应视为搬运过程。

3）检验过程。检验过程主要包括对原材料、半成品、构配件等的数量、质量进行检验，判定其是否合格、能否使用；对施工活动的成果进行检测，判别其是否符合质量要求；对混凝土试块、关键零部件进行测试以及作业前对准备工作和安全措施进行检查等。检验工作一般分为自检、互检和专业检。

另外，由于生产技术、劳动组织、施工管理等各种原因的影响，施工过程中难免出现操作时的停顿或工序之间的延误等劳动过程中断的现象，这类现象统称为停歇过程。

应用提示　在生产活动中，上述过程交错地结合在一起，构成了施工过程复杂的组织形式。

影响施工过程的主要因素

施工过程中各个工序工时的消耗数值，即使在同一工地、同一工作环境条件下，也常常会由于施工组织、劳动组织、施工方法和工程劳动素质、情绪、技术水平的不同而有很大的差别。对单位建筑产品工时消耗产生影响的各种因素，称为施工过程的影响因素。

根据施工过程影响因素的产生和特点，施工过程的影响因素可分为技术因素、组织因素和自然因素三类。

(1)技术因素。技术因素包括产品的种类和质量要求；所用材料、半成品、构配件的类别、规格和性能；所用工具和机械设备的类别、型号、性能及完好情况。

(2)组织因素。组织因素包括施工组织与施工方法，劳动组织，工人技术水平、操作方法和劳动态度，工资分配形式，社会主义劳动竞赛。

(3)自然因素。自然因素包括气候条件、地质情况、人为障碍等。

任务二　工作时间研究

◎ **任务重点**

工程时间研究的含义，工人工作时间消耗的分类，机械工作时间消耗的分类。

一、工作时间研究的含义

工作时间是指工作班延续时间(不包括午休)，是按现行制度规定的。例如，8 h工作制的工作时间就是 8 h，午休时间不包括在内。

工时研究，即工作时间的研究，就是把劳动者在整个生产过程中所消耗的工作时间，根据其性质、范围和具体情况，予以科学地划分，归纳类别，分析取舍，明确规定哪些属于定额时间，哪些属于非定额时间，找出造成非定额时间的原因，以便拟定技术和组织措施，消除产生非定额时间的因素，充分利用工作时间，提高劳动效率。

工时研究的直接结果是制定出时间定额。研究施工中的工作时间，最主要的目的是确定施工的时间定额或产量定额，也可称为确定时间标准。

应用提示　工时研究还可以用于编制施工作业计划、检查劳动效率和定额执行情况、决定机械操作的人员组成、组织均衡生产、选择更好的施工方法和机械设备、决定工人和机械的调配、确定工程的计划成本以及作为计算工人劳动报酬的基础。但这些用途和目的只有在确定了时间定额或产量定额的基础上才能实现。

二、工作消耗时间的分类

研究施工中的工作时间,最主要的目的是确定人工定额,而其研究前提是对工作时间按其消耗性质进行分类。对工作时间消耗的分析研究可分为两个系统进行,即工人工作时间消耗和机械工作时间消耗。

(一)工人工作时间消耗的分类

工人在工作班内消耗的工作时间,按其消耗的性质,可分为必需消耗的时间(定额时间)和损失时间(非定额时间)两大类。必需消耗的时间是工人在正常施工条件下,为完成一定产品(工作任务)所消耗的时间。它是制定定额的主要依据。损失时间和产品生产无关,而是与施工组织和技术上的缺点,以及工人在施工过程的个人过失或某些偶然因素的时间消耗有关。

工人工作时间的一般分类如图 2-1 所示。

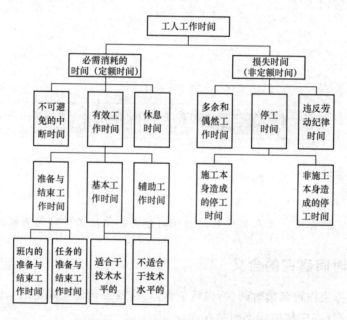

图 2-1 工人工作时间的一般分类

1. 必需消耗的时间

必需消耗的工作时间包括有效工作时间、休息时间和不可避免的中断时间的消耗。

(1)有效工作时间。有效工作时间是从生产效果来看与产品生产直接有关的时间消耗。其包括基本工作时间、辅助工作时间、准备与结束工作时间的消耗。

1)基本工作时间。基本工作是指工人直接完成产品的各个工序的工作。例如,砌墙过程中的砌砖、检查砌体、勾缝等工序的工作,浇捣混凝土过程中的浇灌、振捣、抹平等工序的工作都属于基本工作。基本工作的工时消耗与任务量的大小成正比。在基本工作时间里,通过这些工艺流程可以使材料变形,如钢筋搬弯等;可以改变材料的结构与性质,如混凝土制品的养护和干燥等;可以使预制构配件安装组合成形;可以改变产品外部及表面的性质,如粉刷、油漆等。

根据定额制定的工作需要，基本工作按工人的技术水平，又可分为适合于工人技术水平的基本工作及不适合于工人技术水平的基本工作两种。工人的工作专长和技术操作水平符合基本工作要求的技术等级或执行比其技术等级稍高的基本工作时，称为适合于工人技术水平的基本工作。工人执行低于其本人技术等级的基本工作时，称为不适合于工人技术水平的基本工作，如技工干普工工作。对于辅助工人，使他们完成生产任务的工作又称为基本工作，如普工搬砖、运砂。

2)辅助工作时间。辅助工作是指为保证完成基本工作和整个生产任务所必不可少的工作。例如，砌砖过程中的放线、收线、摆砖样、修理墙面等，混凝土浇捣过程中的移动跳板、移动振捣器、浇水润湿模板等，以及工具的磨快、校正和小修、机器的上油等。它的特点是有辅助的性质，其时间消耗的多少与任务量的大小成正比。辅助工作不能使产品的形状大小、性质或位置发生变化。辅助工作时间的结束往往就是基本工作时间的开始。辅助工作一般是手工操作。但如果在机手并动的情况下，辅助工作是在机械运转过程中进行的，为避免重复，则不应再计辅助工作时间的消耗。

3)准备与结束工作时间。准备与结束工作是指开始生产以前的准备工作，如接受施工任务单、研究图纸、准备工具、领取材料、布置工作地点，以及生产任务完成后或下班前的结束工作，如工作地点的整理、清扫等。准备与结束工作时间消耗，一般来说，与工人接受任务的数量大小无直接关系，而与任务的复杂程度有关。因此，这项时间消耗又可以分为班内的准备与结束工作时间和任务的准备与结束工作时间。

班内的准备与结束工作时间包括：工人每天从工地仓库领取工具、设备的时间；准备安装设备的时间；机器开动前的观察和试车的时间；交接班时间等。

任务的准备与结束工作时间与每个工作日交替无关，但与其具体任务有关。例如，接受施工任务书、研究施工详图、接受技术交底、领取完成该任务所需的工具和设备，以及验收交工等工作所消耗的时间。

（2）不可避免的中断时间。不可避免的中断时间是由于施工工艺特点引起的工作中断所消耗的时间。例如，汽车司机在等待汽车装、卸货时消耗的时间；安装工等待起重机吊预制构件的时间；电气安装工由一根电杆转移到另一根电杆的时间等。与施工过程工艺特点有关的工作中断时间应作为必需消耗的时间，但应尽量缩短此项时间消耗。与工艺特点无关的工作中断时间是由于劳动组织不合理引起的，属于损失时间，不能作为必需消耗的时间。

特别提醒 不可避免的中断时间应和休息时间结合起来考虑，不可避免的中断时间过多，休息时间就要减少。

（3）休息时间。休息时间是指在施工过程中，工人为了恢复体力所必需的短暂的间歇及因个人需要（如喝水、如厕）而消耗的时间，但午饭时的工作中断时间不属于施工过程中的休息时间，因为这段时间并不列入工作之内。

休息时间的长短和劳动条件有关。劳动繁重紧张、劳动条件差（如高温），则休息时间需要长一些。

2. 损失时间

从图 2-1 中还可以看出，损失时间包括有多余和偶然工作时间、停工时间、违反劳动纪律所引起的工时损失时间。

(1)多余和偶然工作时间。多余和偶然工作的时间损失包括多余工作引起的时间损失和偶然工作引起的时间损失两种情况。

多余工作是工人进行了任务以外的而又不能增加产品数量的工作。例如对质量不合格的墙体返工重砌、对已磨光的水磨石进行多余的磨光等。多余工作引起的时间损失，一般都是由于工程技术人员和工人的差错而引起的修补废品和多余加工造成的，不是必需消耗的时间。

偶然工作是工人在任务外进行的，但能够获得一定产品的工作。例如电工铺设电缆时需要临时在墙上打洞、抹灰工不得不补上偶然遗留的墙洞等。从偶然工作的性质看，不应考虑它是必需消耗的时间，但由于偶然工作能获得一定产品，也可适当考虑。

(2)停工时间。停工时间是工作班内停止工作造成的时间损失。停工时间按其性质可分为施工本身造成的停工时间和非施工本身造成的停工时间两种。

1)施工本身造成的停工时间，是由于施工组织不善、材料供应不及时、工作面准备工作做得不好、工作地点组织不良等情况引起的停工时间。

2)非施工本身造成的停工时间，是由于气候条件及水源、电源中断引起的停工时间。由于自然气候条件的影响而又不在冬期、雨期施工范围内的时间损失，应给予合理的考虑作为必需消耗的时间。

(3)违反劳动纪律时间。违反劳动纪律造成的工作时间损失，是指工人在工作班开始和午休后的迟到、午饭前和工作班结束前的早退、擅自离开工作岗位、在工作时间内聊天或办私事等造成的工时损失。由于个别工人违反劳动纪律而影响其他工人无法工作的时间损失，也包括在内。由于此项工时损失是不允许存在的。在定额中是不能考虑的。

(二)机械工作时间消耗的分类

在机械化施工过程中，对工作时间消耗的分析和研究，除要对工人工作时间的消耗进行分类研究外，还需要分类研究机器工作时间的消耗。

机器工作时间的消耗可按其性质进行分类，具体如图2-2所示。

1. 必需消耗的时间

从图2-2中可以看出，在机械工作必需消耗的工作时间里，包括有效工作时间、不可避免的无负荷工作时间和不可避免的中断工作时间三项时间消耗。

(1)有效工作时间。有效工作时间消耗中又包括正常负荷下的工作时间、有根据地降低负荷下的工作时间，以及低负荷下的工作时间三项工时消耗。

1)正常负荷下的工作时间。正常负荷下的工作时间是指机械在与机械说明书规定的计算负荷相符的情况下进行工作的时间。

2)有根据地降低负荷下的工作时间。有根据地降低负荷下的工作时间是指在个别情况下机械由于技术上的原因，在低于其计算负荷下工作的时间，例如，汽车运输质量小而体积大的货物时，不能充分利用汽车的载重吨位；起重机吊装轻型结构时，不能充分利用其起重能力，因而低于其计算负荷。

3)低负荷下的工作时间。低负荷下的工作时间是指由于工人或技术人员的过错所造成的施工机械在降低负荷的情况下工作的时间。例如，工人装车的砂石数量不足、工人装入

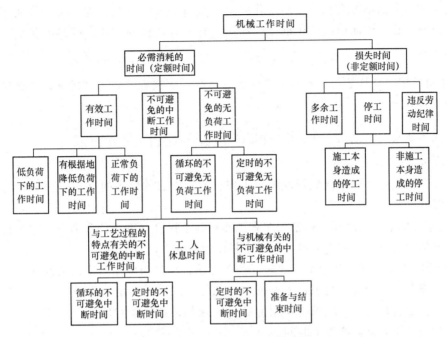

图 2-2 机械工作时间的一般分类

碎石机轧料口中的石块数量不够引起的汽车和碎石机在降低负荷的情况下工作所延续的时间。此项工作时间不能完全作为必需消耗的时间。

（2）不可避免的无负荷工作时间。不可避免的无负荷工作时间是指由施工过程的特点和机械结构的特点造成的机械无负荷工作时间。不可避免的无负荷按出现的性质可分为循环的不可避免的无负荷和定时的不可避免的无负荷两种。

1）循环的不可避免的无负荷。循环的不可避免的无负荷是指由于机械工作特点引起并循环出现的无负荷现象。例如，运输汽车在卸货后的空车回驶；铲土机卸土后回至取土地点的空车回驶；木工锯床、刨床在换取木料时的空转等。但是，对于一些复式行程的机械，其回程时间不应列为不可避免的无负荷，而仍应算作有效工作时间，例如，打桩机打桩时桩锤的吊起时间，锯木机锯截后机架的回程时间。

2）定时的不可避免的无负荷。定时的不可避免的无负荷又称周期的不可避免的无负荷，它主要是发生在一些开行式机械，例如，挖土机、压路机、运输汽车等在上班和下班时的空放与空回，以及在工地范围内由这一工作地点调至另一个工作地点时的空驶上。

循环的不可避免的无负荷与定时的不可避免的无负荷的差别，主要在于在工作班时间内前者是重复性、循环性的，而后者是单一性、定时性的。

（3）不可避免的中断工作时间。不可避免的中断工作时间，是与工艺过程的特点、机械的使用和保养、工人休息有关的不可避免的中断时间。

1）与工艺过程的特点有关的不可避免的中断工作时间，有循环的和定时的两种。循环的不可避免中断，是在机械工作的每一个循环中重复一次，如汽车装货和卸货时的停车；定时的不可避免中断，是经过一定时期重复一次，如把灰浆泵由一个工作地点转移到另一工作地点时的工作中断。

2)与机械有关的不可避免的中断工作时间,是当工人进行准备与结束工作或辅助工作时,由于机械停止工作而引起的中断工作时间。它是与机械的使用与保养有关的、不可避免的中断时间。

特别提醒 应尽量利用与工艺过程有关的和与机械有关的不可避免的中断时间进行休息,以充分利用工作时间。

3)工人休息时间,是工人在工作中休息所消耗的时间。

2. 损失时间

机械工作损失的时间包括机器的多余工作时间、机器的停工时间和违反劳动纪律所消耗的工作时间。

(1)机器的多余工作时间。机器的多余工作时间是指机器进行任务内和工艺过程内未包括的工作而延续的时间,如工人没有及时供料而使机器空运转的时间。

(2)机器的停工时间。机器的停工时间按其性质也可分为施工本身造成和非施工本身造成的停工。前者是由于施工组织得不好而引起的停工现象,如由于未及时供给机器燃料而引起的停工。后者是由于气候条件所引起的停工现象,如暴雨时压路机的停工。上述停工中延续的时间,均为机器的停工时间。

(3)违反劳动纪律引起的机器的时间损失。违反劳动纪律引起的机器的时间损失是指由于工人迟到、早退或擅离岗位等原因引起的机器停工时间。

任务三 工程定额测定方法

任务重点

技术测定法、科学记数法、比较类推法、统计分析法、经验估计法。

工程定额测定一般采用技术测定法、科学记数法、比较类推法、统计分析法、经验估计法等。

一、技术测定法

1. 技术测定法的概念

技术测定法是指通过对施工过程的生产技术、施工组织、施工条件和各种工时消耗进行科学分析研究后,拟定合理的施工条件、操作方法、劳动组织,在考虑挖掘工作潜力的基础上确定定额工、料、机消耗量的方法。

2. 技术测定法的作用

(1)技术测定法是科学制定工程定额的基本方法。采用技术测定法可以查明工作时间消耗的性质和数量，分析各种施工因素对工作时间消耗数量的影响，找出工作损失的原因，在分析整理的基础上取得技术测定资料，为编制工程定额及标准工时规范提供科学依据。

(2)技术测定法是加强施工管理的重要手段。技术测定法要实地观察记录施工中各类活动的情况，并对记录结果进行分析，可以发现施工管理中存在的问题，通过拟订改善措施，不断促进生产过程科学化、合理化。

(3)技术测定法是总结和推广先进经验的有效方式。通过技术测定，可以对先进班组、先进个人、新技术或新机具、新材料、新工艺等，从操作技术、劳动组织、工时利用、机具效能等方面加以系统总结，从而推动工人学习新技术和先进经验。

3. 对技术测定工作的要求

(1)认真测定，保证技术测定工作的科学性。技术测定是一项具体、细致及技术性较强的工作，测定人员在测定过程中，必须坚守工作岗位，集中精力，详细地观察测定对象的全部活动，并认真记录各类时间消耗和有关影响因素，保证原始记录资料的客观真实性。

(2)保证测定资料完整、准确。每次测定的工时记录、完成产品数量、因素反映、汇总整理等有关数字、图示、文字说明必须齐全、准确。对于影响因素的说明要清楚，取舍数字时要有技术依据，给出的结论意见和改进措施应符合实际。

(3)必须依靠群众来进行工作。技术测定的资料来自一线生产过程，测定时必须取得工人的支持与合作，以便于测定的顺利进行；测定结束，应将测定结果告诉他们，征求意见，使测定资料更加完善准确。

4. 技术测定的准备工作

(1)确定需要进行计时观察的施工过程。计时观察之前的第一个准备工作，是研究并确定有哪些施工过程需要进行计时观察。对于需要进行计时观察的施工过程，要编写详细的目录，拟订工作进度计划，制定组织技术措施，并组织编制定额的专业技术队伍，按计划认真开展工作。

(2)对施工过程进行预研究。对已确定的施工过程的性质应进行充分研究，目的是正确地安排计时观察和收集可靠的原始资料。研究的方法是全面地对各个施工过程及其技术组织条件进行实际调查和分析，以便设计正常的(标准的)施工条件和分析研究测时数据。

熟悉与该施工过程有关的现行技术规范和技术标准等文件和资料。例如，应了解新采用的工作方法的先进程度，也了解已经得到推广的先进施工技术和操作，还应了解施工过程存在的技术组织方面的缺点和由于某些原因造成的混乱现象。

👤 **特别提醒**　注意系统地收集完成定额的统计资料和经验资料，以便与计时观察所得的资料进行对比分析。

把施工过程划分为若干个组成部分(一般划分到工序)。例如，砌砖墙的施工过程可以划分为拉线、铺灰、砌砖、勾缝和检查砌体质量等工序。施工过程划分的目的是便于计时观察。如果计时观察的目的是研究先进工作法，对如果是分析影响劳动生产率提高或降低的因素，则必须将施工过程划分到操作乃至动作。

确定定时点和施工过程产品的计量单位。定时点是上、下两个相衔接的组成部分之间时间上的分界点。确定定时点对于保证计时观察的精确性是一个不容忽略的因素。例如，在砌砖过程中，取砖和将砖放在墙上这个组成部分，它的开始是工人手接触砖的那一瞬间，结束是将砖放在墙上手离开砖的那一瞬间。确定产品计量单位，要能具体地反映产品的数量，并具有最大限度的稳定性。

(3)选择施工的正常条件。绝大多数企业和施工队、组，在合理组织施工的条件下所拥有的施工条件，称为施工的正常条件。选择施工的正常条件是技术测定中的一项重要内容，也是确定定额的依据。

施工条件一般包括工人的技术等级是否与工作等级相符、工具与设备的种类和质量、工程机械化程度、材料实际需要量、劳动的组织形式、工资和报酬形式、工作地点的组织和其准备工作是否及时、安全技术措施的执行情况、气候条件、劳动竞赛开展情况等。所有这些条件，都有可能影响产品生产中的工时消耗。

(4)选择观察对象。所谓观察对象，就是对其进行计时观察的施工过程和完成该施工过程的工人。选择计时观察对象，必须注意所选择的施工过程要完全符合正常施工条件；所选择的建筑安装工人，应具有与技术等级相符的工作技能和熟练程度，所承担的工作与其技术等级相符；同时，能够完成或超额完成现行的施工劳动定额。

👤 **特别提醒** 观察对象应根据测定的目的来选择：制定人工定额，应选择有代表性的班组或个人，包括各类先进的或比较后进的班组或个人；总结推广先进经验，应选择先进的班组或个人；帮助后进班组提高工效，应选择长期不能完成定额的班组或个人。

(5)调查所测定施工过程的影响因素。施工过程的影响因素包括技术、组织及自然因素。例如，产品和材料的特征(规格、质量、性能等)；工具和机械性能、型号；劳动组织和分工；施工技术说明(工作内容、要求等)，并附施工简图和工作地点平面布置图。

(6)其他准备工作。进行计时观察还必须准备好必要的用具和表格。例如测时用的秒表或电子计时器，测量产品数量的工、器具，记录和整理测时资料用的各种表格等。如果条件允许或有必要时，还可配备摄像和电子记录设备。

5. 技术测定的主要方法

对施工过程进行观察、测时，计算实物和劳务量，记录施工过程所处的施工条件和确定影响工时消耗的因素是技术测定法的主要内容和要求。技术测定法通常有测时法、写实记录法、工作日写实法和简易测定法。

(1)测时法。测时法是一种精确度比较高的测定法。其主要适用于研究以循环形式不断重复进行的作业。它用于观察施工过程组成部分的工作时间消耗，不研究工作休息、准备与结束以及其他非循环的工作时间。

根据记录时间的方法不同，测时法可分为选择测时法和接续测时法两种。

1)选择测时法。选择测时法又称间隔计时法，是间隔选择施工过程中非紧连接的组成部分(工序或操作)测定工作时间。精确度达 0.5 s。

采用选择测时法，当测定开始时，观察者立即启动秒表，当该工序或操作结束，则立即让秒表停止记录。接下来，把秒表上指示的延续时间记录到选择测时法记录表上。当下一工序或操作开始时，再起动秒表，如此依次观察，并连续记录下延续时间，具体见表2-1。

表 2-1　选择测时法记录表的表格形式

测定对象：单斗正铲挖土机挖土(斗容量1 m³) 观察精确度：每一循环时间精度：1 s	施工单位名称				工地名称		观察日期	开始时间	终止时间	延续时间	观察号次
	施工过程名称：用正铲挖松土，装上自卸载重汽车 挖土机斗臂回转角度为120°～180°										

序号	工序或操作名称	每一循环内各组成部分的工时消耗/台秒										记 录 整 理				
		1	2	3	4	5	6	7	8	9	10	延续时间总计	有效循环次数	算术平均值	占一个循环比例/%	稳定系数③
1	土斗挖土并提升斗臂	17	15	18	19	19	22	16	18	18	16	178	10	17.8	38.12	1.47
2	回转斗臂	12	14	13	25①	10	11	12	11	12	13	108	9	12.0	25.70	1.40
3	土斗卸土	5	7	6	5	6	12②	5	8	6	5	53	9	5.9	12.63	1.60
4	返转斗臂并落下土斗	10	12	11	10	12	10	9	12	10	14	110	10	11.0	23.55	1.56
	一个循环总计	44	48	48	59	47	55	42	49	46	48	—	—	46.7	100.00	—

①由于载重汽车未组织好，使挖土机等候，不能立刻卸土。
②由于土与斗壁粘住，振动土斗后才使土卸落。
③工时消耗中最大值 t_{max} 与最小值 t_{min} 之比，即稳定系数 $=\dfrac{t_{max}}{t_{min}}$

特别提醒　选择测时法的优点是比较容易掌握，使用范围比较广，而缺点是测定开始和结束的时间时，容易发生读数的偏差。

在测时中，如有某些工序遇到特殊技术上或组织上的问题而导致工时消耗骤增时，在记录表上应加以注明(表2-1中的 ①、②)，供整理时参考。记录的数字如有笔误，应划去重写，不得在原数字上涂改，以防止辨认不清。

2)接续测时法。接续测时法又称连续测时法，它是对施工过程循环的组成部分进行不间断的连续测定，不遗漏任何工序或动作的终止时间，并计算出本工序的延续时间。其计算公式为

本工序的延续时间＝本工序的终止时间＝紧前工序的终止时间

表2-2为接续法测时记录示例。接续测时法比选择测时法准确、完善，因为接续测时法包括了施工过程的全部循环时间，且在各组成部分延续时间之间的误差可以互相抵销，但对其观察技术要求较高。它的特点是在工作进行中和非循环组成部分出现之前一直不停止秒表，秒针在走动过程中，观察者根据各组成部分之间的定时点，记录它的终止时间。因此，在测定时间时应使用具有辅助秒针的计时表(即人工秒表)，以便使其辅助针停止在某一组成部分的结束时间上。

测定对象：混凝土搅拌机拌和混凝土

观察精确度：1 s

施工单位名称：　　工地名称：　　观察日期：

施工过程名称：混凝土搅拌机(J₅B—500型)拌和混凝土

表2-2　接续测时法记录表的表格形式

序号	工序或操作名称、时间	1分	1秒	2分	2秒	3分	3秒	4分	4秒	5分	5秒	6分	6秒	7分	7秒	8分	8秒	9分	9秒	10分	10秒	延续时间总计/s	有效循环次数	算术平均值/s	最大值 t_{max}/s	最小值 t_{min}/s	稳定系数
1	装料入鼓　终止时间	0	15	2	16	4	20	6	30	8	33	10	39	12	44	14	56	17	4	19	5						
	延续时间		15		13		13		17		14		15		16		19		12		14	148	10	14.8	19	12	1.58
2	搅拌　终止时间	1	45	3	48	5	55	7	57	10	4	12	9	14	20	16	28	18	33	20	38						
	延续时间		90		92		95		87		91		90		96		92		89		93	915	10	91.5	96	87	1.10
3	出料　终止时间	2	3	4	7	6	13	8	19	10	24	12	28	14	37	16	52	18	51	20	54						
	延续时间		18		19		18		22		20		19		17		24		16		16	191	10	19.1	24	16	1.50

3)测时法的观察次数。测时法的观测次数将直接影响测时资料的准确度。实践证明,使用测时法时,即使选择工作条件比较正常的测时对象,并且由同一工人操作,但每次所测得的延续时间都不会是完全相等的,这里也包括测定人员的误差或错误。一般来说,观测的次数越多,资料的准确性就越高,但花费的时间和人力也越多。确定观测次数应依据误差理论和经验数据相结合的方法来判断,表 2-3 提供了测时法所必需的观察次数的确定方法,可供测定时选用。

表 2-3 测时法所必需的观察次数

观察次数 精确要求 稳定系数	算术平均值精确度/%				
	5 以内	7 以内	10 以内	15 以内	25 以内
1.5	9	6	5	5	5
2	16	11	7	5	5
2.5	23	15	10	6	5
3	30	18	12	8	6
4	39	25	15	10	7
5	47	31	19	11	8

①表中稳定系数的计算公式为

$$K_p = \frac{t_{\max}}{t_{\min}}$$

式中 $t_{\max}$——最大观测值;

$t_{\min}$——最小观测值。

②算术平均值精确度的计算公式为

$$E = \pm \frac{1}{\overline{X}} \sqrt{\frac{\sum \Delta^2}{n(n-1)}}$$

式中 E——算术平均值精度;

$\overline{X}$——算术平均值;

n——观察次数;

Δ——每次观察值与算术平均值之差。

应用案例 2-1

【题目】 某一施工工序共观察 12 次,所测得观测值分别为 40、35、30、28、31、36、29、30、50 、32、33、34。试检查观察次数是否满足需要。

【解析】 ①先计算算术平均值 $\overline{X}$。

$$\overline{X}=\frac{40+35+30+28+31+36+29+30+50+32+33+34}{12}=34$$

②计算各观测值与算术平均值的偏差(Δ)。

偏差(Δ)分别为：+6、+1、-4、-6、-3、+2、-5、-4、+16、-2、-1、0。

③计算算术平均值精确度。

$$E=\pm\frac{1}{\overline{X}}\sqrt{\frac{\sum\Delta^2}{n(n-1)}}$$

$$=\pm\frac{1}{34}\sqrt{\frac{6^2+1^2+4^2+6^2+3^2+2^2+5^2+4^2+16^2+2^2+1^2+0^2}{12\times(12-1)}}$$

$$=5.15\%$$

④计算稳定系数。

$$K_p=\frac{t_{max}}{t_{min}}=\frac{50}{28}=1.79$$

根据以上所得稳定系数和算术平均值精确度，即可查表2-3测时所必需的观察次数表。当表2-3中规定算术平均值精确度在7%以内，稳定系数在2以内时，应测定11次。显然，本工序的观察次数已满足要求。

4)测时数据的整理。观测所得数据的算术平均值，即所求延续时间。为了使算术平均值更接近各组成部分的延续时间正确值，在整理测时数据时可进行必要的清理，删去那些明显的错误及偏差极大的数值。通过清理后所得出的算术平均值，通常称为平均修正值。

①清理测时数据时，首先应删掉完全是由于人为因素影响而出现的偏差，如工作时间闲聊天、材料供应不及时造成的等候，以及测定人员记录时间的疏忽而造成的错误等所测得的数据，删掉的数据应在测时记录表上作"×"记号。

②删去由于施工因素的影响而出现偏差极大的延续时间，如挖土机在挖土作业时碰到孤石等。此类偏差大的数不能认为完全没用，可作为该项施工因素影响的资料进行专门研究。对此类删去的数据应在测时记录表中作"O"，以示区分。

③清理偏差大的数据可参照表和偏差极限算式进行。

偏差极限算式如下

$$\lim_{max}=\overline{X}+K(t_{max}-t_{min})$$
$$\lim_{min}=\overline{X}-K(t_{max}-t_{min})$$

式中　$\lim_{max}$——最大极限值；

　　　$\lim_{min}$——最小极限值；

　　　t_{max}——最大值；

　　　t_{min}——最小值；

　　　$\overline{X}$——算术平均值；

　　　K——调整系数(表2-4)。

表 2-4　误差调整系数 K 值表

观察次数	调整系数	观察次数	调整系数
5	1.3	11～15	0.9
6	1.2	16～30	0.8
7～8	1.1	31～53	0.7
9～10	1.0	53 以上	0.6

清理的方法：首先从测得的数据中删去由于人为因素的影响而出现偏差极大的数据；其次从留下来的测时数据中删去偏差极大的可疑数据，利用表 2-4 和偏差极限算式求出最大极限和最小极限；最后从数据中删去最大或最小极限之外偏差极大的可疑数据。

应用案例 2-2

【题目】　试对应用案例 2-1 中测时数据进行整理。

【解析】　例 2-1 数据中误差大的可疑数值为 50，根据上述清理方法抽去这一数值。接下来，根据误差极限算式计算其最大极限。

$$\overline{X} = \frac{40+35+30+28+31+36+29+30+32+33+34}{11} = 32.55$$

$$\lim_{max} = \overline{X} + K(t_{max} - t_{min}) = 32.55 + 1 \times (40 - 28) = 44.55 < 50$$

综上所述，该工序数据中必须抽去可以数值 50，其算术平均修正值为 32.55。

(2)写实记录法。写实记录法是一种研究各种性质的工作时间消耗的方法。采用这种方法可以获得分析工作时间消耗的全部资料，并且精确程度能达到 $0.5 \sim 1$ mm。

写实记录法的观察对象，可以是一个工人，也可以是一个工人小组。测时用普通表进行。写实记录法按记录时间方法的不同，分为数示法、图示法和混合法三种。

1)数示法。数示法写实记录是三种写实记录法中精确度较高的一种，可以同时对两个工人进行观察，观察的工时消耗记录在专门的数示法写实记录表中。数示法可用来对整个工作班或半个工作班进行长时间观察，因此，能反映工人或机器工作日全部的情况。

表 2-5 为数示法写实记录表示例。该施工过程为双轮车运土方，运距 200 m。施工过程由 6 个部分组成，即序号 1～6。表中第(4)栏所列的序号即该 6 个组成部分，第(5)栏即相应序号的组成部分结束时间，第(9)栏开始连续对工人测定。

2)图示法。图示法是在规定格式的图表上用时间进度线条表示工时消耗量的一种记录方式，精确度可达 30 s，可同时对 3 个以内的工人进行观察。观察资料记入图示法写实记录表中，见表 2-6。观察所得时间消耗资料记录在表的中间部分。表的中间部分是由 60 个小纵行组成的格网，每一小纵行等于 1 min。观察开始后，根据各组成部分的延续时间用横线画出。这段横线必须和该组成部分的开始与结束时间相符合。为便于区分两个以上工人的工作时间消耗，又设一辅助直线，将属于同一工人的横线段连接起来。待观察结束后，再分别计算出每一工人在各个组成部分上的时间消耗，以及各组成部分的工时总消耗。观察时间内完成的产品数量记入产品数量栏。

3)混合法。混合法吸收了数示法和图示法两种方法的优点，以时间进度线条表示工序的延续时间，在进度线的上部加写数字表示各时间区段的工人数。混合法适用于对 3 个以上工人小组工时消耗的测定与分析。记录观察资料的表格仍采用图示法写实记录表。填写表格时，各组成部分延续时间用图示法填写，完成每一组成部分的工人人数，则用数字填写在 该组成部分时间线段的上面，见表 2-7。

表 2-5 数示法写实记录表示例

工地名称		开始时间	8:33:00	延续时间	1 h 21 min 40 s	调查号次	
施工单位名称		终止时间	9:54:40	记录日期		页　次	

序号	施工过程组成部分名称	时间消耗量/(min s)	组成部分序号	起止时间 时:分	起止时间 秒	延续时间/(min s)	完成产品 计量单位	完成产品 数量	组成部分序号	起止时间 时:分	起止时间 秒	延续时间/(min s)	完成产品 计量单位	完成产品 数量
(1)	(2)	(3)	(4)	(5)		(6)	(7)	(8)	(9)	(10)		(11)	(12)	(13)
1	装土	29 35	(开始)	8:33	0				1	9:16	50	3 40	m³	0.288
2	运输	21 26	1	35	50	2 50	m³	0.288	2	19	10	2 20	次	1
3	卸土	8 59	2	39	0	3 10	次	1	3	20	10	1 00		
4	空返	18 5	3	40	20	1 20			4	22	30	2 20		
5	等候装土	2 5	4	43	0	2 40			1	26	30	4 00	m³	0.288
6	喝水	1 30	1	4	30	3 30	m³	0.288	2	29	0	2 30	次	1
			2	49	0	2 30	次	1	3	30	0	1 00		
			3	50	0	1 00			4	32	50	2 50		
			4	52	30	2 30			5	34	55	2 05		
			1	56	40	4 10	m³	0.288	1	38	50	3 55	m³	0.288
			2	59	10	2 30	次	1	2	41	56	3 06	次	1
			3	9:00	20	1 10			3	43	20	1 24		
			4	3		2 50			4	45	50	2 30		
			1	6	50	3 40	m³	0.288	1	49	40	3 50	m³	0.288
			2	9	40	2 50	次	1	2	52	10	2 30	次	1
			3	10	45	1 05			3	53	10	1 00		
			4	13	10	2 25			6	54	40	1 30		
	合计	81 40				40 10						41 30		

注：运土 8 车，每车容积 0.288 m³，共运 0.288×8=2.3(m³)松土。

表2-6 图示法写实记录表示例

观测对象(人数,工种等) 瓦工小组	施工单位名称	工地名称	观测日期	观测号次	页次
一 二 三 四 五 六 七 共计					
1 1 1 1 1 3					

施工过程名称:砌筑2砖厚砖墙　开始时间 9:00　终止时间 10:00　延续时间 60'00"

序号	工作名称	时间/min 图示	延续时间/工分	产品数量	备注
1	铺设灰浆		40	0.4 m³	
2	摆砖		41	772块	
3	砌外皮砖		52	440块	
4	砌填充砖		21	310块	
5	检查砌体		3	2块	
6	清理		2		
7	休息		19		
8	停工		2	4 m	灰浆未及时供应
	总计		180		

观测:　　　整理:　　　复核:

表2-7 混合法写实记录表示例

工地名称	××工地	开始时间	8：00	延续时间		调查号次
施工单位名称	××建筑工程公司	终止时间	9：00	记录时间	1 h	页次
施工过程	砌1砖厚单面混水墙	观察对象				

四级工：3人；三级工：3人

号次	施工过程名称	时间（min 5～60 记录图示）	时间合计/min	产品数量
1	撤铲		78	1.85 m³
2	捣固		148	1.85 m³
3	转移		103	3次
4	等混凝土		21	
8	做其他工作		10	
	总计		360	

观察者：×××　　复核者：×××

对于写实记录的各项观察资料，要在事后加以整理。在整理时，先将施工过程各组成部分按施工工艺顺序从写实记录表上抄录下来，并摘录相应的工时消耗；然后按工时消耗的性质，分为基本工作与辅助工作时间、休息和不可避免中断时间、违反劳动纪律时间等，按各类时间消耗进行统计，并计算整个观察时间即总工时消耗；再计算各组成部分时间消耗占总工时消耗的百分比。产品数量从写实记录表内抄录。单位产品工时消耗由总工时消耗除以产品数量得到。

（3）工作日写实法。工作日写实法是一种研究整个工作班内的各种工时消耗的方法。采用工作日写实法主要有两个目的，一是取得编制定额的基础资料；二是检查定额的执行情况，找出缺点，改进工作。当它被用来达到第一个目的时，工作日写实的结果要获得观察对象在工作班内工时消耗的全部情况，以及产品数量和影响工时消耗的因素。其中，工时消耗应该按其性质进行分类记录。当它被用来达到第二个目的时，通过工作日写实应该做到：查明工时损失量和引起工时损失的原因，制定消除工时损失、改善劳动组织和工作地点组织的措施，查明熟练工人是否能发挥自己的专长，确定合理的小组编制和合理的小组分工；确定机器在时间利用和生产率方面的情况，找出机器使用不当的原因，制定改善机器使用情况的技术组织措施；计算工人或机器完成定额的实际百分比和可能百分比。

工作日写实法和测时法、写实记录法比较，工作日写实法具有技术简便、费力不大、应用面广和资料全。表 2-8 为工作日写实法结果示例。

表 2-8　工作日写实结果示例(正面)

工作日写实结果表	观察的对象和工地：造船厂工地甲种宿舍							
	工作队(小组)：小组成员　　工种：瓦工							
工程(过程)名称：垒砌 2 砖混水墙　观察日期：20××年 7 月 20 日　工作班：自 8：00 至 17：00 完成，共 8 工时	$\dfrac{\text{小组}}{\text{工作队}}$ 的工人组成							
	1 级	2 级	3 级	4 级	5 级	6 级	7 级	共计
				2		2		4

号次	工　时　平　衡　表			
	工时消耗种类	消耗量/工分	百分比/%	劳动组织的主要缺点
1	1. 必需消耗的时间			
2	适合于技术水平的有效工作	1 120	58.3	
3	不适合于技术水平的有效工作	67	3.5	
4	有效工作共计	1 187	61.8	
5	休息	176	9.2	①架子工搭设脚手板的工作没有保证质量，同时架子工的工作未按计划进度完成，以致影响了砌砖工人的工作。 ②由于灰浆搅拌机时有故障，灰浆不能及时供应
6	不可避免的中断			
7	必需消耗的时间共计(A)	1 363	71.0	
8	2. 损失时间			
9	由于砖层垒砌不正确而加以更改	49	2.6	
10	由于架子工把脚手板铺得太差而加以修正	54	2.8	
11	多余和偶然工作共计	103	5.4	
12	因为没有灰浆而停工	112	5.8	

	工时消耗种类	消耗量/工分	百分比/%	劳动组织的主要缺点
13	因脚手板准备不及时而停工	64	3.3	
14	因工长耽误指示传达而停工	100	5.2	
15	由于施工本身而停工共计	276	14.4	③工长和工地技术人员，对于工人工作指导不及时，并缺乏经常的检查、督促，致使砌砖返工；架子工搭设脚手板后，也未校验。又由于没有及时指示，导致砌砖工停工。④由于宿舍距施工地点远，工人经常迟到
16	因雨停工	96	5.0	
17	因电流中断而停工	12	0.6	
18	非施工本身而停工共计	108	5.6	
19	工作班开始时迟到	34	1.8	
20	午后迟到	36	1.9	
21	违反劳动纪律共计	70	3.6	
22	损失时间共计	557	29.0	
23	总共消耗的时间(B)	1 920	100	
24	现行定额总共消耗时间			

完成工作数量：6.66 千块　　　　　　测定者：

观察第一瓦工小组砌筑 2 砖厚混水砖墙、8 h 工作日写实记录，总共砌筑 6 660 块砖。其中：

必需消耗的定额工时为：A＝1 363 工分。

总共消耗的工时为：B＝1 920 工分。

总共消耗的工时即总共观察时间为：8×4×60＝1 920（工分）。

该小组完成定额的情况计算见表 2-9。表 2-9 是表 2-8 的续表，一般是印刷在表 2-8 的背面。

表 2-9　工作日写实结果示例(背面)

完成定额情况的计算							
序号	定额编号	定额项目	计量单位	完成工作数量	定额工时消耗		备注
					单位	总计	
1	瓦10	2 砖混水墙	千块	6.66	4.3	28.64	
2							
3							
4							
5							
6		总计				28.64	

完成定额情况	实际：$\dfrac{60×28.64}{1\ 920}×100\%=89.5\%$
	可能：$\dfrac{60×28.64}{1\ 363}×100\%=126\%$

建　议　和　结　论	
建议	1. 施工工长和技术人员加强对砌砖工人工作的指导，并及时检查督促。 2. 工人开始工作前要先检验脚手板，工地领导和安全技术员必须负责贯彻技术安全措施。 3. 立即修好灰浆搅拌机。 4. 采取措施，使工人上班不再迟到
结论	全工作日中时间损失占据 29%，原因主要是施工技术人员指导不力。如果能够保证对工人小组的工作给予切实有效的指导，改善施工组织管理，劳动生产率就可以提高 35% 以上

表 2-10 为对 12 个瓦工小组的工作日写实法观察结果的汇总表。表中"加权平均值"栏是根据各小组的工人数和相应的各类工时消耗百分率加权平均所得的，可按下式计算：

$$X = \frac{\sum W_i \cdot B_i}{\sum W_i}$$

式中　X——加权平均值；

　　　W_i——所测定各小组的工人数；

　　　B_i——所测定各小组各类工时消耗的百分比。

表 2-10　工作日写实结果汇总表

写实汇总		工作日写实结果汇总日期：自 20××年 7 月 20 日至 8 月 1 日													
工地：第×车间		工种：瓦工													
观察日期及编号		A1 7/20	A2 7/21	A3 7/22	A4 7/23	A5 7/24	A6 7/25	A7 7/26	A8 7/28	A9 7/29	A10 7/30	A11 7/31	A12 8/1	加权平均值	备注
号次	小组（工作队）工时消耗分类														
	每班人数	4	2	2	3	4	3	2	2	4	2	4	3	35	
一、	必需消耗的时间														工时消耗分类按占总共消耗时间的百分比计算
1	适合于技术水平的有效工作	58.3	67.3	67.7	50.3	56.9	50.6	77.1	62.8	75.9	53.1	51.9	69.1	61.1	
2	不适合于技术水平的有效工作	3.5	17.3	7.6	31.7	—	21.8	—	6.5	12.8	3.6	26.4	10.2	12.3	
3	有效工作共计	61.8	84.6	75.3	82.0	56.9	72.4	77.1	69.3	88.7	56.7	78.3	79.3	73.4	
4	休息	9.2	9.0	8.7	10.9	10.8	11.4	8.6	17.8	11.3	13.4	15.1	10.1	11.4	
5	不可避免的中断	—	—	—	—	—	—	—	—	—	—	—	—	—	
6	必需消耗时间共计	71.0	93.6	84.0	92.9	67.7	83.8	85.7	87.1	100	70.1	93.4	89.4	84.8	
二、	损失时间														
1	多余和偶然工作	5.4	5.2	6.7	—	—	3.3	6.9	—	—	—	—	3.2	2.2	
2	由于施工本身而停工	14.4	—	6.3	2.6	26.0	3.8	4.4	11.3	—	29.9	6.6	5.1	9.4	
3	非施工本身而停工	5.6	—	1.3	3.6	6.3	9.1	3.0	—	—	—	—	1.7	2.8	
4	违背劳动纪律	3.6	1.2	1.7	0.9	—	—	—	1.6	—	—	—	0.6	0.8	
5	损失时间共计	29.0	6.4	16.0	7.1	32.3	16.2	14.3	12.9	—	29.9	6.6	10.6	15.2	
6	总共消耗时间	100	100	100	100	100	100	100	100	100	100	100	100	100	
完成定额/%	实际	89.5	115	107	113	95	98	102	110	116	97	114	101	104.8	
	可能	126	123	128	122	140	117	199	126	116	138	122	120	131.4	
制表：　　　　　　　　复核：															

（4）简易测定法。简易测定法是对上述三种测定方法予以简化，但仍然保持了现场实地观察记录的基本原则。这种方法虽然简便，易于掌握，花费人力较少，但是精确度较低。简易测定法在为了掌握某工种的定额完成情况，制定企业补充定额时经常采用。

1）时间记录。简易测定法采用混合法表格的格式记录时间消耗（表 2-11），而在表 2-11 中，每一小格为 15 min，每一横行可记录 10 h。每张表可以对同一施工过程测 3～4 次。表 2-11 中因素说明栏的主要内容是：工作内容、操作方法、使用机具、使用材料、产品特征、质量情况、劳动态度及造成损失时间的原因等。

表 2-11　简易测定记录表

施工单位名称	工种				页次 1
×××	木工				

工程名称：手工木作工程

工作队（小组）长姓名及情况：一般

消耗工时（每小格 15 min）

日期	调查号次	延续时间	施工过程名称	小组成员	工时类别	8:00	9:00	10:00	11:00	12:00	13:00	14:00	15:00	16:00	17:00	18:00	总计/工时	单位	完成产品数量
20××.12.13	1	6 h 15 min	窗框安装（周长 6 m 以内）	五—1		2	2			1 2		2	1 2	2 1 2			10.25	樘	25
				四—1					2	1		1	1	1			2.25		
20××.12.14	2	7 h 30 min	同上	五—1		2			2	1		2	1	1 2	1		12.25	樘	28
				四—1				2		1				2 1		1	2.75		
20××.12.16	3	6 h 30 min	同上	五—1		2		2		1		2	1	2	1		10.5	樘	23
				四—1			2	2						1	1		2.5		

2)简易测定结果汇总。简易测定结果汇总表(表 2-12)的填写方法如下:

①表中施工日期、劳动组织、完成产品数量、工时消耗等栏,均按简易测定记录表中的内容填写。

②工时消耗栏中,包括损失的消耗是指 2 个工人消耗的全部时间;不包括损失的消耗是指简易测定记录表中总计工时消耗。

③单位产品所需时间栏中,实际时间根据"包括损失时间"除以产品数量求得,可能时间根据"不包括损失时间"除以产品数量求得,"现行定额"根据查当地定额 §16-3-54 定额取得。

④单位产品内所需时间栏中,"实际"时间 0.668=(0.624+0.671+0.709)÷3,"可能"时间 0.534=(0.500+0.536+0.565)÷3。

⑤在完成定额情况栏中,"实际"百分比 115.12%=0.769÷0.668,"可能"百分比 144.01%=0.769÷0.534。

⑥工人讨论意见栏是根据工人讨论提出具体意见,并与现行定额比较后确定的数值。

⑦表 2-12 下的汇总说明主要介绍的是完成定额情况对比、有关工作内容及附加说明、工人讨论提高或降低定额水平的原因、测定人员对本资料的评价等。

表 2-12　简易测定结果汇总表

项目名称		窗框安装(6 m 以内)			计量单位		定额编号
					10 樘		§16-3-54
施工期		20××.12.13	20××.12.14	20××.12.16	结论		
劳动组织		五级工—1 四级工—1	五级工—1 四级工—1	五级工—1 四级工—1	调查次数		3
完成产品数量		2.5	2.8	2.3	单位产品内所需 时间/工日	实际	0.668
工时消耗 /工日	包括损失	1.56	1.88	1.63		可能	0.534
	不包括损失	1.25	1.50	1.30	完成定额情况 /%	实际	115.12
单位产品 所需时间 /工日	实际 (包括损失)	0.624	0.671	0.709		可能	144.01
	可能 (不包括损失)	0.500	0.536	0.565	工人讨论意见 /工日		0.769
	现行定额	0.769			比现行定额提高 或降低%		±0
汇总说明:现行定额中包括钉护口条(不钉者不减工),但工作内容中未钉护口条,超额幅度较大,所以工人在讨论中认为,现行定额水平比较符合实际,若不钉护口条者,可适当减工							

制表者:

(5)技术测定的资料整理。每次计时观察完成之后,相关人员要对整个施工过程的观察资料进行系统的分析研究和整理。计时观察的结果会获得大量的数据和文字记载,而无论数据还是文字记载,都是不可缺少的资料,只有两者相互补充,才能得到满意的结果。

二、科学计算法

科学计算法是根据施工图和其他技术资料，运用一定的理论计算公式，直接计算出材料消耗用量的一种方法。但是，科学计算法只能计算出单位建筑产品的材料净用量，材料损耗量仍要在现场通过观测获得。科学计算法适用于主要材料的消耗量测定。

(一)直接性材料用量计算

直接性材料是指在建筑工程施工中一次性消耗并直接构成工程实体的材料，如各种墙体用砖、砌块、砂浆、垫层材料、面层材料、装饰用块板、屋面瓦、门窗材料等。

1. 墙体标准砖用量计算

墙体标准砖用量计算公式为

$$每立方米墙体标准砖净用量(块) = \frac{2 \times 墙厚的砖数}{墙厚 \times (砖长 + 灰缝) \times (砖厚 + 灰缝)}$$

由于标准砖尺寸为 240 mm×115 mm×53 mm，当灰缝取定为 10 mm 时，上式可以写成：

$$每立方米墙体标准砖净用量(块) = \frac{2 \times 墙厚的砖数}{墙厚 \times (0.24 + 0.01) \times (0.053 + 0.01)}$$
$$= \frac{2 \times 墙厚的砖数}{墙厚 \times 0.25 \times 0.063}$$

应用案例 2-3

【题目】 计算每立方米 365 mm 厚标准砖墙的砖净用量(灰缝为 10 mm)。

【解析】 每立方米一砖半厚墙体标准砖净用量 $= \dfrac{2 \times 1.5}{0.365 \times 0.25 \times 0.063} = 522$(块)

2. 墙体砌块用量计算

墙体砌块用量计算公式为

$$每立方米墙体砌块净用量(块) = \frac{标准块中砌块用量}{标准块(含灰缝)的体积}$$
$$= \frac{标准块中砌块用量}{墙厚 \times (砌块长 + 灰缝) \times (砌块厚 + 灰缝)}$$

应用案例 2-4

【题目】 计算砌块尺寸为 390 mm×190 mm×190 mm，墙厚为 190 mm 的混凝土空心砌块墙的砌块净用量(灰缝为 10 mm)。

【解析】 每立方米墙体砌块净用量 $= \dfrac{标准块中砌块用量}{墙厚 \times (砌块长 + 灰缝) \times (砌块厚 + 灰缝)}$
$$= \frac{1}{0.19 \times (0.39 + 0.01) \times (0.19 + 0.01)} = 66(块)$$

3. 块料面层材料用量计算

每 100 m² 面层块料用量、灰缝及结合层材料用量计算公式为

$$每 100 \text{ m}^2 \text{ 面层块料用量} = \frac{100}{(块料长+灰缝宽) \times (块料宽+灰缝宽)}$$

每 100 m² 面层灰缝用量=[100−(块料长×块料宽×100 m² 块料用量)]×灰缝厚结合层用量
$$=100 \text{ m}^2 \times 结合层厚度$$

应用案例 2-5

【题目】 用 1∶2 水泥砂浆贴 500 mm×500 mm×12 mm 花岗石板墙面,灰缝为 1 mm,砂浆结合层 5 mm 厚,试计算每 100 m² 墙面花岗石和砂浆净用量。

【解析】
$$每 100 \text{ m}^2 \text{ 墙面花岗石净用量} = \frac{100}{(0.5+0.001) \times (0.5+0.001)}$$
$$=400(块)$$

每 100 m² 墙面砂浆净用量=结合层砂浆+灰缝砂浆
$$=0.005 \times 100/100 + [100-(0.5 \times 0.5 \times 398.40)] \times$$
$$0.012/100$$
$$=0.505(\text{m}^3)$$

4. 装饰用块板用量计算

(1)铝合金装饰板用量计算公式。

$$100 \text{ m}^2 \text{ 净用量} = \frac{100}{块长 \times 块宽}$$

应用案例 2-6

【题目】 计算用规格为 800 mm×600 mm 的铝合金压型装饰板装饰 100 m² 顶棚的净用量。

【解析】
$$每 100 \text{ m}^2 \text{ 铝合金装饰板净用量} = \frac{100}{块长 \times 块宽} = \frac{100}{0.8 \times 0.6} = 209(块)$$

(2)石膏装饰板用量计算公式。

$$100 \text{ m}^2 \text{ 净用量} = \frac{100}{(块长+拼缝) \times (块宽+拼缝)}$$

应用案例 2-7

【题目】 用规格为 500 mm×500 mm 的石膏装饰板,拼缝为 2 mm,计算 100 m² 的净用量。

【解析】
$$每 100 \text{ m}^2 \text{ 石膏装饰板净用量} = \frac{100}{(0.50+0.002) \times (0.50+0.002)} = 397(块)$$

(二)周转性材料用量计算

周转性材料是指在施工过程中随着多次使用而逐渐消耗的材料。该类材料在使用过程中不断补充、不断重复使用,如临时支撑、钢筋混凝土工程用的模板,脚手架的架料及土方工程使用的挡土板等。因此,周转性材料应按照多次使用、分次摊销的方法进行计算。

1. 现浇混凝土模板用量计算

(1)每 1 m³ 混凝土的模板一次使用量计算。

$$每\ 1\ m^3\ 混凝土的模板一次使用量 = \frac{1\ m^3\ 混凝土接触面积 \times 每\ 1\ m^2\ 接触面积模板净用量}{1 - 制作损耗率}$$

(2)周转使用量计算。

$$周转使用量 = 一次使用量 \times \frac{1 + (周转次数 - 1) \times 补损率}{周转次数}$$

(3)回收量计算。

$$回收量 = 一次使用量 \times \frac{1 - 补损率}{周转次数}$$

(4)摊销量计算。

$$摊销量 = 周转使用量 - 回收量 \times 折旧率$$

2. 预制混凝土模板用量计算

预制混凝土构件模板摊销量在计算时不考虑损耗率，按多次使用、平均分摊的办法计算。其计算公式为

$$摊销量 = \frac{一次使用量}{周转次数}$$

3. 混凝土模板用量通用计算

模板摊销量计算不分现浇和预制构件，均采用一个公式计算。其计算公式为

$$摊销量 = \frac{一次使用量 \times (1 + 施工损耗率)}{周转次数}$$

三、比较类推法

1. 比较类推法的概念

比较类推法又称为典型定额法，是以同类或相似类型产品、工序的典型定额项目的定额水平或技术测定的实耗工时记录为依据，经过与相邻定额的分析比较、归类和推导确定同一组相邻定额工时消耗量的方法。

2. 比较类推法的特点

(1)按比例类推定额。比较类推法主要采用正比例的方法来推算其他同类定额的消耗量，进行比较的定额项目必须是同类或相似类型的，应具有明显的可比性，如果缺乏可比性，就不能采用此法了。

(2)方法简便，有一定的适用范围。该方法适用于同类型、规格多、批量小的施工过程。随着施工机械化、标准化、装配化程度的不断提高，这种方法的适用范围也逐步扩大。

(3)采用典型定额类推。为了提高定额的准确程度和可靠性，通常采用以主要项目作为典型定额来类推。在对比分析时，要抓住主要影响因素，并考虑技术革新和挖潜的可能性。

3. 比较类推法的计算方法

比较类推法常用的计算方法有比例数示法和坐标图示法两种。

(1)比例数示法。比例数示法又称为比例推算法。选择好典型定额项目后，通过技术测

定或根据统计资料确定出它们的定额水平及相邻项目之间的比例关系，运用正比例的方法计算出同一组定额中其余相邻的项目水平的方法。比例数示法可用下式计算：

$$t = p_i \cdot t_0$$

式中　　t ——比较类推同类相邻定额项目的时间定额；

　　　　p_i ——各同类相邻项目耗用工时的比例（以典型项目为 1）；

　　　　t_0 ——典型项目的时间定额。

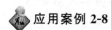 **应用案例 2-8**

【题目】　已知挖一类土地槽在 1.5 m 以内槽深和不同槽宽的时间定额及各类土耗用工时的比例（表 2-13），推算挖二、三、四类土地槽的时间定额。

表 2-13　挖地槽时间定额推算　　　　　　　　　工日/m³

土壤类别	耗工时比例 p_i	挖地槽（深 1.5 m 以内）		
		上口宽度		
		0.8 m 以内	1.5 m 以内	3 m 以内
一类土（典型项目）	1.00	0.167	0.144	0.133
二类土	1.43	0.238	0.205	0.192
三类土	2.50	0.417	0.357	0.338
四类土	3.75	0.629	0.538	0.500

【解析】　挖三类土、上口宽度为 0.8 m 以内的时间定额 t_3 为

$$t_3 = p_3 \times t_0 = 2.50 \times 0.167 = 0.417\,5（工日/m³）$$

其余推算结果见表 2-13。

（2）坐标图示法。坐标图示法又称图表法，即采用坐标图和表格来制定工程定额。其以横坐标表示影响因素的变化，以纵坐标表示产量或工时消耗的变化。

使用坐标图示法时，选择一组同类型典型定额项目，采用技术测定或统计资料确定各项的定额水平，在坐标图上用"点"表示，连接各点成一曲线。此曲线即是影响因素与工时（产量）之间的变化关系，它反映出工时消耗量随着影响因素变化而变化的规律。从定额曲线上即可找出所需的全部项目的定额水平。选择的典型定额项目（即坐标点）数量越多，精确度越高；数量越少，精确度越低．但过多或过少都会失去比较类推的意义。实践证明，同一组典型定额项目（坐标点）不得少于 3 点，一般以 4 点以上为宜。

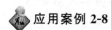 **应用案例 2-9**

【题目】　机动翻斗车运输砂子，机动翻斗车运砂子的典型时间定额见表 2-14，试求运距为 200 m、600 m、1 200 m、2 000 m 的时间定额。

表 2-14 机动翻斗车砂子的典型时间定额

项目	单位	运距/m			
		140	400	900	1 600
运砂子	工日/m³	0.126	0.182	0.240	0.333

【解析】　用表 2-14 中所列的典型时间定额为点作图，得出运砂子的曲线(图 2-3)。在图中的曲线上即可找出所需要的同一组相邻项目的定额水平(表 2-15)。从图上定额曲线可以看出，机动翻斗车运输的工日消耗量随着运距增加而逐步增加，运距越短，水平变化越小；运距越长，水平变化越大，反映了影响因素同工时之间一定的变化规律。

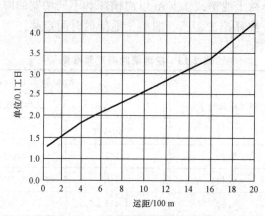

图 2-3 机动翻斗车运砂子时间定额坐标

表 2-15 用坐标图实法确定出的定额

项目	单位	运距/m			
		200	600	1 200	2 000
运砂子	工日	0.150	0.208	0.278	0.390

表 2-15 中相邻运距项目的时间定额就是坐标图上的定额曲线，通过网格部分计算出的定额水平。这些数据还可以根据有关资料进行必要的修正，使定额水平更符合影响因素与工时之间的变化规律。用这种方法来制定定额的优点是简便易行，一目了然。

四、统计分析法

统计分析法是将过去施工中同类工程或生产同类产品的工时消耗、材料消耗、机械台班消耗的统计资料，考虑当前施工技术、施工条件、施工组织的变化因素进行统计分析研究制定定额的方法。统计分析法可以为编制人工定额、材料消耗定额、机械台班定额提供较可靠的数据资料。

统计分析法的计算方法主要有二次平均法和概率测算法两种。

1. 二次平均法

统计分析资料反映的是工人过去已经达到的水平。在统计时没有剔除施工中不合理的因素，因此，这个水平偏于保守。为了克服统计分析资料的这一缺陷，使确定的定额水平保持平均先进的水平，可以用二次平均法计算出平均先进值，并将其作为确定定额水平的依据。

二次平均法的计算公式及步骤如下：

(1)剔除不合理的数据。剔除统计资料中特别偏高或偏低的不合理数据。

(2)计算平均数。其计算公式为

$$\bar{t} = \frac{\sum_{i=1}^{n} t_i}{n}$$

式中　n——数据个数；

　　　$\bar{t}$——平均数；

　　　t_i——统计数值($i=1$，2，3，…，n)。

(3)计算平均先进值。将数列中小于平均值的各数值与平均值相加(求时间定额)，或将数列中大于平均值的各数值与平均值相加(求产量定额)，然后再求其平均数，即求第二次平均数。其计算公式为

1)求时间定额的二次平均值：

$$\bar{t}_0 = \frac{\bar{t} + \bar{t}_n}{2}$$

式中　$\bar{t}_0$——二次平均后的平均先进值；

　　　$\bar{t}$——全数平均值；

　　　$\bar{t}_n$——小于全数平均值的各个数值的平均值。

2)求产量定额的二次平均值：

$$\overline{P}_0 = \frac{\overline{P} + \overline{P}_K}{2}$$

式中　$\overline{P}_0$——二次平均后的平均先进值；

　　　$\overline{P}$——全数平均值；

　　　$\overline{P}_K$——大于全数平均值的各个数值的平均值。

应用案例 2-10

【题目】　现有一工时消耗统计数组：40，60，70，70，70，60，50，50，60，60。试求平均先进值。

【解析】　求第一次平均值为

$$\bar{t} = \frac{1}{10} \times (40+60+70+70+70+60+50+50+60+60) = 59$$

或

$$\bar{t} = \frac{1}{1+2+3+4} \times (1 \times 40 + 2 \times 50 + 4 \times 60 + 3 \times 70) = 59$$

求先进平均值为

$$\bar{t}_n = \frac{40+50+50}{3} = 46.67$$

求二次平均先进值为

$$\bar{t}_0 = \frac{\bar{t} + \bar{t}_n}{2} = \frac{59 + 46.67}{2} = 52.84$$

因此，52.84 既可作为这一组统计资料整理优化后的数值，也可作为确定定额的依据。

2. 概率测算法

用二次平均法计算出的结果，一般偏向于先进，可能多数工人达不到，不能较好地体现平均先进的原则。概率测算可以运用统计资料计算出有多少百分比的工人可能达到，作为确定定额水平的依据。其计算公式及步骤如下：

(1)确定有效数据。对取得某施工过程的若干次工时消耗数据进行整理分析，剔除明显偏低或偏高的数据。

(2)计算工时消耗的平均值。

$$\bar{t} = \frac{\sum_{i=1}^{n} t_i}{n}$$

式中　n——数据个数；

　　　$\bar{t}$——平均数；

　　　t_i——统计数值（$i=1，2，3，\cdots，n$）。

(3)计算工时消耗数据的样本标准差。

$$S = \sqrt{\frac{1}{n-1}\sum_{i=1}^{n}(x_i - \bar{t})^2}$$

式中　S——样本标准差；

　　　n——数据个数；

　　　x_i——工时消耗数据（$i=1，2，3，\cdots，n$）；

　　　$\bar{t}$——工时消耗平均值。

(4)运用正态分布公式确定定额水平。根据正态分布公式得出的确定定额的公式为

$$t = \bar{t} + \lambda S$$

式中　t——定额工时消耗；

　　　$\bar{t}$——工时消耗算术平均值；

　　　S——样本标准差；

　　　λ——S 的系数，从正态分布表（表 2-16）中可以查到对应于 λ 值的概率 $P(\lambda)$。

表 2-16　正态分布表

λ	$P(\lambda)$	λ	$P(\lambda)$	λ	$P(\lambda)$	λ	$P(\lambda)$	λ	$P(\lambda)$
-2.5	0.01	-1.5	0.07	-0.5	0.31	0.5	0.69	1.5	0.93
-2.4	0.01	-1.4	0.08	-0.4	0.34	0.6	0.73	1.6	0.95
-2.3	0.01	-1.3	0.10	-0.3	0.38	0.7	0.76	1.7	0.96
-2.2	0.01	-1.2	0.12	-0.2	0.42	0.8	0.79	1.8	0.96
-2.1	0.02	-1.1	0.14	-0.1	0.46	0.9	0.82	1.9	0.97
-2.0	0.02	-1.0	0.16	-0.0	0.50	1.0	0.84	2.0	0.98
-1.9	0.03	-0.9	0.18	0.1	0.54	1.1	0.86	2.1	0.98
-1.8	0.04	-0.8	0.21	0.2	0.58	1.2	0.88	2.2	0.98
-1.7	0.04	-0.7	0.24	0.3	0.62	1.3	0.90	2.3	0.99
-1.6	0.06	-0.6	0.27	0.4	0.66	1.4	0.92	2.4	0.99

应用案例 2-11

【题目】 已知某施工过程工时消耗的各次统计值为 40，60，70，70，70，60，50，50，60，60（同应用案例 2-10），试用概率测算法确定 86% 的工人能够达到的定额值和超过平均先进值的概率。

【解析】 (1)求算术平均值：

$$\bar{t} = \frac{1}{10} \times (40+60+70+70+70+60+50+50+60+60) = 59（工时）$$

(2)计算样本标准差：

$$S = \sqrt{\frac{1}{n-1} \sum_{i=1}^{n} (x_i - \bar{t})^2}$$

$$= \sqrt{\frac{1}{10-1} \times [(40-59)^2 + 2 \times (50-59)^2 + 4 \times (60-59)^2 + 3 \times (70-59)^2]}$$

$$= 9.94（工时）$$

确定使 86% 的工人能够达到的工时消耗定额，由正态分布表（表 2-16）可查到，当 $P(\lambda) = 0.86$ 时，$\lambda = 1.1$，故使 86% 的工人能够达到的工时消耗定额为

$$t = \bar{t} + \lambda S = 59 + 1.1 \times 9.94 = 69.93（工时）$$

(3)确定能超过平均先进值的概率：

由例 2-10 求出的平均先进值为 52.84，计算出能达到此值的概率：

$$\lambda = \frac{\bar{t}_0 - \bar{t}}{S} = \frac{52.84 - 59}{9.94} = -0.62$$

查表 2-16 可得 $P(-0.62) = 0.264$，即只有 26.4% 的工人能达到题目中要求的水平。

五、经验估计法

经验估计法是由定额管理专业人员、工程技术人员和老工人结合在一起，根据个人或集体的实践经验，经过对设计图纸和现场施工情况分析，了解施工工艺，分析施工组织和操作方法的难易程度后，通过座谈讨论制定定额的方法。经验估计法常用来确定和补充项目的工时定额消耗量。

经验估计法的计算方法有算术平均法和经验公式与概率估计法。

1. 算术平均法

当对一个工序或产品进行工时消耗量估计时，可能有较多的估计值，这时可以用算术平均值的方法计算工时消耗量。算术平均值法的计算公式为

$$\overline{X} = \frac{1}{n} \sum_{i=1}^{n} x_i$$

式中　$\overline{X}$——算术平均值；

　　　n——数据个数；

　　　x_i——第 i 个数据。

特别提醒　当经验估计值较多时，可以去除最大值和最小值后应用算术平均值法。

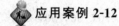**应用案例 2-12**

【题目】 某项工序的工时消耗通过有经验的有关人员分析后，提出了如下数据：1.22，1.35，1.20，1.18，1.50，1.21，1.28，1.30，1.15，1.10，1.19。试用算术平均值法确定定额工时。

【解析】 （1）去掉最大值1.50，再去掉最小值1.10。

（2）计算其余数据的算术平均值。

$$\bar{X}=\frac{1}{9}\times(1.22+1.35+1.20+1.18+1.21+1.28+1.30+1.15+1.19)=1.23(工时)$$

2. 经验公式与概率估计法

为了尽量提高经验估计定额的准确度，使制定的定额水平比较合理，可以在经验公式的基础上采用概率的方法来估算定额工时。

该方法是有经验的人员，分别对某一个施工过程进行估算，从而得出三个工时消耗数值：先进的（乐观估计）为 a，一般的（最大可能）为 m，保守的（悲观估计）为 b，然后用经验公式求出它们的平均值 $\bar{t}$。经验公式如下：

$$\bar{t}=\frac{a+4\,m+b}{6}$$

均方差为

$$\sigma=\left|\frac{a-b}{6}\right|$$

根据正态分布的公式，调整后的工时定额为

$$t=\bar{t}+\lambda\sigma$$

式中的 λ 为 σ 的系数，从正态分布表（表 2-16）中可以查到对应 λ 值的概率 $P(\lambda)$。

应用案例 2-13

【题目】 已知完成某施工过程的先进工时消耗为 4 h，保守工时消耗为 8.5 h，一般工时消耗 5.5 h。如果要求在 6.65 h 内完成该施工过程，可能性是多少？若完成该施工过程的可能性 $P(\lambda)=92\%$，则下达的工时定额应该是多少？

【解析】 （1）求 6.65 h 内完成该施工过程的可能性。

已知：$a=4$ h $b=8.5$ h

$m=5.5$ h $t=6.65$ h

$$\bar{t}=\frac{a+4m+b}{6}$$

$$=\frac{4+4\times5.5+8.5}{6}=5.75(h)$$

$$\sigma=\left|\frac{4-8.5}{6}\right|=0.75(h)$$

$$\lambda = \frac{t - \bar{t}}{\sigma}$$

$$= \frac{6.65 - 5.75}{0.75} = 1.2$$

由 $\lambda = 1.2$，可从表 2-16 中查对应的 $P(\lambda) = 0.88$，即要求 6.65 h 内完成该施工过程的可能性有 88%。

(2)求当可能性 $P(\lambda) = 92\%$ 时，下达的工时定额。由 $P(\lambda) = 92\% = 0.92$，查表 2-16 得相应的 $\lambda = 1.4$。代入计算式得

$$t = 5.75 + 1.4 \times 0.75 = 6.8 \text{(h)}$$

即当要求完成该施工过程的可能性 $P(\lambda) = 92\%$ 时，下达的工时定额应为 6.8 h。

任务四 人工消耗定额的确定

◎ 任务重点

人工消耗定额的概念，人工消耗定额的编制，人工定额的确定。

一、人工消耗定额的概念

(一)人工消耗定额

人工消耗定额是指在正常技术组织条件和合理劳动组织条件下，生产单位合格产品所需消耗的工作时间，或在一定时间内生产的合格产品数量。在各种定额中，人工消耗定额都是很重要的组成部分。人工消耗是指活劳动的消耗，并非活劳动和物化劳动的全部消耗。

(二)劳动定额的表现形式

人工定额的表现形式可分为时间定额与产量定额两种。

1. 时间定额

(1)时间定额是指某种专业(工种)、某种技术等级的工人小组或个人，在合理的劳动组合、合理的使用材料、合理的施工机械配合条件下，生产某一单位合格产品所必需的工作时间，包括准备与结束时间、基本生产时间、辅助生产时间、不可避免的中断时间及工人必要的休息时间。

(2)时间定额以工日为单位，每一工日按 8 h 计算。其计算公式如下：

$$单位产品时间定额(工日) = \frac{1}{每工产量}$$

或

$$单位产品时间定额(工日) = \frac{小组成员工日数总和}{台班产量}$$

2. 产量定额

(1)产量定额就是在合理的劳动组合、合理的使用材料、合理的机械配合条件下，某种专业(工种)、某种技术等级的工人小组或个人，在单位工日中所完成的合格产品的数量。

(2)产量定额根据时间定额计算，其计算公式如下：

$$每工产量 = \frac{1}{单位产品时间定额(工日)}$$

或

$$台班产量 = \frac{小组成员工日数的总和}{单位产品时间定额(工日)}$$

(3)产量定额的计量单位，通常以自然单位或物理单位来表示。如台、套、个、米、平方米、立方米等。

3. 时间定额与产量定额的关系

产量定额的高低与时间定额成反比，两者互为倒数。生产某一单位合格产品所消耗的工时越少，则在单位时间内的产品产量就越高；反之就越低。

$$时间定额 \times 产量定额 = 1$$

或

$$时间定额 = \frac{1}{产量定额}$$

$$产量定额 = \frac{1}{时间定额}$$

在人工定额计算时，知道其中一种定额，就可算出另一种定额。

例如，安装一个不锈钢法兰阀门需要 0.45 工日(时间定额)，则每工产量 $= \frac{1}{0.45} = 2.22$(个)(产量定额)；反之，每工日可安装 2.22 个不锈钢法兰阀门(产量定额)，则安装一个不锈钢法兰阀门需要 $\frac{1}{2.22} = 0.45$(工日)(时间定额)。

应用提示　时间定额和产量定额是同一个人工定额量的不同表示方法，但有各自不同的用途。由于时间定额便于综合，便于计算总工日数，便于核算工资，人工定额一般均采用该形式计算。产量定额便于施工班组分配任务，便于编制施工作业计划。

二、人工消耗定额的编制依据

劳动定额既是技术定额，又是重要的经济法规。因此，劳动定额的制定必须以国家的有关技术、经济政策和可靠的科学技术资料为依据。

1. 国家的经济政策和劳动制度

国家的经济政策和劳动制度主要有建筑安装工人技术等级标准、工资标准、工资奖励制度、劳动保护制度、人工工作制度等。

2. 技术资料

技术资料可分为技术规范和统计资料两部分。

(1)技术规范。技术规范主要包括《建筑安装工程施工验收规范》《建筑安装工程操作规范》《建筑工程质量检验评定标准》《建筑安装工人安全技术操作规程》《国家建筑材料标准》等。

(2)统计资料。统计资料主要包括现场技术测定数据和工时消耗的单项或综合统计资料。

三、人工消耗定额的编制方法

制定人工定额前，首先要建立制定定额的专门组织机构，然后确定工作内容，可从日常大量的施工操作中进行合理的分类，明确每一定额项目的工作范围、施工方法、施工技术和操作工艺，并确定工作条件；接着可从收集来的本单位及行业定额水平的资料，结合生产工艺、操作方法及技术条件，初步制定企业现场人工定额。

为确保人工定额的先进合理，可进行大量的、广泛的试验，并进行分析综合，最终确定现场使用的人工定额。人工定额的制定方法与一般有以下四种。

1. 经验估计法

经验估计法就是由老工人、技术人员和定额员根据自己的经验，结合分析图纸、工艺规程和产品实物，以及考虑所使用的设备工具、原材料与其他生产条件，估算制定人工定额的方法。这种方法的优点是简便迅速，通常适用于一次性或临时性施工任务或小批量生产，缺点是容易受估工人员的水平和经验局限的影响，定额的准确性较差。

为提高估算质量并缩小偏差，可选用概率估算法进行估算：

$$M=\frac{a+4\ c+b}{6}$$

$$\sigma=\frac{b-a}{6}$$

$$N=M\pm\lambda\sigma$$

式中　a——先进的估计值；

　　　b——保守的估计值；

　　　c——有把握的估计值；

　　　M——平均工时；

　　　σ——概率偏差；

　　　λ——预计定额完成面（概率系数）；

　　　N——估工定额。

例如，完成某单位产品，其估计值如下：

$$a=12\ \text{min}\qquad b=28\ \text{min}\qquad c=14\ \text{min}$$

则平均工时为　$M=\dfrac{a+4c+b}{6}=\dfrac{12+4\times14+28}{6}=16(\text{min})$

概率偏差为　　$\sigma=\dfrac{b-a}{6}=\dfrac{28-12}{6}=2.7(\text{min})$

计算估工定额时，如果要求定额完成面为 50%，查正态分布表可得：

当 $\overline{P}(\lambda)=0.5$，$\lambda=0$ 时，$N=16\pm0\times2.7=16(\text{min})$。

如果要求定额完成面为 84%，查正态分布表可得：

当 $\overline{P}(\lambda)=0.84$，$\lambda=1$ 时，$N=16\pm1\times2.7=\dfrac{18.7}{13.3}(\text{min})$。

那么，估工定额的偏差范围为 13.3~18.7 min。

2. 统计分析法

统计分析法就是根据过去生产同类产品或类似产品的工时消耗统计历史资料，经整理分析，并结合当前的生产技术组织条件的状况来制定定额的方法。它适用于大批量、重复性生产产量定额的制定。其优点是简单易行，工作量不大，在生产稳定、统计资料正确、全面的条件下，精度较高。

3. 技术测定法

技术测定法是通过实地观察、计算来制定劳动定额的办法。此方法由于有充分的测量和统计资料作依据，且是在总结先进经验、挖掘生产潜力的基础上来确定合理的生产条件和工艺操作方法的，所以，该方法能反映先进的操作技术，消除薄弱环节和浪费现象，比较科学，准确性较高，易于掌握，但是工作量大、较费时间，周期也长。

技术测定法又可分为分析研究法和分析计算法两种。其中，分析研究法有"测时"和"工作日写时"两种，用以确定工时定额各个组成部分的时间；而分析计算法常用于制定建筑材料消耗定额，它是在研究建筑结构、构造方案和材料规格及特性的基础上分析计算定出材料的消耗。

4. 类推比较法

类推比较法就是以同类型工序、同类型产品的定额水平或技术测定的实耗工时为标准，经过分析比较，类推出同一组定额中相似项目的定额的方法。其做法通常是按照一定的标准，在同类型的施工分项工程和工序中，选出有代表性的分项工程或工序，制定出典型定额，以此类推其他分项工程或工序的劳动定额。这种方法的优点是工作量小、制定迅速、使用方便。但对类推比较的条件的选择要适当，分析要细致，要提高原始记录的质量。

四、人工定额的确定方法

1. 分析基础资料，拟定编制方案

(1)影响工时消耗因素的确定。

1)技术因素。技术因素包括完成产品的类别、材料，构配件的种类和型号等级，机械和机具的种类、型号和规格，产品质量等。

2)组织因素。组织因素包括操作方法和施工的管理与组织、工作地点的组织、人员组成和分工、工资与奖励制度、原材料和构配件的质量及供应的组织、气候条件等。

以上各因素的具体情况可以利用因素确定表加以确定和分析，具体见表2-17。

(2)计时观察资料的整理。对每次计时观察的资料进行整理之后，要对整个施工过程的观察资料进行系统的分析研究和整理。

整理观察资料的方法大多是平均修正法。平均修正法是一种在对测时数列进行修正的基础上，求出平均值的方法。修正测时数列，就是剔除或修正那些偏高、偏低的可疑数值。目的是保证数列不受偶然性因素的影响。

如果测时数列受到产品数量的影响，采用加权平均值则是比较适当的。因为采用加权平均值可在计算单位产品工时消耗时，考虑到每次观察中产品数量变化的影响，从而使使用者获得可靠的值。

(3)日常积累资料的整理和分析。日常积累的资料主要有四类：第一类是现行定额的执行情况及存在问题的资料；第二类是企业和现场补充定额资料，如因现行定额漏项而编制的补充定额资料，因解决采用新技术、新结构、新材料和新机械而产生的定额缺项所编制的补充定额资料；第三类是已采用的新工艺和新的操作方法的资料；第四类是现行的施工技术规范、操作规程、安全规程和质量标准等。

表 2-17　因素确定表

施工过程名称	建筑机构名称	工地名称	工程概况	观察时间	气　温
砌三层里外混水墙	××公司 ××施工队	××厂宿舍楼	三层楼，每层有两个单元，带壁橱、阁楼、浴室，长27.6 m，宽14 m，高3.0 m	20××年×月×日	15 ℃～17 ℃

施工队（组）人员组成	瓦工队共28人，其中：一级工10人，二级工12人，五级工4人，六级工2人；男24人，女4人；50岁以上6人；高中生2人，初中生18人，小学以下8人

施工方法和机械装备	手工操作，里架子，配备2～5 t塔式起重机一台，翻斗车一辆

完成定额情况	定额项目	单位	完成产品数量	实际工时消耗/工时	定额工时消耗/工日 单位	定额工时消耗/工日 总计	完成定额/%
	瓦工砌 $1\frac{1}{2}$ 砖混水外墙	m³	96	64.20	0.45	43.20	67.29
	瓦工砌1砖混水内墙	m³	48	32.10	0.47	22.56	70.28
	瓦工砌1/2砖隔断墙	m³	16	10.70	0.72	11.52	107.66
	壮工运输和调制砂浆			105.00		63.04	60.04
	按定额加工					39.55	
	总计		160	212.00		179.87	84.84

影响工时消耗的组织和技术因素	(1)该宿舍楼系三层混水墙到顶，墙体厚度不一，建筑面积小，施工操作比较复杂。 (2)砖的质量不好，选砖比较费时。 (3)低级工比例过大，浪费工时现象比较普遍。 (4)高级工比例小，低级工做高级工活比较普遍，技工、壮工配合不好。 (5)工作台位置和砖的位置不便于工人操作。 (6)瓦工操作不符合动作经济原则，取砖和砂浆动作幅度很大，极易疲劳。 (7)劳动纪律不太好，有些青年工人工作时间聊天、打闹

填表人		填表日期	
备注			

(4)拟订定额的编制方案。拟订定额的编制方案包括以下内容。

1)提出对拟编定额的定额水平总的设想。

2)拟定定额分章、分节、分项的目录。

3)选择产品和人工、材料、机械的计量单位。

4)设计定额表格的形式和内容。

2. 确定施工的正常条件

(1)确定工作地点的组织。工作地点是工人施工活动的场所。确定工作地点的组织时，要特别注意工人在操作时不受妨碍，所使用的工具和材料应按使用顺序放置在工人最方便取用的地方，以减少疲劳和提高工作效率，工作地点应保持清洁和秩序井然。

(2)确定工作组成。确定工作组成就是将工作过程按照劳动分工的可能划分为若干工序，以达到合理使用技术工人的目的。企业可以采用两种基本方法：一种是把工作过程中简单的工序，划分给技术熟练程度较低的工人去完成；另一种是分出若干个技术程度较低的工人，去帮助技术程度较高的工人工作。采用后一种方法就把个人完成的工作过程变成小组完成的工作过程。

（3）确定施工人员编制。确定施工人员编制即确定小组人数、技术工人的配备，以及劳动的分工和协作。若确定原则是使每个工人都能充分发挥作用，均衡地分配工作任务。

3. 确定人工定额消耗量的方法

时间定额是在拟定基本工作时间、辅助工作时间、不可避免中断时间、准备与结束的工作时间以及休息时间的基础上制定的。

（1）确定基本工作时间。基本工作时间在必需消耗的工作时间中占的比例最大。在确定基本工作时间时，必须细致、精确。基本工作时间消耗一般应根据计时观察资料来确定。其做法是，首先确定工作过程每一组成部分的工时消耗，然后综合出工作过程的工时消耗。

如果组成部分的产品计量单位和工作过程的产品计量单位不符，应先求出不同计量单位的换算系数，进行产品计量单位的换算，然后再相加，求得工作过程的工时消耗。

（2）确定辅助工作时间和准备与结束工作时间。辅助工作时间和准备与结束工作时间的确定方法与基本工作时间相同。但是，如果这两项工作时间在整个工作班工作时间消耗中所占比例不超过6％，则可归纳为一项，以工作过程的计量单位表示，确定出工作过程的工时消耗。

如果在计时观察时不能取得足够的资料，也可采用工时规范或经验数据来确定。例如，具有现行的工时规范，可以直接利用工时规范中规定的辅助工作时间和准备与结束工作时间的百分比来计算。再如，工时规范规定了各个工程的辅助工作和准备与结束工作、不可避免中断、休息时间等项在工作日或作业时间中各占的百分比，具体见表2-18。

表 2-18　木作工程工时规范

工作项目	疲劳程度	规范时间占工作日						
		准备与结束工作时间		休息时间		不可避免中断时间		合计
		范围	％	范围	％	范围	％	％
门窗框扇安装、立木楞、吊水楞、铺地楞、钉立墙板条，以及各式室内木装修的安装工程	较轻	准备与收拾工具、领会任务单、研究工作、穿脱衣服、转移工作地点及组长指导检查等	3.98	大小便、吸烟、喝水、擦汗、缓解疲劳的局部休息	6.25			10.13
地板安装、钉顶棚板条	中等	同上	3.98	同上	8.33			12.31

附注：计算定额作业时间时，依照下面所列的辅助工作时间在各工序中相应增加。

工作项目	占工序作业时间/％	工作项目	占工序作业时间/％
磨刨刀	12.3	墨线刨	8.3
磨槽刨	5.9	锉锯	8.2
磨凿子	3.4		

（3）确定不可避免中断时间。在确定不可避免中断时间的定额时，必须注意由工艺特点所引起的不可避免中断才可列入工作过程的时间定额。

不可避免中断时间可以根据测时资料通过整理分析获得，也可以根据经验数据或工时规范，以占工作日的百分比表示此项工时消耗的时间定额。

（4）确定休息时间。休息时间应根据工作班作息制度、经验资料、计时观察资料，以及对工作的疲劳程度做全面分析来确定。同时，应考虑尽可能利用不可避免中断时间作为休息时间。

从事不同工种、不同工作的工人，疲劳程度有很大差别。为了合理确定休息时间，往往要对从事各种工作的工人进行观察、测定，以及进行生理和心理方面的测试，以便确定其疲劳程度。国内外往往按工作的轻重和工作条件的好坏，将各种工作划分为不同的级别。例如，我国某地区工时规范将体力劳动分为轻便、较轻、中等、较重、沉重、最沉重6类。

划分出疲劳程度的等级，就可以合理规定休息需要的时间。在前面引用的规范中，按6个等级确定其休息时间，见表2-19。

表2-19　休息时间占工作日的比例

疲劳程度	轻便	较轻	中等	较重	沉重	最沉重
等级	1	2	3	4	5	6
占工作日比例/%	4.16	6.25	8.33	11.45	16.7	22.9

（5）确定定额时间。基本工作时间、辅助工作时间、准备与结束工作时间、不可避免中断时间和休息时间之和，就是人工定额的时间定额。根据时间定额可计算出产量定额，时间定额和产量定额互为倒数。

利用工时规范，可以计算人工定额的时间定额。其计算公式为

$$作业时间＝基本工作时间＋辅助工作时间$$

$$规范时间＝准备与结束工作时间＋不可避免中断时间＋休息时间$$

$$工序作业时间＝基本工作时间＋辅助工作时间＝基本工作时间/[1－辅助时间（\%）]$$

$$定额时间＝\frac{作业时间}{1－规范时间（\%）}$$

应用案例 2-14

【题目】　某工程为人工挖土方，需要处理的土壤是潮湿的黏性土，按土壤分类属二类土（普通土）。测时资料表明，挖1 m³需消耗基本工作时间60 min，辅助工作时间占工作班延续时间的2%，准备与结束工作时间占2%，不可避免中断时间占1%，休息时间占20%。试计算时间定额。

【解析】　时间定额＝60÷（1－2%－2%－1%－20%）＝80（min）＝0.167（工日）

根据时间定额和产量定额互为倒数的关系，可以计算出产量定额为 1/0.167 ＝ 5.99（m³）≈6 m³。

时间定额和产量定额虽然是同一人工定额的不同表现形式，但其用途却不同。前者是以产品的单位和工日来表示的，便于计算完成某一分部（项）工程所需的总工日数，核算工

资，编制施工进度计划和计算工期；后者是以单位时间内完成产品的数量表示的，便于小组分配施工任务，考核工人的劳动效益和签发施工任务单。

应用案例 2-15

【题目】 某土方工程，挖基槽的工程量为 450 m³，每天有 24 名工人负责施工，时间定额为 0.205 工日/m³，试计算完成该分项工程的施工天数。

【解析】 (1)计算完成该分项工程所需的总劳动量：

$$总劳动量＝450×0.205＝92.25(工日)$$

(2)计算施工天数：

$$施工天数＝92.25÷24＝3.84(天)≈4(天)$$

即该分项工程需 4 天完成。

任务五　材料消耗定额的确定

任务重点

材料消耗定额的概念，材料消耗定额的确定。

一、材料消耗定额的概念

材料消耗定额是指在正常的施工(生产)条件下，在节约和合理使用材料的情况下，生产单位合格产品所必须消耗的一定品种、规格的材料、半成品、配件等的数量标准。

建筑材料是消耗于建筑产品中的物化劳动，建筑材料的品种繁多，耗用量大，在一般工业和民用建筑中，材料消耗占工程成本的 60%～70%。材料消耗的多少，是否合理，将直接关系到资源的有效利用，对建筑工程的造价确定和成本控制具有决定性影响。

材料消耗定额是编制材料的需要量计划、运输计划和供应计划，计算仓库面积，签发限额领料单和经济核算的依据。制定合理的材料消耗定额，是组织材料的正常供应，保证生产顺利进行，以及合理利用资源，减少积压、浪费的必要前提。

二、材料消耗定额的组成

施工中的材料消耗，可分为必须的材料消耗和损失的材料两类。

必须的材料消耗是指在合理用料的条件下，生产合格产品所需消耗的材料。它包括直接用于建筑和安装工程的材料；不可避免的施工废料；不可避免的材料损耗。

必须的材料消耗属于施工正常消耗，是确定材料消耗定额的基本数据。其中，直接用于建筑和安装工程的材料，编制材料净用量定额；不可避免的施工废料和材料损耗，编制材料损耗定额。

材料各种类型的损耗量之和称为材料损耗量。除去损耗量之后净用于工程实体上的数量称为材料净用量；材料净用量与材料损耗量之和称为材料总消耗量。损耗量与总消耗量之比称为材料损耗率。它们的关系用公式表示为

$$损耗率 = \frac{损耗量}{总消耗量} \times 100\%$$

$$损耗量 = 总消耗量 - 净用量$$

$$净用量 = 总消耗量 - 损耗量$$

$$总消耗量 = \frac{净用量}{1 - 损耗率}$$

$$或总消耗量 = 净用量 + 损耗量$$

为了简便，通常将损耗量与净用量之比，作为损耗率，即

$$损耗率 = \frac{损耗量}{净用量} \times 100\%$$

材料的损耗率可通过观测和统计而确定，具体请参见表 2-20。

表 2-20 部分建筑材料、成品、半成品损耗率参考表

材料名称	工程项目	损耗率/%	材料名称	工程项目	损耗率/%
烧结普通砖	地面、屋面、空花(斗)墙	1.5	水泥砂浆	抹墙及墙裙	2
烧结普通砖	基础	0.5	水泥砂浆	地面、屋面、构筑物	1
烧结普通砖	实砖墙	2	素水泥浆	—	1
烧结普通砖	方砖柱	3	混凝土(预制)	柱、基础梁	1
烧结普通砖	圆砖柱	7	混凝土(预制)	其他	1.5
烧结普通砖	烟囱	4	混凝土(现浇)	二次灌浆	3
烧结普通砖	水塔	3.0	混凝土(现浇)	地面	1
白瓷砖	—	3.5	混凝土(现浇)	其余部分	1.5
陶瓷锦砖(马赛克)	—	1.5	细石混凝土	—	1
面砖、缸砖	—	2.5	轻质混凝土	—	2
水磨石板	—	1.5	钢筋(预应力)	后张吊车梁	13
大理石板	—	1.5	钢筋(预应力)	先张高强丝	9
混凝土板	—	1.5	钢材	其他部分	6
水泥瓦、黏土瓦	(包括脊瓦)	3.5	铁件	成品	1
石棉垄瓦(板瓦)	—	4	镀锌薄钢板	屋面	2
砂	混凝土、砂浆	3	镀锌薄钢板	排水管、沟	6
白石子	—	4	钢钉	—	2
砾(碎)石	—	3	电焊条	—	12

材料名 称	工程项目	损耗率/%	材料名称	工程项目	损耗率/%
乱毛石	砌墙	2	小五金	成品	1
乱毛石	其他	1	木材	窗扇、框（包括配料）	6
方整石	、 砌体	3.5	木材	镶板门芯板制作	13.1
方整石	其他	1	木材	镶板门企口板制作	22
碎砖、炉（矿）渣	—	1.5	木材	木屋架、檩、椽圆木	5
珍珠岩粉	—	4	木材	木屋架、檩、椽方木	6
生石膏	—	2	木材	屋面板平口制作	4.4
滑石粉	油漆工程用	5	木材	屋面板平口安装	3.3
滑石粉	其他	1	木材	木栏杆及扶手	4.7
水泥	—	2	木材	封檐板	2.5
砌筑砂浆	砖、毛方石砌体	1	模板制作	各种混凝土结构	5
砌筑砂浆	空斗墙	5	模板安装	工具式钢模板	1
砌筑砂浆	泡沫混凝土块墙	2	模板安装	支撑系统	1
砌筑砂浆	多孔砖墙	10	模板制作	圆形储仓	3
砌筑砂浆	加气混凝土块	2	胶合板、纤维板、吸声板	顶棚、间壁	5
混合砂浆	抹顶棚	3.0			
混合砂浆	抹墙及墙裙	2	石油沥青	—	1
石灰砂浆	抹顶棚	1.5	玻璃	配制	15
石灰砂浆	抹墙及墙裙	1	清漆		3
水泥砂浆	抹顶棚、梁柱腰线、挑檐	2.5	环氧树脂	—	2.5

三、材料消耗定额的确定方法

根据施工生产材料消耗工艺要求，建筑安装材料可分为非周转材料和周转材料两大类。

（一）非周转材料消耗定额的编制

非周转材料也称为直接性消耗材料，是指在建筑工程施工中一次性消耗并直接用于工程实体的材料。如砖、砂、石、钢筋、水泥、砂浆等。

非周转材料通常通过施工生产过程中对材料消耗进行观测、试验及根据技术资料的统计与计算等方法制定的。

1. 试验法

试验法是指通过在材料试验室中进行试验和测定数据来确定材料消耗定额的方法。例如，以各种原材料为变量因素，求得不同强度等级混凝土的配合比，从而计算出每立方米混凝土中各种材料的耗用量。

试验法主要用来编制材料净用量定额。通过试验，能够对材料的结构、化学成分和物理性能及按强度等级控制的混凝土、砂浆配合比做出科学的结论，为编制材料消耗定额提供有技术根据的、比较精确的计算数据。但是，试验法不能取得在施工现场实际条件下，由于各种客观因素对材料耗用量影响的实际数据，这是该法的不足之处。

特别提醒 试验室试验必须符合国家有关标准规范，计量要使用标准容器和称量设备，质量要符合施工与验收规范要求，以保证获得可靠的定额编制依据。

2. 统计法

统计法是指通过对现场进料、用料的大量统计资料进行分析计算，获得材料消耗数据的方法。这种方法由于不能分清楚材料消耗的性质，因而，不能作为确定材料净用量定额和材料损耗定额的精确依据。

对积累的各分部分项工程结算的产品所耗用材料的统计分析，是根据各分部分项工程拨付材料数量、剩余材料数量及总共完成产品数量来进行计算的。

采用统计法，必须保证统计和测算的耗用材料和相应产品一致。而施工现场中的某些材料，往往难以区分用在各个不同部位上的准确数量。因此，要有意识地加以区分，才能得到有效的统计数据。

用统计法制定材料消耗定额一般采取以下两种方法。

(1)经验估算法。经验估算法是指以有关人员的经验或以往同类产品的材料实耗统计资料为依据，通过研究分析并在考虑有关影响因素的基础上制定材料消耗定额的方法。

(2)统计法。统计法是对某一确定的单位工程拨付一定的材料，待工程完工后，根据已完产品数量和领退材料的数量进行统计和计算的一种方法。这种方法的优点是不需要专门人员测定和试验。由统计得出的定额有一定的参考价值，但其准确程度较差，应对其分析研究后才能采用。

3. 理论计算法

理论计算法是根据施工图运用一定的数学公式，直接计算材料耗用量。计算法只能计算出单位产品的材料净用量，材料的损耗量仍要在现场通过实测取得。采用这种方法必须对工程结构、图纸要求、材料特性和规格、施工及验收规范、施工方法等先进行了解和研究。

理论计算法适用于不易产生损耗，且容易确定废料的材料，如木材、钢材、砖瓦、预制构件等材料。因为这些材料根据施工图纸和技术资料从理论上都可以计算出来，不可避免的损耗也有一定的规律可找。

理论计算法是材料消耗定额制定方法中比较先进的方法。但是，使用这种方法制定材料消耗定额时要掌握一定的技术资料和各方面的知识，以及拥有较丰富的现场施工经验。

如砌砖工程中砖和砂浆净用量一般采用以下公式计算。

(1)计算每立方米1砖墙砖的净用量。

$$砖数 = \frac{1}{(砖宽+灰缝) \times (砖厚+灰缝)} \times \frac{1}{砖长}$$

(2)计算每立方米$1\frac{1}{2}$砖墙砖的净用量。

$$砖数 = \left[\frac{1}{(砖长+灰缝) \times (砖厚+灰缝)} + \frac{1}{(砖宽+灰缝) \times (砖厚+灰缝)} \right] \times \frac{1}{砖长+砖宽+灰缝}$$

（3）计算砂浆用量。

$$砂浆（m^3）=（1\ m^3\ 砌体-砖数的体积）\times 1.07$$

注：1.07 是砂浆实体积折合为虚体积的系数。

砖和砂浆的损耗量是根据现场观察资料计算的，并以损耗率表现出来。净用量和损耗量相加，即等于材料的消耗总量。

另外，砖的用量还可以用以下公式计算：

$$砖的净用量=\frac{K}{墙厚\times（砖长+灰缝）\times（砖厚+灰缝）}$$

式中　K——墙厚用砖长倍数表示时的 2 倍，如半砖墙 $K=0.5\times2=1$；1 砖墙 $K=1\times2=2$；

$1\frac{1}{2}$ 砖墙 $K=1.5\times2=3$；

墙厚——半砖墙为 115 mm；1 砖墙为 240 mm；$1\frac{1}{2}$ 砖墙为 365 mm。

灰缝一般取 10 mm。

各种厚度砖墙的每立方米净用砖数和砂浆的净用量计算如下：

半砖墙：

$$砖的净用量=\frac{0.5\times2}{0.115\times（0.24+0.01）\times（0.053+0.01）}=553（块）$$

$$砂浆净用量=（1-553\times0.001\ 462\ 8）\times1.07=0.191\times1.07=0.204（m^3）$$

1 砖墙：

$$砖的净用量=\frac{1\times2}{0.24\times（0.24+0.01）\times（0.053+0.01）}=530（块）$$

$$砂浆净用量=（1-530\times0.001\ 462\ 8）\times1.07=0.225\times1.07=0.241（m^3）$$

$1\frac{1}{2}$ 砖墙：

$$砖的净用量=\frac{1.5\times2}{0.365\times（0.24+0.01）\times（0.053+0.01）}=522（块）$$

$$砂浆净用量=（1-522\times0.001\ 462\ 8）\times1.07=0.236\times1.07=0.253（m^3）$$

4. 观测法

观测法是在合理使用材料的条件下，在施工现场按一定程序对完成合格产品的材料耗用量进行测定，通过分析、整理，最后得出一定的施工过程单位产品的材料消耗定额的方法。

利用现场观测法主要用于编制材料损耗定额，也可以提供编制材料净用量定额的数据。其优点是能通过现场观察、测定取得产品产量和材料消耗的情况，为编制材料定额提供技术依据。

观测法的首要任务是选择典型的工程项目，其施工技术、组织及产品质量，均要符合技术规范的要求；材料的品种、型号、质量也应符合设计要求；产品检验合格，操作工人能合理使用材料和保证产品质量。

另外，在观测前要做好充分准备工作，如选用标准的运输工具和衡量工具，采取减少材料损耗的措施等。

观测的结果要取得材料消耗的数量和产品数量的数据资料。

观测法是在现场实际施工中进行的。观测法的优点是真实可靠，能发现一些问题，也能消除一部分消耗材料不合理的浪费因素。但是，用这种方法制定材料消耗定额，易受到一定的生产技术条件和观测人员的水平等限制，不能把消耗材料不合理的因素都揭露出来。同时，也有可能把生产和管理工作中的某些与消耗材料有关的缺点保留下来。

应用提示　对观测取得的数据资料要进行分析研究，区分哪些是合理的，哪些是不合理的，以及哪些是不可避免的，从而制定出在一般情况下都可以达到的材料消耗定额。

(二)周转性材料消耗量的确定

周转性材料消耗的定额量是指每使用一次摊销的数量，计算时必须考虑一次使用量、周转使用量、回收价值和摊销量之间的关系。

在编制材料消耗定额时，某些工序定额、单项定额和综合定额中涉及周转性材料的确定和计算。如人工定额中的架子工程、模板工程等。

周转性材料在施工过程中不是指通常的一次性消耗材料，而是指可多次周转使用，经过修理、补充才逐渐消耗尽的材料，如模板、钢板桩、脚手架等。实际上它也是一种施工工具和措施。在编制材料消耗定额时，应按多次使用、分次摊销的办法确定。

一次使用量是指周转性材料一次使用的基本量，即一次投入量。周转性材料的一次使用量根据施工图计算，其用量与各分部分项工程部位、施工工艺和施工方法有关。

周转使用量是指周转性材料在周转使用和补损的条件下，每周转一次的平均需用量，根据一定的周转次数和每次周转使用的损耗量等因素来确定。

周转次数是指周转性材料从第一次使用起可重复使用的次数。它与不同的周转性材料、使用的工程部位、施工方法及操作技术有关。正确规定周转次数可对准确计算用料、加强周转性材料管理和经济核算起重要作用。

为了使周转性材料的周转次数确定接近合理，应根据工程类型和使用条件，采用各种测定手段进行实地观察，结合有关的原始记录、经验数据加以综合取定。影响周转次数的主要因素有以下几个方面。

(1)材质及功能对周转次数的影响，如金属制的周转性材料一般比木制的周转性材料周转次数多十倍，甚至百倍。

(2)使用条件的好坏对周转性材料使用次数的影响。

(3)施工速度的快慢对周转性材料使用次数的影响。

(4)对周转性材料的保管、保养和维修的好坏，也对周转性材料使用次数都有影响等。确定出最佳的周转次数，是十分不容易的。

损耗量是周转性材料使用一次后由于损坏而需补损的数量，故在周转性材料中又称"补损量"，按一次使用量的百分数计算。该百分数就是损耗率。

周转回收量是指周转性材料在周转使用后除去损耗部分的剩余数量，即还可以回收的数量。

周转性材料摊销量是指完成一定计量单位的产品，一次消耗周转性材料的数量。其计算公式为

$$材料的摊销量 = 一次使用量 \times 摊销系数$$
$$一次使用量 = 材料的净用量 \times (1 - 材料损耗率)$$

$$摊销系数 = \frac{周转使用系数 - [(1-损耗率) \times 回收价值率]}{周转次数 \times 100\%}$$

$$周转使用系数 = \frac{(周转次数-1) \times 损耗率}{周转次数 \times 100\%}$$

$$回收价值率 = \frac{一次使用量 \times (1-损耗率)}{周转次数 \times 100\%}$$

任务六　机械台班消耗定额的确定

◎ 任务重点

机械台班消耗定额的概念，机械台班消耗定额的确定。

一、机械台班消耗定额的概念

机械台班消耗定额是指在正常施工条件下，合理地组织劳动和使用机械，完成单位合格产品或某项工作所必需的机械工作时间，包括准备与结束时间、基本工作时间、辅助工作时间、不可避免的中断时间及使用机械的工人生理需要与休息时间。

二、机械台班消耗定额的表现形式

机械台班消耗定额的表现形式有机械时间定额和机械产量定额两种。

1. 机械时间定额

机械时间定额是指在合理劳动组织与合理使用机械的条件下，完成单位合格产品所必需的工作时间，包括有效工作时间（正常负荷下的工作时间和降低负荷下的工作时间）、不可避免的中断时间、不可避免的无负荷工作时间。机械时间定额以"台班"表示，即一台机械工作一个作业班时间。一个作业班时间为 8 h。

$$单位产品机械时间定额（台班） = \frac{1}{台班产量}$$

由于机械必须由工人小组配合，所以完成单位合格产品的时间定额，同时列出人工时间定额。即

$$单位产品人工时间定额（工日） = \frac{小组成员总人数}{台班产量}$$

例如，斗容量为 1 m^3 的正铲挖土机，挖四类土，装车深度在 2 m 内，小组成员两人，机械台班产量为 4.76（定额单位 100 m^3），则挖 100 m^3 的人工时间定额为

$$\frac{2}{4.76} = 0.42（工日）$$

挖 100 m^3 的机械时间定额为

$$\frac{1}{4.76} = 0.21（台班）$$

2. 机械产量定额

机械产量定额是指在合理劳动组织与合理使用机械条件下，机械在每个台班时间内应完成合格产品的数量：

$$机械台班产量定额 = \frac{1}{机械时间定额（台班）}$$

机械时间定额和机械产量定额互为倒数关系。

复式表示法有如下形式：

$$\frac{人工时间定额}{机械台班产量} 或 \frac{人工时间定额}{机械台班产量} \Bigg| 台班车次$$

例如，正铲挖土机每一台班劳动定额表中 $\frac{0.466}{4.29}$ 表示在挖一、二类土，挖土深度在 1.5 m 以内，且需要装车的情况下。

斗容量为 0.5 m³ 的正铲挖土机的台班产量定额为 4.29（100 m³/台班）。

配合挖土机施工的工人小组的人工时间定额为 0.466（工日/100 m³）。

同时，还可以推算出挖土机的时间定额应为台班产量定额的倒数，即 $\frac{1}{4.29} = 0.233$（台班/100 m³）。

另外，还能推算出配合挖土机施工的工人小组的人数应为 $\frac{人工时间定额}{机械时间定额}$，即 $\frac{0.466}{0.233} = 2$（人）；或人工时间定额×机械台班产量定额，即 $0.466 \times 4.29 = 2$（人）。

三、机械台班消耗定额的确定方法

1. 确定正常的施工条件

确定机械工作正常条件，主要是确定工作地点的合理组织和合理的工人编制。

工作地点的合理组织，就是对施工地点机械和材料的放置位置、工人从事操作的场所做出科学合理的平面布置和空间安排。它要求施工机械和操作机械的工人在最小范围内移动，但又不阻碍机械运转和工人操作；应使机械的开关和操纵装置尽可能集中地装置在操作工人的近旁，以节省工作时间和减轻劳动强度；应最大限度地发挥机械的效能，减少工人的手工操作。

确定合理的工人编制，就是根据施工机械的性能和设计能力、工人的专业分工和劳动工效，合理确定操纵机械的工人和直接参加机械化施工过程的工人的编制人数。确定合理的工人编制，应要求保持机械的正常生产率和工人正常的劳动工效。

2. 确定机械 1 h 纯工作正常生产率

确定机械正常生产率时，必须首先确定机械纯工作 1 h 的正常生产率。机械纯工作时间就是指机械的必需消耗的时间。机械 1 h 纯工作正常生产率就是指在正常施工组织条件下，具有必需的知识和技能的技术工人操作机械 1 h 的生产率。

根据机械工作特点的不同，机械 1 h 纯工作正常生产率的确定方法也有所不同。对于循环动作机械，确定机械 1 h 纯工作正常生产率的计算公式如下：

$$机械一次循环的正常延续时间 = \sum\left(\frac{循环各组成部分}{正常延续时间}\right) - 交叠时间$$

$$机械纯工作 1\,h\,正常循环次数 = \frac{60 \times 60(\text{s})}{一次循环的正常延续时间}$$

机械 1 h 纯工作正常生产率=机械 1 h 纯工作正常循环次数×一次循环生产的产品数量

从公式中可以看到,计算循环机械 1 h 纯工作正常生产率的步骤是:首先根据现场观察资料和机械说明书确定各循环组成部分的延续时间;将各循环组成部分的延续时间相加,减去各组成部分之间的交叠时间,求出循环过程的正常延续时间;再计算机械纯工作 1 h 的正常循环次数;最后计算循环机械纯工作 1 h 的正常生产率。

对于连续动作机械,确定机械 1 h 纯工作正常生产率要根据机械的类型和结构特征,以及工作过程的特点来进行。其计算公式如下:

$$连续动作机械 1\,h\,纯工作正常生产率 = \frac{工作时间内生产的产品数量}{工作时间(\text{h})}$$

应用提示 工作时间内的产品数量和工作时间的消耗,要通过多次现场观察和机械说明书来取得数据。

对于同一机械进行不同作业的工作过程,如挖掘机所挖土壤的类别不同,碎石机所破碎的石块硬度和粒径不同,均需分别确定其纯工作 1 h 的正常生产率。

3. 确定施工机械的正常利用系数

确定施工机械的正常利用系数是指机械在工作班内对工作时间的利用率。机械的利用系数和机械在工作班内的工作状况有着密切的关系。所以,若要确定机械的正常利用系数,首先要确定机械工作班保证合理利用工时的正常工作状况。

确定机械正常利用系数,要计算工作班正常状况下准备与结束工作,机械启动、机械维护等工作所必需消耗的时间,以及机械有效工作的开始与结束时间,从而进一步计算出机械在工作班内的纯工作时间和机械正常利用系数。机械正常利用系数的计算公式如下:

$$机械正常利用系数 = \frac{机械在一个工作班内的纯工作时间}{一个工作班的延续时间(8\,\text{h})}$$

4. 计算施工机械台班产量定额

计算施工机械台班定额是编制机械台班消耗定额工作的最后一步。在确定了机械工作正常条件、机械 1 h 纯工作正常生产率和机械正常利用系数之后,采用下列公式计算施工机械的台班产量定额:

施工机械台班产量定额=机械 1 h 纯工作正常生产率×工作班纯工作时间

施工机械台班产量定额=机械 1 小时纯工作正常生产率×工作班延续时间×
机械正常利用系数

应用案例 2-16

【题目】 在某毛石护坡工程中,每 10 m³ 需要 M5.0 的水泥砂浆 4.31 m³,经现场测试数据如下:200 L 砂浆搅拌机一次循环工作所需时间为装料 60 s,搅拌 120 s,卸料 40 s,不可避免中断 20 s,机械利用系数为 0.75,机械幅度差为 15%,求每 10 m³ 砌体的机械台班消耗量。

【解析】 砂浆搅拌机每小时循环次数：60×60/(60+120+40+20)=15(次)。

台班产量定额：15×8×0.2×0.75=18(台班)。

单位产品机械时间定额：1/18=0.056(台班)。

每立方米砂浆台班消耗量：0.056×(1+15%)=0.064 4(台班)。

每10 m³ 毛石护坡机械台班消耗量：0.064 4×4.31=0.278(台班)。

 项目小结

人工、材料、机械台班消耗量以劳动定额、材料消耗量定额、机械台班消耗量定额的形式来表现，它是工程计量最基础的定额，是编制地方和行业部门编制预算定额的基础，也是个别企业依据其自身的消耗水平编制企业定额的基础。本项目主要介绍施工过程、工作时间研究、工程定额测定方法、人工消耗定额的确定、材料消耗定额的确定、机械台班消耗定额的确定。

 思考与练习

一、填空题

1. _____是指施工过程中在组织上不可分开，在操作上属同一类的作业环节。

2. _____是指由同一工人或同一工人班组所完成的技术操作上相互有机联系的工程总合体。

3. _____是指工作班延续时间(不包括午休)，是按现行制度规定的。

4. _____是指在正常技术组织条件和合理劳动组织条件下，生产单位合格产品所需消耗的工作时间，或在一定时间内生产的合格产品数量。

5. 人工定额的表现形式可分为_____与_____两种。

6. 施工中的材料消耗，可分为_____和_____两类。

7. 机械台班消耗定额的表现形式有_____和_____两种。

二、选择题(有一个或多个答案)

1. 施工过程完成必须具备的条件有(   )。

 A. 施工过程是由不同工种、不同技术等级的建筑工人完成的

 B. 必须有一定的劳动对象

 C. 必须有一定的劳动工具

 D. 必须有一定的劳动规模

 E. 必须有一定的造价规模

2. 按施工过程劳动组织特点分类可分为(   )。

 A. 个人完成的过程　　　　　　　B. 小组完成的过程

 C. 工作队完成的过程　　　　　　D. 建筑过程

 E. 安装过程

3. 下列不属于影响施工过程的主要因素的是(　　)。

A. 技术因素　　　　　B. 组织因素　　　　　C. 自然因素　　　　　D. 心理因素

4. 必需消耗的工作时间不包括(　　)。

A. 有效工作时间　　　　　　　　　　　B. 休息时间

C. 损失时间　　　　　　　　　　　　　D. 不可避免的中断时间的消耗

三、简答题

1. 施工过程按专业性质和内容可分为哪几类?

2. 按劳动者、劳动工具、劳动对象所处位置和变化,每个施工过程可分为哪几类?

3. 对工作时间消耗的分析和研究可分为哪两个方面进行?

4. 测定工程定额一般采用哪些方法?

5. 人工消耗定额的编制方法有哪些?

6. 材料消耗定额的确定方法有哪些?

7. 影响周转次数的主要因素有哪些?

项目三　企业定额

◎ **知识目标**

（1）了解企业定额的概念、性质、特点及作用；熟悉企业定额的构成及表现形式。

（2）了解企业定额编制的原则及依据；熟悉企业定额编制的内容；掌握企业定额的编制方法、编制步骤。

（3）熟悉企业定额在成本控制中的作用，以及企业定额在工程量清单报价中的应用。

◎ **能力目标**

（1）能够进行企业定额的编制。

（2）具备实际应用企业定额的能力。

◎ **素质目标**

在小组内进行团队协作和开展合作时，应注重礼节、共享资源、讲究秩序，且要信任团队成员。

◎ **项目导读**

企业定额是施工企业完成工程实体消耗的各种人工、材料和机械台班的数量标准。企业定额的建立和运用可以提高企业的管理水平，是企业进行科学经营决策的依据，它对加强成本管理、挖掘降低企业成本的潜力和提高经济效益具有重要的意义。

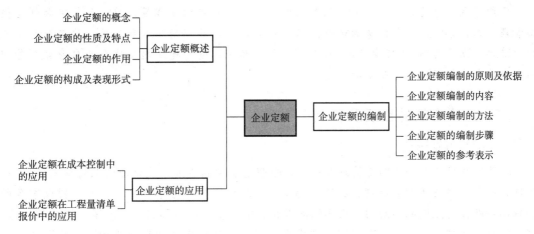

学习导图

任务一　企业定额概述

企业定额的概念，企业定额的作用。

一、企业定额的概念

企业定额是指建筑企业根据本企业的技术水平和管理水平，编制完成单位合格产品所必需的人工、材料和施工机械台班的消耗量，以及其他生产经营要素消耗的数量标准。企业定额反映企业的施工生产与生产消费之间的数量关系，是施工企业生产力水平的体现，每个企业均应拥有反映自己企业能力的企业定额。企业的技术和管理水平不同，企业定额的定额水平也就不同。因此，企业定额是施工企业进行施工管理和投标报价的基础与依据，从一定意义上讲，企业定额是企业的商业秘密，是企业参与市场竞争的核心竞争能力的具体表现。

企业定额在不同的历史时期有着不同的概念。在计划经济时期，"企业定额"也称为"临时定额"，是国家统一定额或地方定额中缺项定额的补充，仅限于在企业内部临时使用，不属于一级管理层次。

在市场经济条件下，企业定额有着新的概念，它是企业参与市场竞争和自主报价的依据。《建筑工程施工发包与承包计价管理办法》（中华人民共和国住房和城乡建设部令第16号）第十条规定："投标报价应当依据工程量清单、工程计价有关规定、企业定额和市场价格信息等编制。"

应用提示　目前大部分施工企业都以国家或行业制定的工程量清单、预算定额作为施工管理、工料分析和成本核算的依据。随着市场化改革的不断深入和发展，施工企业以工程量清单、预算定额（消耗量定额）和人工定额为参照，逐步建立起反映企业自身施工管理水平和技术装备程度的企业定额。

二、企业定额的性质及特点

1. 企业定额的性质

企业定额是建筑企业内部管理的定额。企业定额影响范围涉及企业内部管理的各方面，包括企业生产经营活动的计划、组织、协调、控制和指挥等各个环节。企业应根据本企业的具体条件和可能挖掘的潜力、市场的需求和竞争环境，以及国家有关政策、法律和规范、制度，自行编制定额，自行决定定额的水平，当然，其也允许同类企业和同一地区的企业之间存在定额水平的差距。

2. 企业定额的特点

(1)定额中工、料、机消耗量要比社会的平均水平低,以体现其先进性。

(2)定额可以表现本企业在某些方面的技术优势和管理优势。

(3)定额可以体现本企业在定额执行期内的综合生产能力水平。

(4)定额中所有匹配的单价都是动态的,具有市场性。

(5)定额与施工方案(或施工组织设计)能全面接轨。

三、企业定额的作用

企业定额的作用是通过企业的内部管理和外部经营活动体现出来的。如何发挥企业定额在内部管理和外部经营活动中以最少的劳动与物质资源的消耗获得最大的效益,是施工企业在激烈的市场竞争中能否占领市场、掌握市场主动权的关键所在。

企业定额所规定的消耗量指标,是企业资源优化配置的反映,是本企业管理水平与人员素质和企业精神的体现。在以提高产品质量、缩短工期、降低产品成本和提高劳动生产率为核心的企业经营与管理中,强化企业定额的管理,实行有定额的劳动,永远是企业立于不败之地的重要保证。因此,当企业组织资源进行施工生产和经营管理时,企业定额应发挥的作用有以下几点。

(1)企业定额是企业计划管理的依据。企业定额在企业计划管理方面的作用,表现在它既是企业编制施工组织设计的依据,也是企业编制施工作业计划的依据。

施工组织设计是指导拟建工程进行施工准备和施工生产的技术经济文件,其基本任务是根据招标文件及合同协议的规定,确定经济合理的施工方案,在人力和物力、时间和空间、技术和组织上对拟建工程做出最佳的安排。施工作业计划则是根据企业的施工计划、拟建工程的施工组织设计和现场实际情况编制的。这些计划的编制必须以施工定额为依据,因为施工组织设计包括资源需用量、使用这些资源的最佳时间安排和平面规划三部分内容。施工中实物工作量和资源需用量的计算均需以施工定额的分项和计量单位为依据。施工作业计划是施工单位计划管理的中心环节,编制时也要用施工定额进行劳动力、施工机械和运输力量的平衡,计算材料、构件等分期需用量和供应时间,计算实物工程量和安排施工形象进度。

(2)企业定额是组织和指挥施工生产的有效工具。企业组织和指挥施工班组进行施工,是按照作业计划通过下达施工任务单和限额领料单来实现的。

施工任务单既是下达施工任务的技术文件,也是班组经济核算的原始凭证。它列出了应完成的施工任务,也记录着班组实际完成任务的情况,并且可据此进行班组工人的工资结算。施工任务单上的工程计量单位、产量定额和计件单位,均需取自施工企业定额。

限额领料单是施工队随任务单同时签发的领取材料的凭证,这一凭证是根据施工任务和施工企业定额中的材料定额填写的。其中,领料的数量是班组为完成规定的工程任务消耗材料的最高限额,这一限额也是评价班组完成任务情况的一项重要指标。

(3)企业定额有利于推广先进技术。企业定额水平中包含着某些已成熟的先进的施工技术和经验,若工人要达到和超过定额,就必须掌握和运用这些先进技术;若工人想大幅超过定额,就必须进行有创造性的劳动。

1)工人在自己的工作中,注意改进工具和改进技术操作方法,原材料的节约,避免原材料和能源的浪费。

2)施工定额中往往明确要求采用某些较先进的施工工具和施工方法,所以,贯彻施工定额也就意味着推广先进技术。

3)企业为了推行施工定额,往往要组织技术培训,以帮助工人能达到和超过定额。技术培训和技术表演等方式都可以大大普及先进技术和先进操作方法。

(4)企业定额是企业激励工人的条件。激励在实现企业管理目标中占有重要的位置。所谓激励,就是采取某些措施激发和鼓励员工工作中的积极性与创造性。行为科学家研究表明,如果职工受到充分的激励,其能力可发挥 $80\%\sim90\%$,如果缺少激励,仅能发挥出 $20\%\sim30\%$ 的能力。但激励只有在满足人们某种需要的情形下才能起作用。完成或超额完成定额,不仅能获取更多的工资报酬以满足生活需要,也能满足自尊和获取他人(社会)认同的需要,还能进一步满足发挥个人潜力以实现自我价值的需要。如果没有企业定额这种标准尺度,实现以上几个方面的激励就缺少了必要的手段。

(5)企业定额是计算劳动报酬、实行按劳分配的依据。目前,施工企业内部推行了多种形式的承包经济责任制,但无论采取何种形式,计算承包指标或衡量班组的劳动成果都要以施工定额为依据。定额完成得好,劳动报酬就多,达不到定额,劳动报酬就少。这样,工人的劳动成果和报酬直接挂钩,体现了"按劳分配"的原则。

(6)企业定额是施工企业进行工程投标、编制工程投标报价的基础和主要依据。企业定额能够反映企业施工生产的技术水平和管理水平,在确定工程投标报价时,应先根据企业定额计算出施工企业拟完成投标工程需要发生的计划成本;在掌握工程成本的基础上;再根据所处的环境和条件,确定在该工程上拟获得的利润、预计的工程风险费用和其他应考虑的因素,从而确定投标报价。因此,企业定额是施工企业编制计算投标报价的根基。

(7)企业定额是编制施工组织设计的依据。在编制施工组织设计中,尤其是单位工程的作业设计,需要确定人工、材料和施工机械台班等资源消耗量,拟定使用资源的最佳时间安排,编制工程进度计划,以便于在施工中合理地利用时间、空间和资源。依靠施工定额能比较精确地计算出人工、材料、设备的需要量,以便于在开工前合理安排各基层的施工任务,做好人力、物力的综合平衡。

(8)企业定额是编制预算定额和补充单位估价表的基础。预算定额的编制要以企业定额为基础。以企业定额的水平作为确定预算定额水平的基础,不仅可以免除测定定额水平的大量烦琐的工作,而且可以使预算定额符合施工生产和经营管理的实际水平,并保证施工中的人力、物力消耗能够得到足够补偿。企业定额作为编制补充单位估价表的基础,是指由于新技术、新结构、新材料、新工艺的采用而预算定额中缺项时,以及编制补充预算定额和补充单位估价表时,要以企业定额为基础。

(9)企业定额是编制施工预算、加强企业成本管理的基础。施工预算是施工单位用以确定单位工程上人工、机械、材料的资金需要量的计划文件。

施工预算以企业定额为基础编制,既要反映设计图纸的要求,也要考虑在现有条件下可能采取的节约人工、材料和降低成本的各项具体措施。这就能够有效地控制施工中人力、物力的消耗,节约成本开支。

在施工过程中,人工、机械和材料产生的费用是构成工程成本中直接成本的主要内容,对间接成本的开支也有着很大的影响。严格执行施工定额不仅可以起到控制成本、降低费用开支的作用；同时，其也可为企业加强班组核算和增加营利等企业成本管理工作创造良好的条件。

四、企业定额的构成及表现形式

企业定额的构成及表现形式由于企业的性质不同、取得资料的详细程度不同、编制的目的不同、编制的方法不同而不同。其构成及表现形式主要有以下几种。

(1)企业人工定额。

(2)企业材料消耗定额。

(3)企业机械台班使用定额。

(4)企业施工定额。

(5)企业定额估价表。

(6)企业定额标准。

(7)企业产品出厂的价格。

(8)企业机械台班租赁价格。

任务二　企业定额的编制

任务重点

企业定额编制的内容、方法、编制步骤。

一、企业定额编制的原则及依据

(一)企业定额编制的原则

1. 事求是的原则

企业定额应本着实事求是的原则，结合企业经营管理的特点，确定工、料、机各项消耗的数量，对影响造价较大的主要常用项目，应该考虑多种施工组织形式，从而使定额在运用上更贴近实际、技术上更先进、经济上更合理，使工程单价能够真实反映企业的个别成本。

2. 平均先进的原则

平均先进是就定额的水平而言的。定额水平是指规定消耗在单位产品上的人工、机械和材料数量的多少。也可以说，它是按照一定施工程序和在一定工艺条件下规定的施工生产中活劳动和物化劳动的消耗水平。所谓平均先进水平，就是在正常的施工条件下，大多数施工队组和大多数生产者经过努力能够达到和超过的水平。

企业定额应以企业平均先进水平为基准，使多数单位和员工经过努力能够达到或超过企业平均先进水平，以保持定额的先进性和可行性。

贯彻平均先进的原则，首先，要考虑那些已经成熟并得到推广的先进技术和先进经验；对于那些尚不成熟，或已经成熟但尚未普遍推广的先进技术，暂时还不能作为确定定额水平的依据。其次，对于原始资料和数据要加以整理，剔除个别的、偶然的、不合理的数据，尽可能使计算数据具有实践性和可靠性。再次，要选择正常的施工条件、行之有效的技术方案、组织合理的操作方法作为确定定额水平的依据。最后，从实际出发，综合考虑影响定额水平的有利和不利因素（包括社会因素），只有这样，定额水平才不至于使脱离现实。

3. 动态管理的原则

建筑市场行情瞬息万变，企业的技术水平和管理水平也在不断地更新，不同的工程在不同的时候，都有不同的价格，因此，企业定额的编制还要遵循动态管理的原则。

4. 简明适用的原则

简明适用是指定额的内容和形式要方便定额的贯彻和执行。简明适用原则要求施工定额内容要能满足组织施工生产和计算工人劳动报酬等多种需要，同时，又要简单明了，容易掌握，便于查阅、计算、携带。定额的简明性和适用性，是既有联系又有区别的两个方面，编制施工定额时应全面加以贯彻。当两者发生矛盾时，定额的简明性应服从适用性的要求。

贯彻定额的简明适用原则，关键是做到定额项目设置完全，项目划分粗细适当。定额项目的设置是否齐全完备，对定额的适用性影响很大。划分施工定额项目的基础是工作过程或施工工序。不同性质、不同类型的工作过程或工序，都应分别反映在各个施工定额的项目中。即使是次要的，也应在说明、备注和系数中反映出来。

为了保证定额项目齐全，首先，要加强基础资料的日常积累，尤其应注意收集和分析各项补充定额资料；其次，要注意补充反映新结构、新材料、新技术的定额项目；最后，处理淘汰定额项目时要持慎重态度。

5. 量价分离、少留活口的原则

企业定额编制应该尽量减少使用时的调整，量价关联、活口过多都会增加调整的机会，不仅给定额的使用带来麻烦，更主要的是会导致成本测算差异太大，不能起到有效地预测和控制的作用。

6. 时效性原则

企业定额是一定时期内技术发展和管理水平的反映，所以，在一段时期内会表现出稳定的状态。这种稳定性又是相对的，因为它还有显著的时效性。当企业定额不再适应市场竞争和成本监控的需要时，就要进行重新编制和修订，否则就会挫伤群众的积极性，甚至产生负效应。

7. 与施工方案全面接轨的原则

企业定额区别于行业定额或政府定额的一个主要特征和优势就在于此。行业定额或政府定额因其适用范围比企业定额的大，为避免理解和使用上的混乱，大多数定额强调通用性，损失了定额的针对性。企业定额在条目设计上应尽量实现能与施工方案配套的功能，使企业定额的运用更加具有针对性，也更加符合实际情况。

8. 保密原则

企业定额的指标体系及标准要严格保密。建筑市场强手林立，竞争激烈。就企业现行的定额水平而言，工程项目在投标中如被竞争对手获取，会使本企业陷入十分被动的境地，给企业带来不可估量的损失。所以，企业要有自我保护意识和相应的保密措施。

9. 以专家为主编制定额的原则

编制施工定额，要以专家为主，这是实践经验的总结。企业定额的编制要求有一支经验丰富、技术与管理知识全面、有一定政策水平的稳定的专家队伍，这一点非常重要。

10. 独立自主的原则

施工企业作为具有独立法人地位的经济实体，应根据企业的具体情况和要求，结合政府的技术政策和产业导向，以企业营利为目标，自主地制定企业定额。贯彻这一原则有利于企业自主经营；有利于执行现代企业制度；有利于施工企业摆脱过多的行政干预，更好地面对建筑市场竞争的环境；也有利于促进新的施工技术和施工方法的采用。

(二)企业定额编制的依据

(1)国家的有关法律、法规，政府的价格政策，现行劳动保护的相关法律法规。

(2)现行的建筑安装工程施工及验收规范，安全技术操作规程，国家设计规范。

(3)通用性的标准图集，具有代表性工程的施工项目。

(4)《建设工程工程量清单计价规范》(GB 50500—2013)及各专业工程量计算规范、《房屋建筑与装饰工程消耗量定额》(TY 01-31—2015)、各地区统一预算定额和取费标准等。

(5)企业的管理模式，技术水平，财务统计资料，工程施工组织方案，现场实际调查和测定的有关数据，工程具体结构和难易程度状况，以及采用的新工艺、新技术、新材料、新方法等。

二、企业定额编制的内容

(1)在形式上，企业定额编制的内容包括编制方案、总说明、工程量计算规则、定额项目划分、定额水平的测定(工、料、机消耗水平和管理成本费的测算和制定)、定额水平的测算(类似工程的对比测算)、定额编制基础资料的整理归类和编写。

知识拓展：
编制企业定额
的目的和意义

(2)按《建设工程工程量清单计价规范》(GB 50500—2013)要求编制的内容如下。

1)工程实体消耗定额：规定构成工程实体的分部(项)工程的工、料、机的定额消耗量。其中，人工消耗量要根据本企业工人的操作水平确定；材料消耗量不仅包括施工材料的净消耗量，还应包括施工损耗；机械消耗量应考虑机械的摊销率。

2)措施性消耗定额：规定有助于工程实体形成的临时设施、技术措施等的定额消耗量，既有为保证工程正常施工所采用的措施的消耗，包括模板的选择、配置与周转，脚手架的合理使用与搭拆及各种机械设备的合理配置等，也有根据工程当时当地的情况及施工经验采取的合理配置措施的消耗。

3)由计费规则、计价程序有关规定及相关说明组成的编制规定。在规定中一般要体现出为施工准备、组织施工生产和管理所需的各项费用标准，包括企业管理人员的工资、各种基金、保险费、办公费、工会经费、财务费用、经常性费用等。

三、企业定额编制的方法

1. 经验统计法

经验统计法是运用抽样统计的方法，从以往类似工程施工竣工结算资料、典型设计图纸资料及成本核算资料中抽取若干个项目的资料，进行分析、测算及定量的方法。

运用经验统计法，首先要建立一系列数学模型，对以往不同类型的样本工程项目成本降低情况进行统计、分析，然后得出同类型工程成本的平均值或平均先进值。由于典型工程的经验数据权重不断增加，其统计数据资料会越来越完善、真实、可靠。此法只要正确确定基础类型，然后对号入座即可。

经验统计法的优点是积累过程长、统计分析细致，使用时简单易行、方便快捷；其缺点是模型中考虑的因素有限，而工程实际情况则要复杂得多。由于此法对各种变化情况的需要不能一一适应，准确性也不够，对设计方案较规范的一般住宅民用建筑工程的常用项目的工、料、机消耗及管理费测定较适用。

2. 现场观察测定法

现场观察测定法是我国多年来专业测定定额的方法。它以研究工时消耗为对象，以观察测时为手段，通过密集抽样和粗放抽样等技术进行直接的时间研究，从而确定人工消耗和机械台班定额水平。

现场观察测定法的特点是能够把现场工时消耗情况和施工组织技术条件联系起来加以观察、测时、计量与分析，以获得该施工过程的技术组织条件和工时消耗有技术根据的基础资料，它不仅能为制定定额提供基础数据，而且也能为改善施工组织管理、改善工艺过程和操作方法、消除不合理的工时损失和进一步挖掘生产潜力提供依据。

现场观察测定法技术简便、应用面广且资料全面，适用于影响工程造价大的主要项目及新技术、新工艺、新施工方法项目的劳动力消耗和机械台班水平的测定。这里要强调的是劳动消耗中要包含人工幅度差的因素，至于人工幅度差考虑多少，是低于现行预算定额水平还是进行不同的取值，由企业在实践中探索确定。

3. 定额换算法

定额换算法是按照工程预算的计算程序计算出造价，分析出成本，然后根据具体工程项目的施工图纸、现场条件和企业劳务、设备及材料储备状况，结合实际情况对定额水平进行调增或调减，从而确定工程实际成本的方法。在各施工单位企业定额尚未建立的今天，采用这种定额换算的方法建立部分定额水平不失为一条捷径。

定额换算法在假设条件下把变化的条件罗列出来进行适当的增减，既简单易行，又相对准确，是补充企业一般工程项目工、料、机和管理费标准的较好方法之一，但是这种方法制定的定额水平要在实践中进行检验和完善。

4. 理论计算法

理论计算法是根据施工图纸、施工规范及材料规格，用理论计算的方法求出定额中的理论消耗量，将理论消耗量加上合理的损耗，得出定额实际消耗的水平。实际的损耗量需要经过现场实际统计测算才能得出，所以，理论计算法在编制定额时不能独立使用，只有与统计分析法(用来测算损耗率)相结合才能共同完成定额子目的编制。所以,理论计算法编制施工定额有一定的局限性。但这种方法也可以节约大量的人力、物力和时间。

应用提示　以上四种方法各有优缺点,它们不是绝对独立的,在实际工作过程中可以结合起来使用,互为补充、互为验证。因此,企业应根据实际需要,确定适合自己的方法体系。

5. 造价软件法

造价软件法是使用计算机编制和维护企业定额的方法。由于计算机具有运行速度快、计算准确、能对工程造价和资料进行动态管理的优点。因此,人们不仅可以利用工程造价软件和有关的数字建筑网站,快速准确地计算工程量、工程造价,而且能够查出各地的人工、材料价格,还能够通过企业长期工程资料的积累形成企业定额。条件不成熟的企业可以考虑在保证数据安全的情况下与专业公司签订协议进行合作开发或委托开发。

以某专业工程造价软件为例,使用该专业软件公司的企业定额生成软件,可以很方便地制定企业定额。用户可以从多渠道生成和维护企业定额。该专业软件公司的企业定额生成方法有以下几种。

(1)以现有政府定额为基础,利用复制、拖动等功能快速生成为企业定额。在以后投标报价时,可以选择任何消耗量定额库或企业定额,作为投标报价的依据。

(2)按分包价测定定额水平,用水平系数维护企业定额,并能做到分包判比,对分包价格按一定规则测定定额水平,并能分摊到人为确定的定额含量上。

(3)企业可以自行测算,以调整企业定额水平。这项工作在企业使用清单组价软件的过程中由计算机自动积累生成。

(4)企业定额生成器中可以把材料厂家的供应价、软件公司数字建筑网站的材料信息、材料管理软件中的企业制造成本的材料采购价、入库价等综合计算得到企业用于投标报价的综合材料价格库。并能自动对该库进行增、删、改、替等的维护。

(5)在使用专业软件公司清单组价软件的过程中,不但能多方案的组价,还可以不断积累每个清单项目组价过程中的定额消耗量数据及组价数据,并能对每次的数据进行分析判比,形成按不同工艺的工艺包。根据判比结果,计算机可以对企业定额进行维护。当用户再次对该清单项目进行组价时,只需要调用企业定额内的工艺包,就可以把过去输入的组价数据及定额含量全部读入。该功能可以极大提高用户组价的工作效率,也是实行工程量清单计价规范后企业快速准确组价的主要手段。

专业软件公司的企业定额生成器采用量价分离的原则,这样便于企业维护,在维护定额含量时,不影响价格,在编制材料价格时不影响定额含量。企业定额作为企业的造价资源,为给资源保密,按权限管理,即每个使用者均按自己的权限工作。

四、企业定额的编制步骤

1. 成立企业定额编制领导和实施机构

企业定额编制一般应由专业分管领导全权负责,抽调各专业骨干成立企业定额编制组(或专职部门),以公司定额编制组为主,以工程管理部、材料机械管理部、财务部、人力资源部及各现场项目经理部配合(专业部门名称因企业不同可能有所不同)进行企业定额的编制工作,编制完成后归口部门对相关内容进行相应的补充和不断地完善。

2. 制定企业定额编制详细方案

根据企业经营范围及专业分布确定企业定额编制的大纲和范围，合理选择定额各分项及其工作内容，确定企业定额各章节及定额说明，确定工程量计算规则，调整确定子目调节系数及相关参数等。

3. 明确职责，确定具体工作内容

定额编制组负责确定企业定额计算方法，测算资源消耗数量、摊销数量、损耗量，确定相关人工价格、材料价格、机械价格，汇总并完成全部定额编制文稿，测算企业定额水平，建立相应的定额消耗量库、材料库、机械台班库；工程管理部、人力资源部和材料机械管理部负责采集和整理现场资料，详细提供人工信息、机械相关参数、工序时间参数，提供临时设施、技术措施发生的费用，确定合理工期等；财务部主要负责对项目现场管理费用定额的编制，分析整理历年公司施工管理费用资料，按定额步距分别形成费用定额；各项目经理部主要负责提供现场资料，按企业定额编制组提出的要求收集本项目实际生产资料，包括人工、材料、机械及其他现场直接费等现场实际发生的费用，资源消耗情况、劳动力分布、机械使用、能耗；同时，还应对收集资料的状况（环境）进行详细描述。

4. 确定人工、材料、机械台班消耗量

人工、材料、机械台班消耗量的确定是企业定额编制工作的关键和重点所在，在实际编制过程中主要采用现场观察测定法、经验统计法、定额修正法、理论计算法、造价软件法等方法。

5. 整理汇总各专业定额

各专业定额编制完成后，将定额投入实际生产活动中进行试运行，试运行期间对出现的问题及时纠正和整改，并不断完善。试运行基本稳定后由定额编制组对各专业定额进行汇总并装订成册，正式投入运行。

6. 企业定额的补充完善

企业定额的补充完善是企业定额体系中的一项重要内容，也是一项必不可少的内容。企业定额应随着企业的发展、材料的更新及技术和工艺的提高而不断得到补充和完善。在实际工作中，需对企业定额进行补充完善时常见的有以下几种情形。

（1）当设计图纸中某个工程采用新的工艺和材料，而在企业定额中未编制此类项目时，为了确定工程的完整造价，就必须编制补充定额。

（2）当企业的经营范围扩大时，为满足企业经营管理的需要，就应对企业定额进行补充完善。

（3）在应用过程中，当企业定额所确定的各类费用参数与实际有偏差时，就需要对其进行调整修改。

五、企业定额的参考表示

企业消耗定额的内容有总说明，册说明，每章节说明，工程量计算规则，分项工程工作内容，定额计量单位，定额代码，定额编号，定额名称，人工、材料、机械的编码、名称、定额标号等。表3-1和表3-2为某企业消耗定额表式。

表 3-1 砌块墙

工作内容：调运砂浆、铺砂浆、运砌块、砌砌块(墙体窗台虎头砖、腰线、门窗套，安放木砖、铁件等)。　　　10 m³

定 额 编 号				3-16	3-17	3-18
项 目		单 位	单 价	水泥焦渣空心砖墙	硅酸盐砌块墙	加气混凝土砌块墙
预算价格		元	—	1 374.34	1 400.37	1 821.70
其中	人工费	元	—	384.57	213.65	205.28
	材料费	元	—	975.63	1 180.12	1 605.11
	机械费	元	—	14.14	6.6	11.31
人工	R5 砖瓦工	工日	25.65	12.95	7.23	6.81
	R1 普通工	工日	20.00	2.62	1.41	1.53
材料	C166 水泥焦渣空心砖 390×190×190	千块	1 267.00	0.559	—	—
	C1670 水泥焦渣空心砖 190×190×190	千块	617.00	0.114	—	—
	C1671 水泥焦渣空心砖 190×190×190	千块	292.00	0.043	—	—
	C1676 硅酸盐砌块 880×430×240	千块	11 170.00	—	0.071	—
	C1675 硅酸盐砌块 580×430×240	千块	7 360.00	—	0.020	—
	C1674 硅酸盐砌块 430×430×240	千块	5 450.00	—	0.008	—
	C1673 硅酸盐砌块 430×430×240	千块	3 550.00	—	0.024	—
	C2150 加气混凝土	m³	159.90	—	—	9.05
	C1661 机制普通砖 240×115×53	千块	109.02	0.400	0.400	0.405
	P231 混合砂浆 M5	m³	76.55	1.80	0.84	1.44
	C5734 工程用水	m³	—	1.12	1.14	1.32
机械	J303 砂浆搅拌机 200 L	台班	47.13	0.30	0.14	0.24

表 3-2 现浇构件钢筋工程

工作内容：钢筋配制、绑扎、安装。

t

定 额 编 码				6-5	6-6	6-7	6-8
项 目		单 位	单 价	现浇混凝土构件			
				圆钢筋/mm			
				$\phi14$	$\phi16$	$\phi18$	$\phi20$
预 算 价 格		元		2 554.23	2 594.49	2 482.12	2 456.16
其中	人工费	元	—	191.05	190.50	176.05	159.75
	材料费	元	—	2 309.04	2 321.31	2 234.34	2 235.56
	机械费	元	—	54.14	82.68	71.73	60.85
人工	R17	钢筋工	工日	27.50	5.10	2.54	4.70	4.26
	R1	普通工	工日	20.00	2.54	5.08	2.34	2.13
材料	C4	圆钢 14	kg	2.18	1 050.00	—		
	C5	圆钢 16	kg	2.18	—	1 050.00		
	C6	圆钢 18	kg	2.18	—	—	1 010.00	
	C7	圆钢 20	kg	2.18	—	—		1 010.00
	C323	镀锌钢丝 0.7 mm(22 号)	kg	3.74	3.39	2.6	2.05	1.67
	C3295	电焊条/结 422	kg	3.68	2.00	5.98	6.63	7.37
	C5734	工程用水	m³	2.75		0.21	0.17	0.14
机械	J320	钢筋调直机 $\phi14$	台班	38.88	0.21	0.17		
	J321	钢筋切断机 $\phi40$	台班	39.52	0.11	0.11	0.11	0.11
	J322	钢筋弯曲机 $\phi40$	台班	23.99	0.42	0.42	0.35	0.35
	J425	直流电焊机功率 30 kW	台班	105.15	0.30	0.41	0.42	0.34
	J430	对焊机容量 75 kV·A	台班	123.51	—	0.15	0.12	0.10

企业工期定额内容包括总说明、建筑面积计算规范、每章节说明、工期计算规则、结构类型、计量单位、定额编号、项目名称、施工天数等。表 3-3 为某企业工期定额表式。

表 3-3 ±0.000 以上综合楼工程

编 号	结构类型	层 数	建筑面积/m²	施工天数/d	
				总工期	其中：结构
1-358	框架结构	18 层以下	15 000 以内	330	120
1-359			20 000 以内	340	135
1-360			25 000 以内	350	150
1-361			30 000 以内	370	170
1-362			30 000 以外	390	190

编　号	结构类型	层　数	建筑面积/m²	施 工 天 数/d	
				总工期	其中：结构
1-363	框架结构	20 层以下	15 000 以内	360	125
1-364			20 000 以内	370	140
1-365			25 000 以内	390	155
1-366			30 000 以内	410	175
1-367			30 000 以外	430	200
1-368		22 层以下	15 000 以内	390	135
1-369			20 000 以内	400	150
1-370			25 000 以内	415	170
1-371			30 000 以内	430	190
1-372			30 000 以外	460	210
1-373		24 层以下	20 000 以内	420	160
1-374			25 000 以内	440	180
1-375			30 000 以内	470	210
1-376			30 000 以外	500	240
1-377		26 层以下	20 000 以内	440	170
1-378			25 000 以内	460	190
1-379			30 000 以内	490	220
1-380			30 000 以外	520	250

任务三　企业定额的应用

◎ **任务重点**

运用企业定额计算清单综合单价。

一、企业定额在成本控制中的应用

为了控制施工费用的支出，企业主管部门应根据国家颁发的《全国建筑安装工程统一劳动定额》等规定，结合现行质量标准，安全操作规程，施工条件及历史资料，制定符合企业情况的企业定额，具体规定人工定额、材料消耗定额、机械台班定额和施工管理费定额，作为编制施工预算和施工组织设计，签发施工任务书，控制和考核工效与材料消耗，实现实际施工费用控制的依据。应合理制定企业定额，使其能反映平均先进水平，也就是说，既要看到目前水平，又要充分估计广大职工的积极性。如果定额定得偏低，成本控制就会失去意义；反之，脱离实际，要求过高，就会使职工丧失信心。并且，随着科学技术的进步和施工组织管理水平及其他条件的变化，企业定额也应及时修订。

(一)企业定额在控制施工成本中的作用

企业定额在控制施工成本中的作用主要有以下三个方面：

(1)优化采购管理，合理控制采购成本和材料消耗，利用预算中的工、料、机分析结果，不断调整自身的材料成本、材料消耗率、供应链团队，实现成本最小化。

(2)体现事前计划与事中控制的作用。

(3)体现企业财务资金管理与工程协同的作用，改变企业财务资金调度滞后于工程进度的被动局面，提高财务资金管理的及时性和资金使用效率。

(二)施工前的成本控制

1. 工程投标阶段

企业根据工程概况、招标文件以及企业定额，结合建筑市场和竞争对手的情况，进行成本预测，提出投标决策意见；中标以后，根据项目的建设规模，组建与之相适应的项目经理部，同时以标书为依据确定项目的成本目标，并下达给项目经理部。

2. 施工准备阶段

根据设计图样和有关技术资料，制订出科学先进、经济合理的施工方案；根据企业下达的成本目标，编制明细而具体的成本计划，作为部门、施工队和班组的责任成本落实下去，为今后的成本控制做好准备。

3. 间接费用预算的编制及落实

根据项目建设时间的长短和参加建设人数的多少，编制间接费用预算，并对上述预算进行明细分解，再以项目经理部有关部门(或业务人员)责任成本的形式落实下去，从而为今后的成本控制和绩效考核提供依据。

(三)施工过程中的成本控制

在施工过程中，设计变更、现场签证等工程内容的增减是不可避免的。工程内容的增减，就会带来材料费用的变更、人工费用的变更、施工工期的变更，有时还会带来机具费用的变更。变更是成本控制的核心管理内容，应用企业定额，输入工作量的增减变更，就可以轻松解决上述诸多变更费用同步产生的问题，及时计算出"工料机分析清单增减表"，相应更新成本控制指标。项目管理中要跟踪的管理内容很多，变更管理就是其中一项重要的跟踪管理内容。

施工过程中的成本控制措施如下。

(1)加强施工任务单和限额领料单的管理(施工任务单的格式见表 3-4，限额领料单和限额领料发放记录的格式见表 3-5 和表 3-6。

表 3-4　施工任务单

项目名称：　　　　　　　　　　　　　　　　开工日期：
部位名称：　　　　　　　　　　　　　　　　交底人：
施工班组：　　　　　　　　　　　　　　　　回收日：

编号：
签发人：
签发日期：

定额编号	分项工程名称	单位	工程量	定额情况			实际完成情况				考勤记录	
				时间定额	定额系数	定额工数	工程量	实需工数	实耗工数	工效/%	姓名	日期
小计												

材料名称	单位定额	定额数量	实需数量	实耗数量			

施工要求及注意事项	

验收内容	质量		签证人
	安全分		
	文明施工分		

计划施工日期	年	月	日	—	年	月	日	施工	天
实际施工日期	年	月	日	—	年	月	日	工期超	天

表 3-5　限额领料单

____年___月___日

单位工程		施工预算工程量			任务单编号						
分项工程		实际工程量			执行班组						
材料名称	规格	单位	施工定额	计划用量	实际用量	计划单价	金额	级配	节约	超用

表 3-6　限额领料发放记录

月日	名称、规格	单位	数量	领用人	月日	名称、规格	单位	数量	领用人	月日	名称、规格	单位	数量	领用人

　　(2)将施工任务单和限额领料单的结算资料与施工预算进行核对，计算分部分项工程的成本差异，分析差异产生的原因，并采取有效的纠偏措施。分部分项工程实际消耗与施工预算对比表见表 3-7。

表 3-7　分部分项工程实际消耗与施工预算对比表

分项工程编号	分项工程工序名称	单位	名称	工程量	人工	水泥	水泥	水泥	黄砂	
			规格			32.5级	42.5级	52.5级		
			单位			t	t	t	t	
			预算							
			实际							
			节超							
			预算							
			实际							
			节超							
			预算							
			实际							
			节超							
			预算							
			实际							
			节超							
			预算							
			实际							
			节超							
注：节超即节约与超用情况。										

（3）做好月度成本原始资料的收集和整理，正确计算月度成本，分析月度预算成本与实际成本的差异，并采取措施加以纠正。

（4）在月度成本核算的基础上，实行责任成本核算。

（5）定期检查各责任部门和责任者的成本控制情况，检查成本控制责、权、利的落实情况（一般为每月一次）。

👷 **特别提醒**　工程成本管理是综合反映施工企业经营水平的重要指标，它集中反映了该企业各方面的实力。尤其是现在众多施工企业在投标时采用"合理低价中标"的情况下，进一步明确企业的工程成本管理水平是提升竞争实力是一个关键。

二、企业定额在工程量清单报价中的应用

在传统定额计价模式下，施工企业根据国家或地方颁布的统一消耗量标准、计算规则和计算依据，计算出定额直接工程费用、各种相关费用及利润和税金，然后形成建筑产品的造价。在这种模式下，招标人编制控制价与投标人编制报价都是按相同定额、相同图样、相同技术规程进行计算与报价，不能真正体现投标单位的施工、技术和管理水平。

在工程量清单计价模式下，投标企业首先要依据现场情况和招标文件的要求，制定出比较可行的施工方案，然后依据施工方案，再考虑市场竞争和风险情况，并结合企业内部定额，依据本企业的技术专长、施工机械装备程度、材料来源渠道及价格情况、内部管理

水平确定一个比较有竞争力的利润水平,最终得到对外报价。其中,清单综合单价的确定是关键的一步,清单综合单价一旦确定,后续的清单计价工作就可以以清单综合单价为基础,顺理成章地完成计算。

运用企业定额计算清单综合单价的步骤如下。

(1)分析清单项目的工程内容,确定所套用的定额子目。由于《建设工程工程量清单计价规范》(GB 50500—2013)和企业定额在工程项目划分上不完全一致,工程量清单是以"综合实体"项目为主划分的,每个清单实体项目中都包括许多工程内容;而企业定额一般是按施工工序设置的,包括的工作内容较为单一,因此,进行清单计价时,编制人应根据工程量清单描述的项目特征和工作内容确定清单项目所包含的定额子目。

(2)确定工、料、机的单价。工、料、机的价格是随着时间不断变化的,施工企业必须慎重对待工程主要消耗资源的报价策略。在投标时往往不能使用当时的价格,而是要预测采购时间的价格,如分批采购的材料,还要进行分期预测价格加权平均处理,价格报得低,可能会使企业亏损,价格报得高,又可能失去这个标,因此,要做好价格的预测工作,同时,还要考虑工程主要材料的异地比较。由于竞争的加剧和市场的开放,建筑工程异地投标和异地采购等现象越来越多,许多材料异地采购后,即使加上运输费用,也要比在本地采购经济得多,特别是工程主要材料,使用异地材料投标报价,无疑将增强企业在投标时的竞争力。

(3)计算定额综合单价。根据企业定额子目的消耗量及相应工、料、机单价,计算出各个定额子目综合单价。

$$定额子目综合单价=\sum(企业定额子目工、料、机消耗量\times$$

$$工、料、机单价)\times(1+管理费费率+利润率)$$

(4)计算定额子目的工程量。确定所套用的定额子目后,根据所套用定额的工程量计算规则计算定额子目工程量。因清单项目的工程量往往是工程净用量,定额工程量计算规则与清单工程量计算规则也不完全一致,编制人应根据设计图样和施工组织方案需要增加的一些配合实施工程实体项目而发生的"附加量"和"损耗量"计算。如平整场地,清单计价规范规定工程量按建筑物首层建筑面积计算;而定额一般规定按建筑物首层外墙外边线每边各加2 m,以平方米计算。又如挖土方工程量,清单工程量计算规则规定不计算工作面及放坡的量,但定额根据实际的施工组织,土方工程量应计入工作面及放坡增加的土方量。

(5)确定清单项目综合单价。

1)一个清单项目内容只包含一个定额子目内容,且清单工程量与定额工程量一致时,则

$$清单项目综合单价=定额子目综合单价$$

2)一个清单项目内容只包含一个定额子目内容,且清单工程量与定额工程量不一致时,则

$$清单项目综合单价=\frac{定额子目综合单价\times定额工程量}{清单工程量}$$

3)一个清单项目内容包含多个定额子目内容时,则

$$清单项目综合单价=\frac{\sum(定额子目综合单价\times定额工程量)}{清单工程量}$$

项目小结

　　建筑施工企业为适应工程计价的改革，就必须更新观念，未雨绸缪，适应环境，以市场价格为依据形成建筑产品价格，按照市场经济规模建立符合企业自身实际情况和管理要素的有效价格体系，而这个价格体系中的重要内容之一就是"企业定额"。本项目主要介绍企业定额的概述、编制和应用。

 思考与练习

一、填空题

　　1. 企业定额编制的方法有＿＿＿＿＿＿＿＿＿、＿＿＿＿＿＿＿＿＿、＿＿＿＿＿＿＿＿＿、
＿＿＿＿＿＿＿＿＿、＿＿＿＿＿＿＿＿＿。

　　2. 企业定额所规定的＿＿＿＿＿＿＿是企业资源优化配置的反映，是本企业管理水平与人员素质和企业精神的体现。

　　3. ＿＿＿＿＿＿＿的编制要以企业定额为基础。

　　4. ＿＿＿＿＿＿＿是施工单位用以确定单位工程上人工、机械、材料的资金需要量的计划文件。

二、简答题

　　1. 什么是企业定额？企业定额必须具备哪些特点？

　　2. 企业定额的作用有哪些？

　　3. 企业定额的构成及表现形式主要分为哪几种？

　　4. 企业定额编制的原则有哪些？

　　5. 简述企业定额的编制步骤。

项目四 人工、材料、机械台班单价的确定方法

◉ **知识目标**

（1）熟悉影响人工单价的因素；掌握人工单价及其组成内容。

（2）了解材料价格的分类；熟悉材料价格及其组成内容、影响材料价格的方法；掌握材料单价的取定方法。

（3）熟悉施工机械台班单价及其组成内容；掌握施工机械台班单价的费用计算。

◉ **能力目标**

能够进行人工单价、材料价格、施工机械台班单价的计算。

◉ **素质目标**

认真倾听他人的意见、理解和包容他人、理性对待当前的情况、适当地承担责任、处事公正。

◉ **项目导读**

建设工程定额一方面体现建筑工程产品与所需消耗的人工、材料、机械台班之间的数量关系；另一方面需要用货币方式体现这一关系，即体现单位建筑工程产品的价格。而这一价格是按照选定基期的人工日工资单价、材料价格、机械台班价格将人工消耗量、材料消耗量、机械台班消耗量转换为费用来加以体现。另外，不同时期人工日工资单价、材料价格、机械台班单价是动态的，在计算特定工程项目造价时需要使用项目实施期间的人工日工资单价、材料价格、机械台班价格。因此，人工日工资单价、材料价格、机械台班价格可以分为基期和项目实施期的价格。

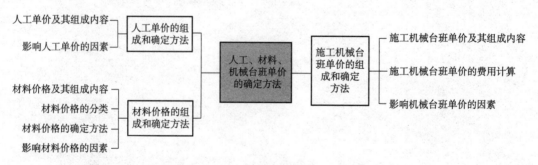

学习导图

任务一　人工单价的组成和确定方法

◎ **任务重点**

生产工人基本工资、生产工人工资性补贴、生产工人辅助工资的计算。

一、人工单价及其组成内容

1. 人工单价的概念

人工单价是指一个建筑工人一个工作日在预算中应计入的全部人工费用。人工单价基本上反映了建筑安装生产工人的工资水平和一个工人在一个工作日中可以得到的报酬。

2. 人工单价的组成

人工单价一般包括生产工人基本工资、生产工人工资性补贴、生产工人辅助工资、职工福利费、生产工人劳动保护费。

(1)生产工人基本工资(G_1)。根据有关规定，生产工人基本工资应执行岗位工资和技能工资制度。生产工人的基本工资按照岗位工资、技能工资和年功工资(按职工工作年限确定的工资)计算，其计算公式为

$$生产工人基本工资(G_1)=\frac{生产工人平均月工资}{年平均每月法定工作日}$$

$$年平均每月法定工作日=(全年日历日-法定假日)\div12$$

(2)生产工人工资性补贴(G_2)。生产工人工资性补贴是指为了补偿工人额外或特殊的劳动消耗及保证工人的工资水平不受特殊条件影响，而以补贴形式支付给工人的劳动报酬，它包括按规定标准发放的物价补贴，煤、燃气补贴，交通补贴，住房补贴，流动施工津贴及地区津贴等。其计算公式为

$$生产工人工资性补贴(G_2)=\frac{\sum 月发放标准}{年平均每月法定工作日}+\frac{\sum 年发放标准}{全年日历日-法定假日}+每工作日发放标准$$

式中，法定假日是指双休日和法定节日。

(3)生产工人辅助工资(G_3)。生产工人辅助工资是指生产工人年有效施工天数以外非作业天数(全年无效工作日)的工资。其包括职工学习、培训期间的工资，调动工作、探亲、休假期间的工资，因气候影响的停工工资，女工哺乳期的工资，病假在6个月以内的工资及产、婚、丧假期的工资。其计算公式为

$$生产工人辅助工资(G_3)=\frac{全年无效工作日\times(基本工资+工资性补贴)}{全年日历日-法定假日}$$

(4)职工福利费(G_4)。职工福利费是指按规定标准计提的职工福利费。其计算公式为

职工福利费$(G_4)=$（基本工资G_1＋工资性补贴G_2＋生产工人辅助工资G_3）×福利费计提比例（%）

（5）生产工人劳动保护费(G_5)。生产工人劳动保护费是指按规定标准发放的劳动保护用品的购置费及修理费、徒工服装补贴、防暑降温费，以及在有碍身体健康环境中施工的保健费用等。其计算公式为

$$生产工人劳动保护费(G_5)=\frac{生产工人年平均支出劳动保护费}{全年日历日-法定假日}$$

$$人工日工资单价(G)=\sum_{i=1}^{5}G_i=G_1+G_2+G_3+G_4+G_5$$

特别提醒　人工工日单价组成内容，在各部门、各地区并不完全相同，但其中每一项内容都是根据有关法律法规、政策文件的精神，结合本部门、本地区的特点，通过反复测算最终确定的。

应用案例 4-1

【题目】　某地区建筑企业生产工人基本工资 16 元/工日，工资性补贴 8 元/工日，生产工人辅助工资 4 元/工日，生产工人劳动保护费 1.5 元/工日，职工福利费按 2% 比例计提。求该地区人工日工资单价。

【解析】　人工日工资单价$(G)=$基本工资(G_1)＋工资性补贴(G_2)＋生产工人辅助工资(G_3)＋职工福利费(G_4)＋生产工人劳动保护费(G_5)

$$
\begin{aligned}
职工福利费(G_4)&=(G_1+G_2+G_3)\times 福利费费率\\
&=(16+8+4)\times 2\%\\
&=0.56(元/工日)
\end{aligned}
$$

人工日工资单价$=16+8+4+0.56+1.5=30.06$（元/工日）

二、影响人工单价的因素

影响建筑安装工人人工单价的因素很多，归纳起来有以下几个方面。

（1）社会平均工资水平。建筑安装工人人工单价必然和社会平均工资水平趋同。社会平均工资水平取决于经济发展水平。由于我国改革开放以来经济迅速增长，社会平均工资也有大幅度增长，从而造成了人工单价的大幅度提高。

（2）生活消费指数。生活消费指数的提高会影响人工单价的提高，以减少生活水平的下降，或维持原来的生活水平。生活消费指数的变动取决于物价的变动，尤其取决于生活消费品物价的变动。

（3）人工单价的组成内容。如住房消费、养老保险、医疗保险、失业保险等列入人工单价，会使人工单价提高。

（4）劳动力市场供需变化。在劳动力市场上，如果需求大于供给，人工单价就会提高；如果供给大于需求，市场竞争激烈，人工单价就会下降。

（5）政府推行的社会保障和福利政策也会影响人工单价的变化。

任务二 材料价格的组成和确定方法

任务重点

材料原价的确定、材料运杂费的确定、材料运输损耗费的确定、采购及保管费的确定。

一、材料价格及其组成内容

1. 材料价格的定义

在建筑工程中，材料费占总造价的 $60\%\sim70\%$，在金属结构工程中所占比例还要更大，它是工程直接费用的主要组成部分。

材料价格是指材料（包括构件、成品或半成品）从其来源地（或交货地点）到达施工现场工地仓库后出库的综合平均价格。

特别提醒 合理确定材料价格组成，正确计算材料价格，有利于合理确定和有效控制工程造价。

2. 材料价格的组成

材料价格一般由材料原价、材料运杂费、运输损耗费、采购及保管费组成。

（1）材料原价。材料原价也称材料供应价，一般包括货价和供销部门手续费两部分，它是材料价格组成部分中最重要的一部分。

（2）材料运杂费。材料运杂费是指材料由来源地（或交货地点）至施工仓库地点运输过程中发生的全部费用。它包括车船运输费、调车和驳船费、装卸费、过境过桥费和附加工作费等。

（3）运输损耗费。运输损耗费是指材料在装卸和运输过程中所发生的合理损耗的费用。

（4）采购及保管费。采购及保管费是指为组织材料采购、供应和保管过程中需要支付的各项费用。它包括采购及保管部门人员工资和管理费、工地材料仓库的保管费、货物过秤费及材料在运输和储存中的损耗费用等。

材料价格的四项费用和即材料预算价格。其计算公式如下：

材料价格＝（供应价格＋运杂费）×（1＋运输损耗率）×（1＋采购及保管费费率）－
　　　　　包装品回收价值

二、材料价格的分类

材料价格按适用范围划分，有地区材料价格和某项工程使用的材料价格。地区材料价格按地区（城市或建设区域）编制，供该地区所有工程使用；某项工程（一般是指大中型重点工程）使用的材料价格，以一个工程为编制对象，专供该工程项目使用。

地区材料价格与某项工程使用的材料价格的编制原理和方法是一致的，只是在材料来源地、运输数量、权数等具体数据上有所区别。

三、材料价格的确定方法

1. 材料原价的确定

在确定材料原价时，凡同一种材料因来源地、交货地、供货单位、生产厂家不同，而有几种价格（原价）时，根据不同来源地供货数量比例，采取加权平均的方法确定其综合原价。材料原价的计算公式如下：

$$G = \sum_{i=1}^{n} G_i f_i$$

$$f_i = \frac{W_i}{W_{总}} \times 100\%$$

式中　　G——加权平均原价；

　　　　G_i——某 i 来源地（或交货地）原价；

　　　　f_i——某 i 来源地（或交货地）材料的数量占材料总数量的百分比；

　　　　W_i——某 i 来源地（或交货地）材料的数量；

　　　　$W_{总}$——材料总数量。

2. 材料运杂费的确定

材料运杂费应按国家有关部门和地方政府交通运输部门的规定计算，与运输工具、运输距离、材料装载率等都有直接关系。

材料运杂费一般包括外埠运杂费计算和市内运杂费计算。

（1）外埠运杂费计算。外埠运杂费是指材料从来源地（或交货地）至本市中心仓库或货站的全部费用，包括调车（驳船）费、运输费、装卸费、过桥过境费、入库费及附加工作费。

（2）市内运杂费计算。市内运杂费是指材料从本市中心仓库或货站运至施工工地仓库的全部费用，包括出库费、装卸费和运输费等。

同一品种的材料如若干个来源地，其运杂费根据每个来源地的运输里程、运输方法和运输标准，用加权平均的方法计算运杂费。即

$$加权平均运杂费 = \frac{W_1 t_1 + W_2 t_2 + \cdots + W_n t_n}{W_1 + W_2 + \cdots + W_n}$$

式中　　W_1，W_2，…，W_n——各不同供应点的供应量或各不同使用地点的需要量；

　　　　T_1，T_2，…，T_n——各不同运距的运杂费。

👷 特别提醒　在运杂费中需要考虑为了便于材料运输和保护而发生的包装费。

材料包装费包括水运和陆运的支撑立柱、篷布、包装袋、包装箱、绑扎等费用。材料运到现场或使用后，要对包装品进行回收，其回收价格要冲减材料交易价格。包装费计算通常有以下两种情况。

（1）材料出厂时已经包括的（如袋装水泥、玻璃、钢钉、油漆等），这些材料的包装费一般已计入材料原价内，不再另行计算。但包装材料回收值，应从包装费中予以扣除。其计算公式如下：

$$包装材料回收值 = \frac{包装材料原价 \times 回收量比例 \times 回收折价率}{包装器标准容量}$$

包装材料的回收量比例及回收折价率，一般由地区主管部门制定标准执行。若地区没有相关规定，可按实际情况执行，参照表 4-1。

表 4-1　包装品回收标准

包装材料名称		回收率/%	回收价值率/%	残值回收率1%
木桶、木箱		70	20	5
木杆		70	20	3
竹制品		—	—	10
铁制品	铁桶	95	50	3
	铁皮	50	50	
	铁丝	20	50	—
纸袋、纤维袋		50		
麻袋		60	50	—
玻璃陶瓷制品		30	60	

(2)材料由采购单位自备包装材料(或容器)的，应计算包装费，并计入材料预算价格内。如包装材料不是一次性报废材料，应按多次使用、多次加权摊销的方法计算。其计算公式如下：

$$自备包装品的包装费 = \frac{包装品原价 \times (1 - 回收量率 \times 回收价值率) + 使用期间维修费}{周转使用次数 \times 包装容器标准容量}$$

$$使用期间维修费 = 包装品原价 \times 使用期维修费费率$$

式中，维修费费率，铁桶为 75%，其余不计；周转使用次数，铁桶为 15 次，纤维制品为 5 次，其余不计。

3. 材料运输损耗费的确定

在材料的运输中应考虑一定的场外运输损耗费用，即指材料在运输装卸过程中不可避免的损耗的费用。运输损耗费的计算公式为

$$运输损耗费 = (材料原价 + 运杂费) \times 相应材料损耗率$$

4. 采购及保管费的确定

采购及保管费一般按照材料到库价格以费率取定。材料采购及保管费计算公式如下：

$$材料采购及保管费 = (材料供应价 + 运杂费 + 运输损耗费) \times 采购及保管费费率$$

其中，采购及保管费费率一般在 2.5% 左右，各地区可根据实际情况来确定。

四、影响材料价格的因素

(1)国际市场行情会对进口材料价格产生影响。

(2)市场供需变化。材料原价是材料价格中最基本的组成。市场供大于求，价格就会下降；反之，价格就会上升。这些因素都会使材料价格波动。

(3)流通环节的多少和材料供应体制也会使材料价格波动。

（4）材料生产成本的变动直接使材料价格波动。

（5）运输距离和运输方法的改变会使材料运输费用的增减，也会使材料价格波动。

任务三　施工机械台班单价的组成和确定方法

任务重点

折旧费、检修费、维护费、安拆费及场外运费、人工费、燃料动力费、其他费的计算。

一、施工机械台班单价及其组成内容

1. 施工机械台班单价的概念

施工机械使用费是根据施工中耗用的机械台班数量和机械台班单价确定的。施工机械台班耗用量按预算定额规定计算，施工机械台班单价是指一台施工机械在正常运转条件下一个工作班中所发生的全部费用，每台班按 8 h 工作制计算。正确制定施工机械台班单价是合理控制工程造价的重要因素。

2. 施工机械台班单价的组成

根据中华人民共和国住房和城乡建设部 2015 年 3 月 4 日颁布的《建设工程施工机械台班费用编制规则》中的规定，施工机械台班单价由下列七项费用组成。

（1）折旧费。折旧费是指施工机械在规定的耐用总台班内，陆续收回其原值的费用。

（2）检修费。检修费是指施工机械在规定的耐用总台班内，按规定的检修间隔进行必要的检修，以恢复其正常功能所需的费用。

（3）维护费。维护费是指施工机械在规定的耐用总台班内，按规定的维护间隔进行各级维护和临时故障排除所需的费用。保障机械正常运转所需替换设备与随机配备工具附具的摊销费用、机械运转及日常维护所需润滑与擦拭的材料费用及机械停滞期间的维护费用等。

（4）安拆费及场外运费。安拆费是指施工机械在现场进行安装与拆卸操作所需的人工、材料、机械和试运转费用以及机械设施的折旧、搭设、拆除等费用。场外运费是指施工机械整体或分体自停放地点运至施工现场或由一施工地点运至另一施工地点的运输、装卸、辅助材料等费用。

（5）人工费。人工费是指机上司机（司炉）和其他操作人员的人工费。

（6）燃料动力费。燃料动力费是指施工机械在运转作业中所耗用的燃料及水、电等费用。

（7）其他费。其他费是指施工机械按照国家规定应缴纳的车船税、保险费及检测费等。

二、施工机械台班单价的费用计算

施工机械台班单价应按下式计算：

台班单价＝折旧费＋检修费＋维护费＋安拆费及场外运费＋人工费＋燃料动力费＋其他费

1. 折旧费的计算

（1）折旧费应按下式计算：

$$折旧费 = \frac{预算价格 \times (1 - 残值率)}{耐用总台班}$$

（2）国产施工机械预算价格应按下式计算：

国产施工机械预算价格＝施工机械原值＋相关手续费和一次运杂费＋车辆购置税

1）国产施工机械原值应按下列方法取定：

①施工企业购入机械设备的成交价格，各地区、部门可结合本地区、部门实际，综合取定施工机械原值。

②施工机械展销会采集的参考价格或从施工机械生产厂、经销商采集的销售价格，各地区、部门可结合本地区、部门的实际，测算价格调整系数取定施工机械原值。

③对类别、名称、规格相同而生产厂家不同的施工机械，各地区、部门可根据施工企业实际购进情况，综合取定施工机械原值。

④国产施工机械原值应按不含标准配置以外的附件及备用零配件的价格取定。

2）相关手续费和一次运杂费应按实际费用综合取定，也可按其占施工机械原值的百分率取定。

3）车辆购置税应按下式计算：

车辆购置税＝计税价格×车辆购置税税率

计税价格＝机械原值＋相关手续费和一次运杂费－增值税。

车辆购置税税率应执行编制期国家有关规定计算。

（3）进口施工机械预算价格应按下式计算：

进口施工机械预算价格＝到岸价格＋关税＋增值税＋消费税＋相关手续费＋

国内一次运杂费＋银行财务费用＋车辆购置税

1）到岸价格应按编制期施工企业签订的采购合同、外贸与海关等部门的有关规定及相应的外汇汇率计算取定。

2）关税、增值税、消费税及银行财务费用应执行编制期国家有关规定，并参照实际发生的费用计算。也可按其占施工机械原值的百分率取定。

3）相关手续费和国内一次运杂费按实际费用综合取定，也可按其占施工机械原值的百分率取定。

4）进口施工机械原值应按下列方法取定：

①进口施工机械原值应按"到岸价格＋关税"取定。

②进口施工机械原值应按不含标准配置以外的附件及备用零配件的价格取定。

5）车辆购置税应按下式计算：

车辆购置税＝计税价格×车辆购置税税率

计税价格＝到岸价格＋关税＋消费税

车辆购置税税率应执行编制期国家有关规定计算。

（4）残值率是指施工机械报废时回收其残余价值占施工机械预算价格的百分数，即

$$残值率 = \frac{机械报废时回收残值}{机械预算价格} \times 100\%$$

残值率应按编制期国家有关规定取定，详见表4-2。

表 4-2　机械残值率取定

序号	机械类别	机械残值率/%
1	运输机械	2
2	特大型机械	3
3	中小型机械	4
4	掘进机械	5

（5）耐用总台班是指施工机械从开始投入使用至报废前使用的总台班数。耐用总台班应按相关技术指标取定。

（6）年工作台班是指施工机械在一个年度内使用的台班数量。年工作台班应在编制期制度工作日基础上扣除检修、维护天数及考虑机械利用率等因素综合取定。

（7）折旧年限是指施工机械逐年计提固定资产折旧的年限。折旧年限应按编制期国家有关规定取定。

$$折旧年限 = \frac{耐用总台班}{年工作台班}$$

特别提醒　折旧年限在规定的年限内取整数。

2. 检修费

（1）检修费按下式计算：

$$检修费 = \frac{一次检修费 \times 检修次数}{耐用总台班}$$

（2）一次检修费是指施工机械一次检修发生的工时费、配件费、辅料费、燃油料费等。一次检修费应按施工机械的相关技术指标和参数为基础，结合编制期市场价格综合取定。可按其占预算价格的百分率取定。

（3）检修次数是指施工机械在其耐用总台班内的检修次数。检修次数应按施工机械的相关技术指标取定。

3. 维护费

（1）维护费按下式计算：

$$维护费 = \frac{\sum(各级维护一次费用 \times 各级维护次数) + 临时故障排除费}{耐用总台班}$$
$$+ 替换设备和工具附具台班摊销费$$

（2）各级维护一次费用应按施工机械的相关技术指标，结合编制期市场价格综合取定。

（3）各级维护次数应按施工机械的相关技术指标取定。

（4）临时故障排除费可按各级维护费用之和的百分数取定。

（5）替换设备和工具附具台班摊销费应按施工机械的相关技术指标，结合编制期市场价

格综合取定。

(6)当维护费计算公式中各项数值难以取定时，维护费也可按下式计算：

$$维护费＝检修费×K$$

式中，K 是维护系数，是指维护费占检修费的百分数。

4. 安拆费及场外运费

(1)安拆费及场外运费根据施工机械不同分为不需计算、计入台班单价和单独计算三种类型。

1)不需计算。

①不需安拆的施工机械，不计算一次安拆费。

②不需相关机械辅助运输的自行移动机械，不计算场外运费。

③固定在车间施工机械，不计算安拆费及场外运费。

2)计入台班单价。安拆简单、移动需要起重及运输机械的轻型施工机械，其安拆费及场外运费计入台班单价。

3)单独计算。

①安拆复杂、移动需要起重及运输机械的重型施工机械，其安拆费及场外运费单独计算。

②利用辅助设施移动的施工机械，其辅助设施(包括轨道与枕木等)的折旧、搭设和拆除等费用可单独计算。

(2)安拆费及场外运费应按下式计算：

$$安拆费及场外运费＝\frac{一次安拆费及场外运费×年平均安拆次数}{年工作台班}$$

1)一次安拆费应包括施工现场机械安装和拆卸一次所需的人工费、材料费、机械费、安全监测部门的检测费及试运转费。

2)一次场外运费应包括运输、装卸、辅助材料、回程等费用。

3)年平均安拆次数应按施工机械的相关技术指标并结合具体情况综合确定。

4)运输距离均按平均 30 km 计算。

(3)自升式塔式起重机、施工电梯安拆费的超高起点及其增加费，各地区、部门可根据具体情况取定。

5. 人工费

(1)人工费按下式计算：

$$人工费＝人工消耗量×\left(1+\frac{年制度工作日－年工作台班}{年工作台班}\right)×人工单价$$

(2)人工消耗量是指机上司机(司炉)和其他操作人员工日消耗量。

(3)年制度工作日应执行编制期内国家的有关规定。

(4)人工单价应执行编制期内工程造价管理机构发布的信息价格。

6. 燃料动力费

(1)燃料动力费应按下式计算：

$$燃料动力费＝\sum(燃料动力消耗量×燃料动力单价)$$

（2）燃料动力消耗量应根据施工机械相关技术指标等参数及实测资料综合确定。

（3）燃料动力单价应执行编制期工程造价管理机构发布的信息价格。

7. 其他费

（1）其他费按下式计算：

$$其他费 = \frac{年车船税 + 年保险费 + 年检测费}{年工作台班}$$

（2）年车船税、年检测费应执行编制期国家及地方政府有关部门的规定。

（3）年保险费应执行编制期国家及地方政府有关部门强制性保险的规定，非强制性保险不应计算在内。

三、影响机械台班单价的因素

（1）国家及地方征收税费（包括燃料税、车船使用税等）政策和有关规定。国家及地方有关施工机械征收税费的政策和规定，将对施工机械台班单价产生较大影响，并会引起相应的波动。

（2）施工机械使用寿命。施工机械使用寿命通常指施工机械更新的时间，它是由机械自然因素、经济因素和技术因素所决定的。施工机械使用寿命不仅直接影响施工机械台班折旧费，而且也影响施工机械的大修理费和经常修理费，因此，它对施工机械台班单价大小的影响较大。

（3）施工机械本身的价格。从机械台班折旧费计算公式可以看出，施工机械本身价格的高低直接影响到折旧费用，它们之间成正比关系，进而直接影响施工机械台班单价。

（4）施工机械的使用效率、企业管理水平和市场供需变化。施工企业的管理水平高低，将直接体现在施工机械的使用效率、机械完好率和日常维护水平上，它将对施工机械台班单价产生直接影响，而机械市场供需变化也会使机械台班单价提高或降低。

 项目小结

企业计价定额是施工企业确定生产建筑产品价格的依据，也是施工企业确定生产建设工程某一计量单位的分部分项工程或结构构件的人工、材料和机械台班消耗量的标准，反映企业的平均先进水平。本项目主要介绍人工单价、材料价格、施工机械台班单价的组成和确定方法。

 思考与练习

一、填空题

1. _____是指一个建筑工人一个工作日在预算中应计入的全部人工费用。

2. _____是指材料（包括构件、成品或半成品）从其来源地（或交货地点）到达施工现场工地仓库后出库的综合平均价格。

3. 材料价格按适用范围划分，有_____和_____。

4. 材料原价在确定时，凡同一种材料因来源地、交货地、供货单位、生产厂家不同，而有几种价格（原价）时，根据不同来源地供货数量比例，采取_____的方法确定其综合原价。

5. 材料运杂费一般按_____和_____两种计算。

6. _____即指材料在运输装卸过程中不可避免的损耗的费用。

7. 采购及保管费一般按照材料到库价格以_____取定。

二、选择题（有一个或多个答案）

1. 材料价格一般由（ ）组成。

　A. 材料原价　　　　B. 材料运杂费　　　C. 运输损耗费　　　D. 采购及保管费

　E. 材料成分

2. 国产施工机械原值应按（ ）方法取定。

　A. 对于施工企业购入机械设备的成交价格，各地区、部门可结合本地区、部门实际情况综合取定施工机械原值

　B. 对于施工机械展销会采集的参考价格或从施工机械生产厂、经销商采集的销售价格，各地区、部门可结合本地区、部门的实际情况测算价格调整系数取定施工机械原值

　C. 对于类别、名称、规格相同而生产厂家不同的施工机械，各地区、部门可根据施工企业实际购进情况，综合取定施工机械原值

　D. 国产施工机械原值应按不含标准配置以外的附件及备用零配件的价格取定

　E. 进口施工机械原值应按不含标准配置以外的附件及备用零配件的价格取定

3. 采购及保管费费率一般为（ ）%左右，各地区可根据实际情况来确定。

　A. 1.5　　　　　　B. 2.5　　　　　　C. 3.5　　　　　　D. 4.5

三、简答题

1. 人工单价的组成包括哪些内容？

2. 影响建筑安装工人人工单价的因素有哪几个方面？

3. 影响材料价格的因素有哪些？

4. 施工机械台班单价由哪些费用组成？

5. 影响机械台班单价的因素有哪些？

项目五　预算定额

◎ 知识目标

1. 了解预算定额的概念、作用、分类；熟悉预算定额与施工定额的区别、预算定额编制的原则、依据；掌握预算定额的编制步骤、编制方法。

2. 熟悉预算定额的组成；掌握预算定额的应用方法。

3. 了解工程单价的概念、作用，地区统一工程单价的概念，单位估价表的概念；熟悉单位估价表的分类、作用；掌握地区统一工程单价的编制方法、单位估价表的编制。

◎ 能力目标

1. 能够进行预算定额的编制。

2. 能够进行人工、材料、机械台班消耗量的确定。

3. 能够进行单位估价表的编制。

4. 具备预算定额应用能力。

◎ 素质目标

学习科学的工作方法，要有思想性、建设性、整体性。

◎ 项目导读

预算定额是由国家主管部门或其授权机关组织编制、审批并颁发执行的。在现阶段，预算定额是一种法令性指标，是对基本建设实行宏观调控和有效监督的重要工具。各地区、各基本建设部门都必须严格执行，只有这样，才能保证全国的工程有统一的核算尺度，使国家对各地区、各部门工程设计、经济效果与施工管理水平可以进行统一的比较与核算。

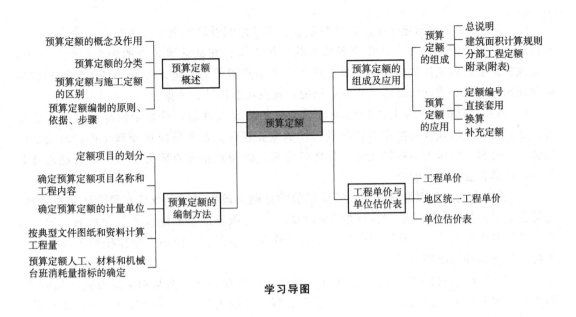

学习导图

任务一 预算定额概述

任务重点

预算定额的作用、分类，编制的依据、步骤。

一、预算定额的概念及作用

1. 预算定额的概念

预算定额是规定消耗在合格质量的单位工程基本构造要素上的人工、材料和机械台班的数量标准，是计算建筑安装产品价格的基础。

预算定额是工程建设中的一项重要的技术经济文件，它的各项指标反映了在完成规定计量单位并符合设计标准和施工质量验收规范要求的分项工程所消耗的劳动和物化劳动的数量限度。这种限度最终决定着单项工程和单位工程的成本和造价。

2. 预算定额的作用

(1)编制施工图预算，确定工程造价的基本依据。预算定额是确定一定计量单位工程分项人工、材料、机械消耗量的依据，也是计算分项工程单价的基础。预算定额起着控制劳动消耗、材料消耗和机械台班使用的作用，还起着控制建筑产品价格水平的作用。

(2)预算定额是对设计方案进行技术经济比较和分析的依据。设计方案的选择要满足功能、符合设计规范，既要技术先进，又要经济合理。根据预算定额对方案进行技术经济分析和比较，判断不同方案对工程造价的影响；同时，预算定额是对新结构、新材料进行技术经济分析和推广应用的依据。

（3）预算定额是编制施工组织设计的依据。施工组织设计的重要任务之一是确定施工中所需人力、物力的供求量，并作出最佳安排。施工单位在缺乏本企业的企业定额情况下，根据预算定额，也能比较精确地计算出施工中各项资源的需要量，为有计划地组织材料采购和预制件加工、劳动力和施工机械的调配，提供可靠的计算依据。

（4）预算定额是施工企业进行经济活动分析的依据。目前，预算定额决定着企业的收入，企业就必须以预算定额作为评价其工作的重要目标。企业可根据预算定额，对施工中的劳动、材料、机械的消耗情况进行具体的分析，以便找出并克服低工效、高消耗的薄弱环节，提高企业的竞争能力。

（5）预算定额是合理编制标底、投标报价的基础。预算定额本身具有科学性和权威性，这就决定了预算定额作为编制标底的依据和施工企业报价的基础性作用是不可避免的。但是在市场经济的条件下，预算定额的指令性作用将日益削弱，而施工单位按照工程个别成本报价的指导性作用仍然存在。

（6）预算定额是编制概算定额的基础。概算定额是在预算定额基础上综合扩大编制的。利用预算定额作为编制依据，不但可以节省编制工作的大量人力、物力和时间，得到事半功倍的效果，还可以使概算定额在水平上与预算定额保持一致，以免使其在执行过程中出现分歧。

二、预算定额的分类

预算定额的分类如图5-1所示。

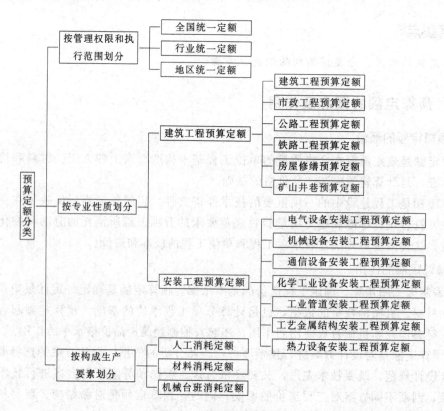

图5-1　预算定额的分类

三、预算定额与施工定额的区别

预算定额和施工定额都是施工企业实行科学管理的工具，二者之间有着密切的关系，但是这两种定额在许多方面是不同的。

1. 两种定额的性质不相同

预算定额不是企业内部使用的定额，它是一种具有广泛用途的计价定额，它的项目以分项工程或结构构件为对象，故项目划分较施工定额粗些。而施工定额是企业内部使用的定额，是施工企业确定工程计划成本及进行成本核算的依据。它的项目以工序为对象，项目划分较细。

2. 两种定额确定的原则不同

预算定额依据社会消耗的平均劳动时间确定其定额水平，它要综合考虑不同企业、不同地区、不同工人之间存在的水平差距，反映大多数地区、企业和工人经过努力而能够达到和超过的水平。因此，预算定额基本上反映了社会平均水平，预算定额中的人工、材料、机械台班消耗量不是简单套用施工定额水平的合计。施工定额是按社会平均先进水平来确定其定额水平，它比预算定额的水平要高出 10％～15％。并且预算定额同施工定额相比包含了更多的施工定额中没有纳入的影响生产消耗的因素。

四、预算定额编制的原则

1. 坚持统一性和差别性相结合的原则

所谓统一性，就是从培育全国统一市场规范计价行为出发，计价定额的制定、规划和组织实施由国务院住房城乡建设主管部门归口，并负责全国统一定额的制定或修订，颁发有关工程造价管理的规章制度办法等。这样就有利于通过定额和工程造价的管理实现建筑安装工程价格的宏观调控。编制全国统一定额，使建筑安装工程具有统一的计价依据，也使考核设计和施工的经济效果具有统一的尺度。

所谓差别性，就是在统一性的基础上，各省、自治区、直辖市主管部门可以在自己的管辖范围内根据本部门和地区的具体情况，制定部门和地区性定额、补充性制度和管理办法，以适应我国幅员辽阔、地区之间部门发展不平衡和差异大的实际情况。

2. 简明准确和适用的原则

由于预算定额与施工定额有着不同的作用，对简明适用的要求也是不相同的，预算定额是在施工定额（或劳动定额）的基础上进行综合和扩大的，它要求有更加简明的特点，以适应简化施工图预算编制工作和简化建筑安装产品价格的计算程序的要求。

为了稳定预算定额的水平，统一考核尺度和简化工程量计算，编制预算定额时，应尽量少留活口，减少定额的换算工作。但是，由于建筑安装工程具有不标准、复杂、变化多的特点，为了符合工程实际，预算定额也应当具备必要的灵活性，对变化较多、影响造价较大的重要因素，应按照设计及施工的要求合理地进行计算。对一些工程内容，应当允许换算。对变化小，影响造价不大的因素，应通过测算综合取定合理数值后应当定死，不允许换算。

3. 坚持由专业人员编审的原则

编制预算定额有很强的政策性和专业性，既要合理地把握定额水平，又要有反映新工艺、新结构和新材料的定额项目，还要推进定额结构的改革。因此，必须改变以往临时抽调人员编制定额的做法，建立专业队伍，长期稳定地积累经验和收集资料，不断补充和修订定额，促进预算定额适应市场经济的要求。

4. 平均水平原则

(1)预算定额作为有计划地确定建筑安装产品计划价格的工具，必须遵循价值规律的客观要求，反映产品生产过程中所消耗的社会必要劳动时间量，即在现有社会正常生产条件下，以及在社会平均劳动熟练程度和劳动强度下确定生产一定使用价值的建筑安装产品所需要的劳动时间。

(2)现有的社会正常生产条件，应是现实的中等生产条件。平均的劳动熟练程度和劳动强度，既非少数先进的水平也非部分落后的水平。这样确定的预算定额水平，一般来说是合理的水平，或者说是平均水平。只有这样，才能更好地调动企业与职工的生产积极性，不断改善经营理念，改进施工方法，提高劳动生产率，降低原材料和施工机械台班消耗量，多快好省地完成建筑安装工程施工任务。

(3)预算定额的水平是以施工定额水平为基础，但预算定额比施工定额综合性大，包含更多的可变因素，需要保留一个合理的水平幅度差。另外，确定两种定额水平的原则是不相同的，预算定额的水平基本上是平均水平，而施工定额的水平是平均先进水平。所以，确定预算定额水平时，要在施工定额水平基础上相对降低一定幅度。一般预算定额低于施工定额水平的10％～15％，以适应多数企业实际可能达到的水平。

(4)为了提高我国建筑安装工业化水平，在确定采用新技术、新结构、新材料的定额项目水平时，除要考虑对提高劳动生产率水平的影响外，也要考虑施工企业因此而支出的劳动消耗。

(5)确定预算定额水平的正常施工条件一般包括以下内容。

1)设备、材料、成品、半成品等完整无损，符合质量标准和设计要求，附有合格证书和试验记录，供应及时，适于安装。

2)安装地点、建筑物、设备基础、预留孔洞等均符合设计和安装要求。

3)安装工程与土建工程交叉作业正常，不影响安装施工。

4)水电供应均可满足安装施工的正常使用。

5)地理条件和施工环境正常，不影响安装施工和人体健康。

五、预算定额编制的依据

(1)具有代表性的典型工程施工图及有关标准图。对这些图纸进行仔细分析研究，并计算出工程数量，作为编制定额时选择施工方法、确定定额含量的依据。

(2)现行人工定额和施工定额。预算定额是在现行人工定额和施工定额的基础上编制的。预算定额中人工、材料、机械台班消耗水平，需要根据人工定额或施工定额取定；预算定额计量单位的选择，也要以施工定额为参考，从而保证两者的协调和具有可比性，从而减轻预算定额的编制工作量，缩短编制时间。

（3）现行的预算定额、材料预算价格及有关文件规定等。其中包括过去定额编制过程中积累的基础资料，也是编制预算定额的依据和参考。

（4）新技术、新结构、新材料和先进的施工方法等。这类资料是调整定额水平和增加新的定额项目所必需的依据。

（5）现行设计规范、施工验收规范和安全操作规程。预算定额在确定人工、材料和机械台班消耗数量时，必须考虑上述各项法规的要求和影响。

（6）有关科学试验、技术测定和统计、经验资料。这类资料也是确定定额水平的重要依据。

六、预算定额编制的步骤

(一)准备阶段

准备阶段的主要工作内容是根据收集到的有关资料和国家政策性文件，拟订编制方案，然后对编制过程中一些重大原则问题做出统一规定，包括以下内容：

（1）定额项目和步距的划分要适当，分得过细不但增加定额编制工作量，而且给以后编制预算工作带来麻烦，分得过粗则会使单位造价差异过大。

（2）确定统一计量单位。定额项目的计量单位应能反映该分项工程的最终实物量，同时，要注意计算方法上的简便，定额只能按大多数施工企业普遍采用的一种施工方法作为计算人工、材料、施工机械定额的基础。

（3）确定机械化施工和工厂预制的程度。施工的机械化和工厂化是建筑安装工程技术提高的标志，同样也是工程质量不断提高的保证。因此，必须按照现行的规范要求，选用先进的机械和扩大工厂预制程度，同时，也要兼顾大多数企业现有的技术装备水平。

（4）确定设备和材料在现场内的水平运输距离与垂直运输高度，作为计算运输用人工和机具的基础。

（5）确定主要材料损耗率。对影响造价大的辅助材料，如电焊条，也编制安装工程中焊条的消耗定额，作为各册安装定额计算焊条消耗量的基础定额。对各种材料的名称要统一命名，对规格多的材料要确定各种规格所占比例，编制出规格综合价为计价提供方便，对于主要材料，要编制损耗率表。

（6）确定工程量计算规则，统一计算口径。

（7）其他需要确定的内容，如定额表形式、计算表达式、数字精确度、各种幅度差等。

(二)编制预算定额初稿，测算预算定额水平

1. 编制预算定额初稿

在这个阶段，应根据确定的定额项目和基础资料进行反复分析和测算，编制定额项目劳动力计算表、材料及机械台班计算表，并附注有关计算说明，然后汇总编制预算定额项目表，即预算定额初稿。

2. 预算定额水平测算

新定额编制成稿必须与原定额进行对比测算，分析水平升降原因。一般新编定额的水平应该不低于历史上已经达到过的水平，并较之略有提高。在定额水平测算前，必须编出同一工人工资、材料价格、机械台班费的新旧两套定额的工程单价。

定额水平的测算方法一般有以下两种。

(1)单项定额水平测算。单项定额水平测算就是选择对工程造价影响较大的主要分项工程或结构构件的人工、材料耗用量和机械台班使用量进行对比测算，分析提高或降低的原因，及时进行修订，以保证定额水平的合理性。其方法之一，是与现行定额对比测算；其方法之二，是与实际水平对比测算。

1)新编定额和现行定额直接对比测算。以新编定额与现行定额相同项目的人工、材料耗用量和机械台班的使用量直接分析对比，这种方法比较简单，但应注意新编和现行定额口径是否一致，并对影响可比的因素予以剔除。

2)新编定额和实际水平对比测算。把新编定额拿到施工现场与实际工料消耗水平对比测算，征求有关人员意见，分析定额水平是否符合正常情况下的施工。采用这种方法，应注意实际消耗水平的合理性，对因施工管理不善而造成的工、料、机的浪费应予以剔除。

(2)定额总水平测算。定额总水平测算是指测算因定额水平的提高或降低对工程造价的影响。测算方法是选择具有代表性的单位工程，按新编和现行定额的人工、材料耗用量和机械台班使用量，用相同的工资单价、材料预算价格、机械台班单价分别编制两份工程预算，进行对比分析，测算出定额水平提高或降低比率，并分析其原因。采用这种测算方法，一是要正确选择常用的、有代表性的工程；二是要根据国家统计资料和基本建设计划，正确确定各类工程的比例，作为测算依据。定额总水平测算，工作量大，计算复杂，但因综合因素多，能够全面反映定额的水平。所以，在定额编出后，应进行定额总水平测算，以考核定额水平和编制质量。测算定额总水平后，还要根据测算情况，分析定额水平的升降原因。影响定额水平的因素很多，主要应分析其对定额的影响，施工规范变更的影响，修改现行定额误差的影响，改变施工方法的影响，调整材料损耗率的影响，材料规格变化的影响，调整劳动定额水平的影响，机械台班使用量和台班费变化的影响，其他材料费变化的影响，调整人工工资标准、材料价格的影响，其他因素的影响等，并测算出各种因素影响的比率，分析其是否正确、合理。

同时，还要进行施工现场水平比较，即将上述测算水平进行分析比较，具体内容有：规范变更的影响；施工方法改变的影响；材料损耗率调整的影响；材料规格对造价的影响；其他材料费变化的影响；人工定额水平变化的影响；机械台班定额和台班预算价格变化的影响；定额项目变更对工程量计算产生的影响等。

(三)修改定稿、整理资料阶段

(1)印发征求意见。定额编制初稿完成后，需要征求各有关方面意见和组织讨论并反馈意见。在统一意见的基础上整理分类，制订修改方案。

(2)修改整理报批。按修改方案的决定，将初稿按照定额的顺序进行修改，并经审核无误后形成报批稿，经批准后交付印刷。

(3)撰写编制说明。为顺利地贯彻执行定额，需要撰写新定额编制说明。其内容包括项目、子目数量；人工、材料、机械的内容范围；资料的依据和综合取定情况；定额中允许换算和不允许换算规定的计算资料；人工、材料、机械单价的计算和资料；施工方法、工艺的选择及材料运距的考虑；各种材料损耗率的取定资料；调整系数的使用；其他应该说明的事项与计算数据、资料。

(4)立档、成卷。定额编制资料是贯彻执行定额中需查对资料的唯一依据，也为修编定额提供历史资料数据，应作为技术档案永久保存。

任务二　预算定额的编制方法

◎ 任务重点

人工、材料、机械台班消耗量指标的确定。

一、定额项目的划分

建筑产品因结构复杂，形体庞大，所以，就整个产品来计价是不可能的。但可根据不同部位、不同消耗或不同构件，将庞大的建筑产品分解成各种不同的较为简单适当的计量单位(称为分部分项工程)，作为计算工程量的基本构造要素，在此基础上编制预算定额项目。定额项目划分时要求如下。

(1)便于确定单位估价表。

(2)便于编制施工图预算。

(3)便于进行计划、统计和成本核算工作。

二、确定预算定额项目名称和工程内容

预算定额项目名称是指一定计量单位的分项工程或结构构件及其所含子目的名称。定额项目和工程内容，一般是按施工工艺结合项目的规格、型号、材质等特征要求进行设置的；同时，应尽可能反映科学技术的新发展，如采用新材料、新工艺等，使其能反映建筑业的实际水平和具有广泛的代表性。

三、确定预算定额的计量单位

预算定额与施工定额计量单位往往不同。施工定额的计量单位一般按工序或施工过程确定；而预算定额的计量单位主要是根据分部分项工程和结构构件的形体特征及其变化确定。由于工作内容综合，预算定额的计量单位也具有综合的性质。工程量计算规则的规定应明确反映定额项目所包含的工作内容。

预算定额的计量单位关系到预算工作的繁简和准确性。因此，要正确地确定各分部分项工程的计量单位，一般计量单位根据以下建筑结构构件形状的特点确定。

(1)凡物体的截面有一定的形状和大小，但有不同长度时(如管道、电缆、导线等分项工程)，应当以延长米为计量单位。

(2)当物体有一定的厚度，而面积不固定时(如通风管、油漆、防腐等分项工程)，应当以 m² 作为计量单位。

(3)如果物体的长、宽、高都变化不固定时(如土方、保温等分项工程)，应当以 m³ 为

计量单位。

（4）有的分项工程虽然体积、面积相同，但质量和价格差异很大，或者是不规则或难以度量的实体（如金属结构、非标准设备制作等分项工程），应当以质量作为计量单位。

（5）凡物体无一定规格，而其构造又较复杂时（如阀门、机械设备、灯具、仪表等分项工程），常采用自然单位，如个、台、套、件等作为计量单位。

（6）定额项目中工料计量单位及小数位数的取定。

1）计量单位：按法定计量单位取定。

①长度：mm、cm、m、km。

②面积：mm^2、cm^2、m^2。

③体积和容积：cm^3、m^3。

④质量：kg、t。

2）数值单位与小数位数的取定。

①人工：以"工日"为单位，取两位小数。

②主要材料及半成品：木材以"m^3"为单位，取三位小数；钢板、型钢以"t"为单位，取三位小数；管材以"m"为单位，取两位小数；通风管用薄钢板以"m^2"为单位；导线、电缆以"m"为单位；水泥以"kg"为单位；砂浆、混凝土以"m^3"为单位等。

③单价以"元"为单位，取两位小数。

④其他材料费以"元"表示，取两位小数。

⑤施工机械以"台班"为单位，取两位小数。

应用提示 定额单位确定之后，往往会出现人工、材料或机械台班量很小，即小数点后好几位。为了减少小数点后的位数和提高预算定额的准确性，采取扩大单位的办法，把 1 m、1 m^2、1 m^3 扩大 10 倍、100 倍、1 000 倍。这样，相应的消耗量便也增加了倍数，取一定小数位四舍五入后，可达到相对的准确性。

四、按典型文件图纸和资料计算工程量

计算工程量的目的是通过计算出典型设计图纸或资料所包括的施工过程的工程量，使之在编制建筑工程预算定额时，有可能利用施工定额的人工、机械和材料消耗量指标来确定预算定额的消耗量。

五、预算定额人工、材料和机械台班消耗量指标的确定

1. 人工消耗量指标的确定

预算定额的人工消耗量指标是指完成一定计量单位的分项工程或结构构件所必需的各种用工数量。人工的工日数确定有两种基本方法：一种是以施工的劳动定额为基础来确定；另一种是采用现场实测数据为依据来确定。

（1）以劳动定额为基础的人工工日消耗量的确定。以劳动定额为基础的人工工日消耗量的确定包括基本用工和其他用工。

1）基本用工。基本用工是指完成一定计量单位的分项工程或结构构件所必须消耗的技术工种用工。这部分工日数按综合取定的工程量和相应劳动定额进行计算。

$$基本用工消耗量 = \sum (各工序工程量 \times 相应的劳动定额)$$

2)其他用工。其他用工是指劳动定额中没有包括而在预算定额内又必须考虑的工时消耗。其内容包括辅助用工、超运距用工和人工幅度差。

①辅助用工。辅助用工是指劳动定额中基本用工以外的材料加工等所用的用工。例如，机械土方工程配合用工、材料加工中过筛砂、冲洗石子、化淋灰膏等。其计算公式如下：

$$辅助用工 = \sum (材料加工数量 \times 相应的劳动定额)$$

②超运距用工。超运距用工是指编制预算定额时，材料、半成品、成品等运距超过劳动定额所规定的运距，而需要增加的工日数量。其计算公式如下：

$$超运距 = 预算定额取定的运距 - 劳动定额已包括的运距$$

$$超运距用工消耗量 = \sum (超运距材料数量 \times 相应的劳动定额)$$

③人工幅度差。人工幅度差是指预算定额对在劳动定额规定的用工范围内没有包括，而在一般正常情况下又不可避免的一些零星用工，常以百分率计算。一般在确定预算定额用工量时，在基本用工、超运距用工、辅助工作用工之和的 10%～15% 范围内取定。其计算公式如下：

人工幅度差(工日)＝(基本用工＋超运距用工＋辅助工作用工)×人工幅度差百分率

影响人工幅度差的主要因素如下。

a. 在正常施工情况下，土建或安装各工种工程之间的工序搭接及土建与安装工程之间的交叉配合所需停歇的时间。

b. 现场内施工机械的临时维修、小修，在单位工程之间移动位置及临时水电线路在施工过程中移动所发生不可避免的工人操作间歇时间。

c. 因工程质量检查及隐蔽工程验收而影响工人的操作时间。

d. 现场内单位工程之间操作地点转移而影响工人的操作时间。

e. 施工过程中，交叉作业造成难以避免的产品损坏修补所需要的用工。

f. 难以预计的细小工序和少量零星用工。

应用提示 在组织编制或修订预算定额时，如果劳动定额的水平已经不能适应编修期生产技术和劳动效率情况，而又来不及修订劳动定额时，可以根据编修期的生产技术与施工管理水平及劳动效率的实际情况，确定一个统一的调整系数，供计算人工消耗指标使用。

(2)以现场测定资料为基础计算人工消耗量的确定。这种方法是采用前面章节讲述的计时观察法中的测时法、写实记录法、工作日写实法等测试方法测定工时消耗数值，再加一定人工幅度差来计算预算定额的人工消耗量。其仅适用于劳动定额缺项的预算定额项目编制。

2. **材料消耗量指标的确定**

材料消耗量指标是指完成一定计量单位的分项工程或结构构件所必须消耗的原材料、半成品或成品的数量。材料消耗费按用途划分可为以下四种。

(1)主要材料。主要材料是指直接构成工程实体的材料，其中也包括半成品、成品等。

(2)辅助材料。辅助材料是指构成工程实体中除主要材料外的其他材料，如钢钉、钢丝等。

（3）周转材料。周转材料是指多次使用但不构成工程实体的摊销材料，如脚手架、模板等。

（4）其他材料。其他材料是指用量较少、难以计量的零星材料，如棉纱等。

材料消耗量指标划分如图 5-2 所示。

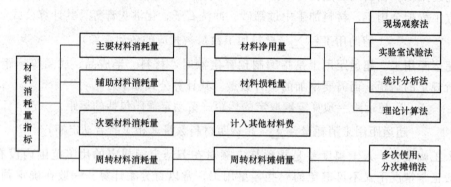

图 5-2 材料消耗量指标划分

预算定额的材料消耗指标一般由材料净用量和损耗量构成。其计算公式如下：

$$材料消耗量＝材料净用量＋材料损耗量$$

或

$$材料消耗量＝材料净用量×（1＋损耗率）$$

式中

$$损耗率＝\frac{损耗量}{净用量}×100\%$$

材料净用量、损耗量及周转材料的摊销量具体确定方法已在项目二中作详细介绍，在此不再重述。在这里需指出的是在计算钢筋混凝土现浇构件木模板摊销量时，应考虑模板回收折价率。即摊销量计算公式如下：

$$木模板摊销量＝周转使用量周转回收量×回收折价率$$

$$＝一次使用量×\left[\frac{1＋（周转次数－1）×补损率}{周转次数}\right]－$$

$$\frac{一次使用量×（1－补损率）×回收折旧率}{周转次数}$$

3. 机械台班消耗量指标的确定

机械台班消耗量指标的确定是指完成一定计量单位的分项工程或结构构件所必需的各种机械台班的消耗数量。机械台班消耗量的确定一般有两种基本方法：一种是以施工定额的机械台班消耗定额为基础来确定；另一种是以现场实测数据为依据来确定。

（1）以施工定额为基础的机械台班消耗量的确定。这种方法以施工定额中的机械台班消耗用量加机械幅度差来计算预算定额的机械台班消耗量。其计算公式如下：

$$预算定额机械台班消耗量＝施工定额中机械台班用量＋机械幅度差$$

$$＝施工定额中机械台班用量×（1＋机械幅度差系数）$$

机械幅度差是指施工定额中没有包含，但实际施工中又必须发生的机械台班用量。其主要考虑以下内容。

1）施工中机械转移工作面及配套机械相互影响损失的时间。

2）在正常施工条件下机械施工中不可避免的工作间歇时间。

3）检查工程质量影响机械操作的时间。

4）临时水电线路在施工过程中移动所发生的不可避免的机械操作间歇时间。

5）冬期施工发动机械的时间。

6）不同厂牌机械的工效差别，临时维修、小修、停水、停电等引起的机械停歇时间。

7）工程收尾和工作量不饱满所损失的时间。

大型机械的幅度差系数规定详见表5-1。

表5-1　大型机械幅度系数规定

序号	机械名称	系数	序号	机械名称	系数
1	土石方机械	25%	4	钢筋加工机械	10%
2	吊装机械	30%	5	木作、小磨石、打夯机械	10%
3	打桩机械	33%	6	塔式起重机、卷扬机、砂浆、混凝土搅拌机	0

（2）以现场实测数据为基础的机械台班消耗量的确定。

如果遇施工定额缺项的项目，在编制预算定额的机械台班消耗量时，则应通过对机械现场实地观测得到机械台班数量，在此基础上加上适当的机械幅度差来确定机械台班消耗量。

任务三　预算定额的组成及应用

◉ **任务重点**

预算定额的直接套用、换算。

一、预算定额的组成

建筑安装工程预算定额的内容，一般由总说明、建筑面积计算规则、分部工程定额和有关的附录（附表）组成。

1. 总说明

总说明是综合说明定额的编制原则、指导思想、编制依据、适用范围及使用注意事项等，也说明了编制定额时已经考虑和没有考虑的因素与有关规定及使用方法。因此，在使用定额前应先阅读这部分内容。

2. 建筑面积计算规则

建筑面积是分析建筑安装工程技术经济指标的重要依据，根据建筑面积计算规则计算每一单位建筑面积的工程量、造价、用工和用料等，可与同类结构性质的工程相互比较其经济效果。在计算工程量时，可以利用其他已完工程每一单位建筑面积的工程量进行对比，如相差悬殊，可检查计算过程是否有误。

3. 分部工程定额

每一分部工程均列有分部说明、工程量计算规则、定额节及定额表。

(1)分部说明。分部说明是对本分部编制内容、使用方法和共同性问题所作的说明与规定，它是预算定额的重要组成部分。

(2)工程量计算规则。工程量计算规则是对本部分中各分项工程工程量的计算方法所做的规定，它是编制预算时计算分项工程工程量的重要依据。

(3)定额节。定额节是分部工程中技术因素相同的分项工程的集合。

(4)定额表。定额表是定额最基本的表现形式，每一定额均列有项目名称、定额编号、计量单位、工作内容、定额消耗量、基价和附注等。

4. 附录、附件或附表

预算定额的最后一个组成部分就是附录、附件或附表，有建筑机械台班费用定额表、各种混合材料的配合比表等。

现以混凝土与钢筋混凝土工程定额分部说明为例，介绍定额的具体组成内容。

现根据中华人民共和国住房和城乡建设部建标〔2015〕34 号，摘录《房屋建筑与装饰工程消耗量定额》(TY01—31—2015)部分内容如下。

总说明

一、《房屋建筑与装饰工程消耗量定额》(以下简称"本定额")，包括土石方工程，地基处理及边坡支护工程，桩基工程，砌筑工程，混凝土及钢筋混凝土工程，金属结构工程，木结构工程，门窗工程，屋面及防水工程，保温、隔热、防腐工程，楼地面装饰工程，墙、柱面装饰与隔断、幕墙工程，天棚工程，油漆、涂料、裱糊工程，其他装饰工程，拆除工程，措施项目共十七章。

二、本定额是完成规定计量单位分部分项工程、措施项目所需的人工、材料、施工机械台班的消耗量标准，是各地区、部门工程造价管理机构编制建设工程定额确定消耗量、编制国有投资工程投资估算、设计概算、最高投标限价(标底)的依据。

三、本定额适用于工业与民用建筑的新建、扩建和改建房屋建筑与装饰工程。涉及室外地(路)面、室外给水排水等工程的项目，按《市政工程消耗量定额》(ZYA1—31—2015)的相应项目执行。

四、本定额以国家和有关部门发布的国家现行设计规范、施工验收规范、技术操作规程、质量评定标准、产品标准和安全操作规程，现行工程量清单计价规范、计算规范和有关定额为依据编制。并参考了有关地区和行业标准、定额，以及典型工程设计、施工和其他资料。

五、本定额按正常施工条件，国内大多数施工企业采用的施工方法、机械化程度和合理的劳动组织及工期进行编制。

1. 材料、设备、成品、半成品、构配件完整无损，符合质量标准和设计要求，附有合格证书和试验记录。

2. 土建工程和安装工程之间的交叉作业正常。

3. 正常的气候、地理条件和施工环境。

六、本定额未包括的项目，可按其他相应工程消耗量定额计算，如仍缺项的，应编制补充定额，并按有关规定报住建部备案。

七、关于人工：

1. 本定额的人工以合计工日表示，并分别列出普工、一般技工和高级技工的工日消耗量。

2. 本定额的人工包括基本用工、超运距用工、辅助用工和人工幅度差。

3. 本定额的人工每工日按 8 小时工作制计算。

4. 机械土、石方，桩基础，构件运输及安装等工程，人工随机械产量计算的，人工幅度差按机械幅度差计算。

八、关于材料：

1. 本定额采用的材料（包括构配件、零件、半成品、成品）均为符合国家质量标准和相应设计要求的合格产品。

2. 本定额中的材料包括施工中消耗的主要材料、辅助材料、周转材料和其他材料。

3. 本定额中材料消耗量包括净用量和损耗量。损耗量包括从工地仓库、现场集中堆放地点（或现场加工地点）至操作（或安装）地点的施工场内运输损耗、施工操作损耗、施工现场堆放损耗等，规范（设计文件）规定的预留量、搭接量不在损耗中考虑。

4. 本定额中除特殊说明外，大理石和花岗石均按工程半成品石材考虑，消耗量中仅包括了场内运输、施工及零星切割的损耗。

5. 混凝土、砌筑砂浆、抹灰砂浆及各种胶泥等均按半成品消耗量以体积"m³"表示，其配合比由各地区、部门按现行规范及当地材料质量情况进行编制。

6. 本定额中所使用的砂浆均按干混预拌砂浆编制，若实际使用现拌砂浆或湿拌预拌砂浆时，按以下方法调整：

(1)使用现拌砂浆的，除将定额中的干混预拌砂浆调换为现拌砂浆外，砌筑定额按每立方米砂浆增加：一般技工 0.382 工日、200 L 灰浆搅拌机 1.67 台班；同时，扣除原定额中干混砂浆罐式搅拌机台班；其余定额按每立方米砂浆增加人工 0.382；同时，将原定额中干混砂浆罐式搅拌机调换为 200 L 灰浆搅拌机，台班含量不变。

(2)使用湿拌预拌砂浆的，除将定额中的干混预拌砂浆调换为湿拌预拌砂浆外，另按相应定额中每立方米砂浆扣除人工 0.20 工日，并扣除干混砂浆罐式搅拌机台班数量。

7. 本定额中木材不分板材与方材，均以××（指硬木、杉木或松木）板方材取定。木种分类如下：

第一、二类：红松、水桐木、樟木松、白松（云杉、冷杉）、杉木、杨木、柳木、椴木。

第三、四类：青松、黄花松、秋子木、马尾松、东北榆木、柏木、苦楝木、梓木、黄菠萝、椿木、楠木、柚木、樟木、栎木（柞木）、檀木、色木、槐木、荔木、麻栗木（麻栎、青刚）、桦木、荷木、水曲柳、华北榆木、榉木、橡木、枫木、核桃木、樱桃木。

本定额装饰项目中以木质饰面板、装饰线条表示的，其材质包括榉木、橡木、柚木、枫木、核桃木、樱桃木、檀木、色木、水曲柳等；部分列有榉木或橡木、枫木等的项目，如设计使用的材质与定额取定的不符者，可以换算。

8. 本定额所采用的材料、半成品、成品品种、规格型号与设计不符时，可按各章规定调整。

9. 本定额中的周转性材料按不同施工方法、不同类别、材质，计算出一次摊销量进入消耗量定额。一次使用量和摊销次数见附录。

10. 对于用量少、低值易耗的零星材料，列为其他材料。

11. 现浇混凝土工程的承重支模架、钢结构或空间网架结构安装使用的满堂承重架以及其他施工用承重架，满足下列条件之一的应另行计算相应费用，不再执行相应增加层定额：

(1) 搭设高度 8 m 及以上；

(2) 搭设跨度 18 m 及以上；

(3) 施工总荷载 15 kN/m² 及以上；

(4) 集中线荷载 20 kN/m 及以上。

九、关于机械：

1. 本定额中的机械按常用机械、合理机械配备和施工企业的机械化装备程度，并结合工程实际综合确定。

2. 本定额的机械台班消耗量按正常机械施工工效并考虑机械幅度差综合确定。

3. 挖掘机械、打桩机械、吊装机械、运输机械(包括推土机、铲运机及构件运输机械等)分别按机械、容量或性能及工作物对象，按单机或主机与配合辅助机械，分别以台班消耗量表示。

4. 凡单位价值 2 000 元以内、使用年限在一年以内的不构成固定资产的施工机械，不列入机械台班消耗量，作为工具用具在建筑安装工程费中的企业管理费考虑，其消耗的燃料动力等已列入材料内。

十、关于水平和垂直运输：

1. 材料、成品、半成品：包括自施工单位现场仓库或现场指定堆放地点运至安装地点的水平和垂直运输。

2. 垂直运输基准面：室内以室内地(楼)平面为基准面，室外以设计室外地坪面为基准面。

十一、本定额按建筑面积计算的综合脚手架、垂直运输等，是按一个整体工程考虑的。如遇结构与装饰分别发包，则应根据工程具体情况确定划分比例。

十二、本定额除注明高度的以外，均按单层建筑物檐高 20 m、多层建筑物 6 层(不含地下室)以内编制，单层建筑物檐高在 20 m 以上、多层建筑物在 6 层(不含地下室)以上的工程，其降效应增加的人工、机械及有关费用，另按本定额中的建筑物超高增加费计算。

十三、本定额中的工作内容已说明了主要的施工工序，次要工序虽未说明，但均已包括在内。

十四、施工与生产同时进行、在有害身体健康的环境中施工时的降效增加费，本定额未考虑，发生时另行计算。

十五、《房屋建筑与装饰工程量计算规范》(GB 50854—2013)中的安全文明施工及其他措施项目，本定额未编入，由各地区、部门自行考虑。

十六、本定额适用海拔 2 000 m 以下的地区，超过上述情况时，由各地区、部门结合高原地区的特殊情况，自行制订调整办法。

十七、本定额中遇有两个或两个以上系数时，按连乘法计算。

十八、本定额注有"××以内"或"××以下"及"小于"者，均包括××本身："××以外"或"××以上"及"大于"者，则不包括××本身。

定额说明中未注明（或省略）尺寸单位的宽度、厚度、断面等，均以"mm"为单位。

十九、凡本说明未尽事宜，详见各章说明和附录。

分章说明（混凝土及钢筋混凝土工程）

一、本章定额包括混凝土、钢筋、模板、混凝土构件运输与安装四节。

二、混凝土

1. 混凝土按预拌混凝土编制，采用现场搅拌时，执行相应的预拌混凝土项目，再执行现场搅拌混凝土调整费项目。现场搅拌混凝土调整费项目中，仅包含了冲洗搅拌机用水量，如需冲洗石子，用水量另行处理。

2. 预拌混凝土是指在混凝土厂集中搅拌、用混凝土罐车运输到施工现场并入模的混凝土（圈过梁及构造柱项目中已综合考虑了因施工条件限制不能直接入模的因素）。

固定泵、泵车项目适用于混凝土送到施工现场未入模的情况，泵车项目仅适用于高度在 15 m 以内，固定泵项目适用所有高度。

3. 混凝土按常用强度等级考虑，设计强度等级不同时可以换算；混凝土各种外加剂统一在配合比中考虑；图纸设计要求增加的外加剂另行计算。

4. 毛石混凝土，按毛石占混凝土体积的 20% 计算，如设计要求不同时，可以换算。

5. 混凝土结构物实体积最小几何尺寸大于 1 m，且按规定需进行温度控制的大体积混凝土，温度控制费用按照经批准的专项施工方案另行计算。

6. 独立桩承台执行独立基础项目，带形桩承台执行带形基础项目，与满堂基础相连的桩承台执行满堂基础项目。

7. 二次灌浆，如灌注材料与设计不同时，可以换算；空心砖内灌注混凝土，执行小型构件项目。

8. 现浇钢筋混凝土柱、墙项目，均综合了每层底部灌注水泥砂浆的消耗量。地下室外墙执行直形墙项目。

9. 钢管柱制作、安装执行本定额"第六章金属结构工程"相应项目；钢管柱浇筑混凝土使用反顶升浇筑法施工时，增加的材料、机械另行计算。

10. 斜梁（板）按坡度＞10°且≤30°综合考虑的。斜梁（板）坡度在 10°以内的执行梁、板项目；坡度在 30°以上、45°以内时人工乘以系数 1.05；坡度在 45°以上、60°以内时人工乘以系数 1.10；坡度在 60°以上时人工乘以系数 1.20。

11. 叠合梁、板分别按梁、板相应项目执行。

12. 压型钢板上浇捣混凝土，执行平板项目，人工乘以系数 1.10。

13. 型钢组合混凝土构件，执行普通混凝土相应构件项目，人工、机械乘以系数 1.20。

14. 挑檐、天沟壁高度≤400 mm，执行挑檐项目；挑檐、天沟壁高度＞400 mm，按全高执行栏板项目；单体体积 0.1 m³ 以内，执行小型构件项目。

15. 阳台不包括阳台栏板及压顶内容。

16. 预制板间补现浇板缝，适用于板缝小于预制板的模数，但需支模才能浇筑的混凝土板缝。

17. 楼梯是按建筑物一个自然层双跑楼梯考虑，如单坡直行楼梯（即一个自然层、无休息平台）按相应项目定额乘以系数1.2；三跑楼梯（即一个自然层、两个休息平台）按相应项目定额乘以系数0.9；四跑楼梯（即一个自然层、三个休息平台）按相应项目定额乘以系数0.75。

当图纸设计板式楼梯梯段底板（不含踏步三角部分）厚度大于150 mm、梁式楼梯梯段底板（不含踏步三角部分）厚度大于80 mm时，混凝土消耗量按实调整，人工按相应比例调整。

弧形楼梯是指一个自然层旋转弧度小于180°的楼梯，螺旋楼梯是指一个自然层旋转弧度大于180°为楼梯。

18. 散水混凝土按厚度60 mm编制，如设计厚度不同时，可以换算；散水包括了混凝土浇筑、表面压实抹光及嵌缝内容，未包括基础夯实、垫层内容。

19. 台阶混凝土含量是按1.22 m³/10 m²综合编制的，如设计含量不同时，可以换算；台阶包括了混凝土浇筑及养护内容，未包括基础夯实、垫层及面层装饰内容，发生时执行其他章节相应项目。

20. 与主体结构不同时浇捣的厨房、卫生间等处墙体下部的现浇混凝土翻边执行圈梁相应项目。

21. 独立现浇门框按构造柱项目执行。

22. 凸出混凝土柱、梁的线条，并入相应柱、梁构件内；凸出混凝土外墙面、阳台梁、栏板外侧≤300 mm的装饰线条，执行扶手、压顶项目；凸出混凝土外墙、梁外侧＞300 mm的板，按伸出外墙的梁、板体积合并计算，执行悬挑板项目。

23. 外形尺寸体积在1 m³以内的独立池槽执行小型构件项目，1 m³以上的独立池槽及与建筑物相连的梁、板、墙结构式水池，分别执行梁、板、墙相应项目。

24. 小型构件是指单件体积0.1 m³以内且本节未列项目的小型构件。

25. 后浇带包括了与原混凝土接缝处的钢丝网用量。

26. 本节仅按预拌混凝土编制了施工现场预制的小型构件项目，其他混凝土预制构件定额均按外购成品考虑。

27. 预制混凝土隔板，执行预制混凝土架空隔热板项目。

28. 有梁板及平板的区分如图5-3所示。

三、钢筋

1. 钢筋工程按钢筋的不同品种和规格以现浇构件、预制构件、预应力构件以及箍筋分别列项，钢筋的品种、规格比例按常规工程设计综合考虑。

2. 除定额规定单独列项计算以外，各类钢筋、铁件的制作成型、绑扎、安装、接头、固定所用人工、材料、机械消耗均已综合在相应项目内；设计另有规定者，按设计要求计算。直径25 mm以上的钢筋连接按机械连接考虑。

3. 钢筋工程中措施钢筋，按设计图纸规定及施工验收规范要求计算，按品种、规格执行相应项目。如采用其他材料时，另行计算。

4. 现浇构件冷拔钢丝按ϕ10以内钢筋制安项目执行。

5. 型钢组合混凝土构件中，型钢骨架执行本定额"第六章金属结构工程"相应项目；钢

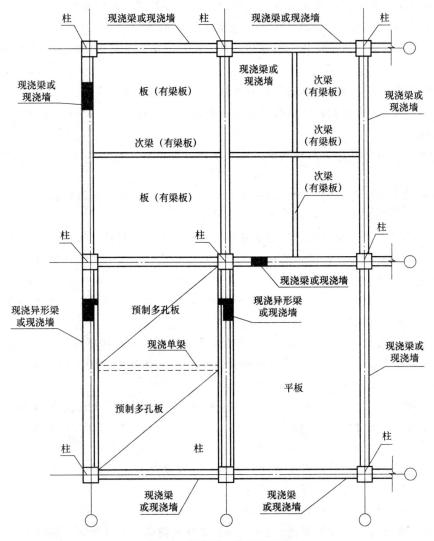

图 5-3 现浇梁、板区分示意

筋执行现浇构件钢筋相应项目,人工乘以系数 1.50、机械乘以系数 1.15。

6. 弧形构件钢筋执行钢筋相应项目,人工乘以系数 1.05。

7. 混凝土空心楼板(ADS 空心板)中钢筋网片,执行现浇构件钢筋相应项目,人工乘以系数 1.30、机械乘以系数 1.15。

8. 预应力混凝土构件中的非预应力钢筋按钢筋相应项目执行。

9. 非预应力钢筋未包括冷加工,如设计要求冷加工时,应另行计算。

10. 预应力钢筋如设计要求人工时效处理时,应另行计算。

11. 后张法钢筋的锚固是按钢筋帮条焊、U 形插垫编制的,如采用其他方法锚固时,应另行计算。

12. 预应力钢丝束、钢绞线综合考虑了一端、两端张拉;锚具按单锚、群锚分别列项,单锚按单孔锚具列入,群锚按三孔列入。预应力钢丝束、钢绞线长度大于 50 m 时,应采用分段张拉;用于地面预制构件时,应扣除项目中张拉平台摊销费。

13. 植筋不包括植入的钢筋制作、化学螺栓，钢筋制作，按钢筋制安相应项目执行，化学螺栓另行计算；使用化学螺栓，应扣除植筋胶的消耗量。

14. 地下连续墙钢筋笼安放，不包括钢筋笼制作，钢筋笼制作按现浇钢筋制安相应项目执行。

15. 固定预埋铁件(螺栓)所消耗的材料按实计算，执行相应项目。

16. 现浇混凝土小型构件，执行现浇构件钢筋相应项目，人工、机械乘以系数2。

四、模板

1. 模板分组合钢模板、大钢模板、复合模板、木模板，定额未注明模板类型的，均按木模板考虑。

2. 模板按企业自有编制。组合钢模板包括装箱，且已包括回库维修耗量。

3. 复合模板适用于竹胶、木胶等品种的复合板。

4. 圆弧形带形基础模板执行带形基础相应项目，人工、材料、机械乘以系数1.15。

5. 地下室底板模板执行满堂基础，满堂基础模板已包括集水井模板杯壳。

6. 满堂基础下翻构件的砖胎模，砖胎模中砌体执行本定额"第四章砌筑工程"砖基础相应项目；抹灰执行本定额"第十一章楼地面装饰工程""第十二章墙、柱面装饰与隔断、幕墙工程"抹灰的相应项目。

7. 独立桩承台执行独立基础项目；带形桩承台执行带形基础项目；与满堂基础相连的桩承台执行满堂基础项目。高杯基础的杯口高度大于杯口大边长度3倍以上时，杯口高度部分执行柱项目，杯形基础执行柱项目。

8. 现浇混凝土柱(不含构造柱)、墙、梁(不含圈、过梁)、板是按高度(板面或地面、垫层面至上层板面的高度)3.6 m综合考虑的。如遇斜板面结构时，柱分别按各柱的中心高度为准；墙按分段墙的平均高度为准；框架梁按每跨两端的支座平均高度为准；板(含梁板合计的梁)按高点与低点的平均高度为准。异形柱、梁是指柱、梁的断面形状为L形、十字形、T形、⌐形的柱、梁。

9. 柱模板如遇弧形和异形组合时，执行圆柱项目。

10. 短肢剪力墙是指截面厚度≤300 mm，各肢截面高度与厚度之比的最大值>4但≤8的剪力墙；各肢截面高度与厚度之比的最大值≤4的剪力墙执行柱项目。

11. 外墙设计采用一次摊销止水螺杆方式支模时，将对拉螺栓材料换为止水螺杆，其消耗量按对拉螺栓数量乘以系数12，取消塑料套管消耗量，其余不变。墙面模板未考虑定位支撑因素。

柱、梁面对螺栓堵眼增加费，执行墙面螺栓堵眼增加费项目，柱面螺栓堵眼人工、机械乘以系数0.3，梁面螺栓堵眼人工、机械乘以系数0.35。

工程量计算规则

一、混凝土

1. 现浇混凝土

(1)混凝土工程量除另有规定者外，均按设计图示尺寸以体积计算。不扣除构件内钢筋、预埋铁件及墙、板中0.3 m² 以内的孔洞所占体积。型钢混凝土中型钢骨架所占体积按(密度)7 850 kg/m³ 扣除。

(2)基础。按设计图示尺寸以体积计算，不扣除伸入承台基础的桩头所占体积。

1)带形基础：不分有肋式与无肋式均按带形基础项目计算，有肋式带形基础，肋(指基础扩大顶面至梁顶面的高)≤1.2 m时，合并计算；>1.2 m时，扩大顶面以下的基础部分，按无肋带形基础项目计算，扩大顶面以上部分，按墙项目计算。

2)箱式基础分别按基础、柱、墙、梁、板等有关规定计算。

3)设备基础：设备基础除块体(块体设备基础是指没有空间的实心混凝土形状)外，其他类型设备基础分别按基础、柱、墙、梁、板等有关规定计算。

(3)柱。按设计图示尺寸以体积计算。

1)有梁板的柱高，应自柱基上表面(或楼板上表面)至上一层楼板上表面之间的高度计算。

2)无梁板的柱高，应自柱基上表面(或楼板上表面)至柱帽下表面之间的高度计算。

3)框架柱的柱高，应自柱基上表面至柱顶面高度计算。

4)构造柱按全高计算，嵌接墙体部分(马牙槎)并入柱身体积。

5)依附柱上的牛腿，并入柱身体积内计算。

6)钢管混凝土柱以钢管高度按照钢管内径计算混凝土体积。

(4)墙：按设计图示尺寸以体积计算，扣除门窗洞口及0.3 m²以外孔洞所占体积，墙垛及凸出部分并入墙体积内计算。直形墙中门窗洞口上的梁并入墙体积；短肢剪力墙结构砌体内门窗洞口上的梁并入梁体积。

墙与柱连接时墙算至柱边；墙与梁连接时墙算至梁底；墙与板连接时板算至墙侧；未凸出墙面的暗梁暗柱并入墙体积。

(5)梁：按设计图示尺寸以体积计算，伸入砖墙内的梁头、梁垫并入梁体积内。

1)梁与柱连接时，梁长算至柱侧面。

2)主梁与次梁连接时，次梁长算至主梁侧面。

(6)板：按设计图示尺寸以体积计算，不扣除单个面积0.3 m²以内的柱、垛及孔洞所占体积。

1)有梁板包括梁与板，按梁、板体积之和计算。

2)无梁板按板和柱帽体积之和计算。

3)各类板伸入砖墙内的板头并入板体积内计算，薄壳板的肋、基梁并入薄壳体积内计算。

4)空心板按设计图示尺寸以体积(扣除空心部分)计算。

(7)栏板、扶手按设计图示尺寸以体积计算，伸入砖墙内的部分并入栏板、扶手体积计算。

(8)挑檐、天沟按设计图示尺寸以墙外部分体积计算。挑檐、天沟板与板(包括屋面板)连接时，以外墙外边线为分界线；与梁(包括圈梁等)连接时，以梁外边线为分界线；外墙外边线以外为挑檐、天沟。

(9)凸阳台(凸出外墙外侧用悬挑梁悬挑的阳台)按阳台项目计算；凹进墙内的阳台，按梁、板分别计算，阳台栏板、压顶分别按栏板、压顶项目计算。

(10)雨篷梁、板工程量合并，按雨篷以体积计算，高度≤400 mm的栏板并入雨篷体积内计算，栏板高度>400 mm时，其超过部分，按栏板计算。

（11）楼梯（包括休息平台，平台梁、斜梁及楼梯的连接梁）按设计图示尺寸以水平投影面积计算，不扣除宽度小于 500 mm 的楼梯井，伸入墙内部分不计算。当整体楼梯与现浇楼板无梯梁连接时，以楼梯的最后一个踏步边缘加 300 mm 为界。

（12）散水、台阶按设计图示尺寸以水平投影面积计算。台阶与平台连接时其投影面积应以最上层踏步外沿加 300 mm 计算。

（13）场馆看台、地沟、混凝土后浇带按设计图示尺寸以体积计算。

（14）二次灌浆、空心砖内灌注混凝土，按照实际灌注混凝土体积计算。

（15）空心楼板筒芯、箱体安装，均按体积计算。

2. 预制混凝土

预制混凝土均按图示尺寸以体积计算，不扣除构件内钢筋、铁件及小于 0.3 m² 以内孔洞所占体积。

3. 预制混凝土构件接头灌缝

预制混凝土构件接头灌缝，均按预制混凝土构件体积计算。

二、钢筋

1. 现浇、预制构件钢筋，按设计图示钢筋长度乘以单位理论质量计算。

2. 钢筋搭接长度应按设计图示及规范要求计算；设计图示及规范要求未标明搭接长度的，不另计算搭接长度。

3. 钢筋的搭接（接头）数量应按设计图示及规范要求计算；设计图示及规范要求未标明的，应按以下规定计算：

（1）ϕ10 以内的长钢筋按每 12 m 计算一个钢筋搭接（接头）。

（2）ϕ10 以上的长钢筋按每 9 m 计算一个搭接（接头）。

4. 先张法预应力钢筋按设计图示钢筋长度乘以单位理论质量计算。

5. 后张法预应力钢筋按设计图示钢筋（绞线、丝束）长度乘以单位理论质量计算。

（1）低合金钢筋两端均采用螺杆锚具时，钢筋长度按孔道长度减 0.35 m 计算，螺杆另行计算。

（2）低合金钢筋一端采用镦头插片，另一端采用螺杆锚具时，钢筋长度按孔道长度计算，螺杆另行计算。

（3）低合金钢筋一端采用镦头插片，另一端采用帮条锚具时，钢筋按增加 0.15 m 计算；两端均采用帮条锚具时，钢筋长度按孔道长度增加 0.3 m 计算。

（4）低合金钢筋采用后张混凝土自锚时，钢筋长度按孔道长度增加 0.35 m 计算。

（5）低合金钢筋（钢绞线）采用 JM、XM、QM 型锚具，孔道长度≤20 m 时，钢筋长度按孔道长度增加 1 m 计算；孔道长度＞20 m 时，钢筋长度按孔道长度增加 1.8 m 计算。

（6）碳素钢丝采用锥形锚具，孔道长度≤20 m 时，钢丝束长度按孔道长度增加 1 m 计算；孔道长度＞20 m 时，钢丝束长度按孔道长度增加 1.8 m 计算。

（7）碳素钢丝采用墩头锚具时，钢丝束长度按孔道长度增加 0.35 m 计算。

6. 预应力钢丝束、钢绞线锚具安装按套数计算。

7. 当设计要求钢筋接头采用机械连接时，按数量计算，不再计算该处的钢筋搭接长度。

8. 植筋按数量计算，植入钢筋按外露和植入部分之和长度乘以单位理论质量计算。

9. 钢筋网片、混凝土灌注桩钢筋笼、地下连续墙钢筋笼按设计图示钢筋长度乘以单位理论质量计算。

10. 混凝土构件预埋铁件、螺栓，按设计图示尺寸以质量计算。

三、模板

1. 现浇混凝土构件模板

(1)现浇混凝土构件模板，除另有规定者外，均按模板与混凝土的接触面积(扣除后浇带所占面积)计算。

(2)基础。

1)有肋式带形基础，肋高(指基础扩大顶面至梁顶面的高)≤1.2 m时，合并计算；肋高>1.2 m时，基础底板模板按无肋带形基础项目计算，扩大顶面以上部分模板按混凝土墙项目计算。

2)独立基础：高度从垫层上表面计算到柱基上表面。

3)满堂基础：无梁式满堂基础有扩大或角锥形柱墩时，并入无梁式满堂基础内计算。

有梁式满堂基础梁高(从板面或板底计算，梁高不含板厚)≤1.2 m时，基础和梁合并计算；>1.2 m时，底板按无梁式满堂基础模板项目计算，梁按混凝土墙模板项目计算。箱式满堂基础应分别按无梁式满堂基础、柱、墙、梁、板的有关规定计算。地下室底板按无梁式满堂基础模板项目计算。

4)设备基础：块体设备基础按不同体积分别计算模板工程量。框架设备基础应分别按基础、柱以及墙的相应项目计算；楼层面上的设备基础并入梁、板项目计算，如在同一设备基础中部分为块体，部分为框架时，应分别计算。框架设备基础的柱模板高度应由底板或柱基的上表面算至板的下表面；梁的长度按净长计算，梁的悬臂部分应并入梁内计算。

5)设备基础地脚螺栓套孔以不同深度以数量计算。

(3)构造柱均应按图示外露部分计算模板面积。带马牙槎构造柱的宽度按马牙槎处的宽度计算。

(4)现浇混凝土墙、板上单孔面积在0.3 m²以内的孔洞，不予扣除，洞侧壁模板也不增加；单孔面积在0.3 m²以外时，应予以扣除，洞侧壁模板面积并入墙、板模板工程量以内计算。

对拉螺栓堵眼增加费按墙面、柱面、梁面模板接触面分别计算工程量。

(5)现浇混凝土框架分别按柱、梁、板有关规定计算，附墙柱凸出墙面部分按柱工程量计算，暗梁、暗柱并入墙内工程量计算。

(6)柱、墙、梁、板、栏板相互连接的重叠部分，均不扣除模板面积。

(7)挑檐、天沟与板(包括屋面板、楼板)连接时，以外墙外边线为分界线；与梁(包括圈梁等)连接时，以梁外边线为分界线；外墙外边线以外或梁外边线以外为挑檐、天沟。

(8)现浇混凝土悬挑板、雨篷、阳台按图示外挑部分尺寸的水平投影面积计算，挑出墙外的悬臂梁及板边不另计算。

(9)现浇混凝土楼梯(包括休息平台、平台梁、斜梁和楼层板的连接的梁)按水平投影面积计算。不扣除宽度小于500 mm楼梯井所占面积，楼梯的踏步、踏步板、平台梁等侧面模板不另行计算，伸入墙内部分也不增加。当整体楼梯与现浇楼板无梯梁连接时，以楼梯的最后一个踏步边缘加 300 mm 为界。

（10）混凝土台阶不包括梯带，按图示台阶尺寸的水平投影面积计算，台阶端头两侧不另计算模板面积；架空式混凝土台阶按现浇楼梯计算；场馆看台按设计图示尺寸，以水平投影面积计算。

（11）凸出的线条模板增加费，以凸出棱线的道数分别按长度计算，两条及多条线条相互之间净距小于 100 mm 的，每两条按一条计算。

（12）后浇带按模板与后浇带的接触面积计算。

2. 预制混凝土构件模板

预制混凝土模板按模板与混凝土的接触面积计算，地模不计算接触面积。

预算定额表格形式

表 5-2～表 5-5 分别是《房屋建筑与装饰工程消耗量定额》(TY 01—31—2015)钢筋混凝土分部工程中的现浇钢筋混凝土模板定额项目表。

表 5-2 现浇钢筋混凝土柱模板定额表

工作内容：模板及支撑制作、安装、拆除、堆放、运输及清理模内杂物、刷隔离剂等。　　　　　　　　100 m²

定额编号			5-219	5-220	5-221	5-222
项目			矩形柱		构造柱	
			组合钢模板	复合模板	组合钢模板	复合模板
			钢支撑			
名称		单位	消耗量			
人工	合计工日	工日	22.780	21.436	16.753	15.436
	其中 普工	工日	6.834	6.430	5.026	4.630
	一般技工	工日	13.668	12.862	10.052	9.262
	高级技工	工日	2.278	2.144	1.675	1.544
材料	组合钢模板	kg	78.090	—	78.090	—
	复合模板	m²	—	24.675	—	24.675
	板枋材	m³	0.066	0.372	0.066	0.386
	钢支撑及配件	kg	45.485	45.484	45.484	45.485
	木支撑	m³	0.182	0.182	0.182	0.182
	零星卡具	kg	6.740		66.740	
	圆钉	kg	1.800	0.982	1.800	0.983
	隔离剂	kg	10.000	10.000	10.000	10.000
	硬塑料管 φ20	m		117.766		
	塑料粘胶带 20 mm×50 m	卷		2.500		2.500
	对拉螺栓	kg		19.013		
机械	木工圆锯机 500 mm	台班	0.055	0.055	0.055	0.055

表 5-3 现浇钢筋混凝土梁模板定额表

工作内容： 模板及支撑制作、安装、拆除、堆放、运输及清理模内杂物、刷隔离剂等。 100 m²

定额编号			5-227	5-228	5-229	5-230
项目			基础梁			
			组合钢模板		复合模板	
			钢支撑	木支撑	钢支撑	木支撑
名称		单位	消耗量			
人工	其中	合计工日	工日	19.280	19.229	17.343	17.343
		普工	工日	5.784	5.769	5.203	5.203
		一般技工	工日	11.568	11.537	10.406	10.406
		高级技工	工日	1.928	1.923	1.734	1.734
名称		单位	消耗量			
材料	组合钢模板	kg	76.670	76.670	—	—
	复合模板	m²	—	—	24.675	24.675
	木支撑	m³	0.281	0.613	0.281	0.613
	板枋材	m³	0.043	0.043	0.447	0.447
	零星卡具	kg	31.820	31.820	—	—
	梁卡具模板用	kg	17.150	—	17.150	—
	圆钉	kg	21.920	39.440	1.224	18.744
	镀锌钢丝 ϕ0.7	kg	0.180	0.180	0.180	0.180
	镀锌钢丝 ϕ4.0	kg	17.220	38.630	—	—
	隔离剂	kg	10.000	10.000	10.000	10.000
	水泥砂浆 1:2	m³	0.012	0.012	0.012	0.012
	硬塑料管 ϕ20	m	—	—	52.930	52.930
	塑料粘胶带 20 mm×50 m	卷	—	—	4.500	4.500
	对拉螺栓	kg	—	—	6.477	6.477
机械	木工圆锯机 500 mm	台班	0.037	0.037	0.037	0.037

表 5-4 现浇钢筋混凝土墙模板定额表

工作内容： 模板及支撑制作、安装、拆除、堆放、运输及清理模内杂物、刷隔离剂等。 100 m²

定额编号			5-243	5-244	5-245	5-246
项目			直形墙		弧形墙	
			组合钢模板	复合模板	木模板	组合钢模板
			钢支撑			
名称		单位	消耗量			
人工	其中	合计工日	工日	19.054	16.886	30.699	24.300
		普工	工日	5.717	5.065	9.209	7.290
		一般技工	工日	11.432	10.132	18.420	14.580
		高级技工	工日	1.905	1.689	3.070	2.430

名称		单位	消耗量			
材料	组合钢模板	kg	71.830	—	—	71.830
	复合模板	m²	—	24.675	—	—
	板枋材	m³	0.029	0.632	1.828	0.029
	钢支撑及配件	kg	24.580	24.580	24.580	24.580
	木支撑	m³	0.016	0.016	0.016	0.016
	零星卡具	kg	44.030	—	—	41.110
	圆钉	kg	0.550	1.609	28.740	0.550
	铁件(综合)	kg	3.540	3.540	3.540	3.540
	隔离剂	kg	10.000	10.000	10.000	10.000
	模板嵌缝料	kg	—	—	10.000	—
	硬塑料管 $\phi20$	m	—	123.034	—	—
	塑料粘胶带 20 mm×50 m	卷	—	4.000	—	—
	对拉螺栓	kg	—	50.184	—	—
机械	木工圆锯机 500 mm	台班	0.009	0.009	0.736	0.009

表 5-5　现浇钢筋混凝土板模板定额表

工作内容：模板及支撑制作、安装、拆除、堆放、运输及清理模内杂物、刷隔离剂等。　　　　　　　　100 m²

定额编号			5-255	5-256	5-257	5-258
项目			有梁板		无梁板	
			组合钢模板	复合模板	组合钢模板	复合模板
			钢支撑			
名称		单位	消耗量			
人工	合计工日	工日	17.190	20.982	12.469	18.010
	其中 普工	工日	5.157	6.295	3.741	5.403
	一般技工	工日	10.314	12.589	7.481	10.806
	高级技工	工日	1.719	2.098	1.247	1.801
材料	组合钢模板	kg	72.050	—	56.710	—
	复合模板	m²	—	24.675	—	24.675
	板枋材	m³	0.066	0.452	0.182	0.452
	钢支撑及配件	kg	58.040	58.040	34.750	34.750
	梁卡具模板用	kg	5.460	—	—	—
	木支撑	m³	0.193	0.193	0.303	0.303
	零星卡具	kg	35.250	—	26.090	—
	圆钉	kg	1.700	1.149	9.100	1.149
	镀锌钢丝 $\phi4.0$	kg	22.140	—	—	—
	隔离剂	kg	10.000	10.000	10.000	10.000
	水泥砂浆 1:2	m³	0.007	0.007	0.003	0.003
	镀锌钢丝 $\phi0.7$	kg	0.180	0.180	0.180	0.180
	塑料粘胶带 20 mm×50 mm	卷	—	4.000	—	4.000
机械	木工圆锯机 500 mm	台班	0.037	0.037	0.230	0.230

二、预算定额的应用

（一）定额编号

在编制预算定额时，对分项工程或结构构件均须填写（或输入）定额编号，其目的是：一方面起到快速查阅定额作用；另一方面也便于预算审核人检查定额项目套用是否正确合理，以起到减少差错、提高管理水平的作用。

为了查阅方便，《房屋建筑与装饰工程消耗量定额》手册目录的项目编排顺序为：

分部工程号，用阿拉伯数字 1、2、3、4……表示。

每一分部中分项工程或结构构件顺序号从小到大按序编制，用阿拉伯数字 1、2、3、4、5、6……表示。

定额编号通常用"二代号"编号法来表示。所谓"二代号"法，即用预算定额中的分部工程序号，子项目序号两个号码，进行项目定额编号。其表达式如下：

例如：砖基础　　　　4-1

短肢剪力墙　　　5-26

铺设叠合沥青瓦9-12

隔声板　　　　　13-116

（二）预算定额的应用

在实际工程预算工作中，预算定额的应用通常分为预算定额的直接套用、预算定额的换算、补充定额三种情况。

1. 预算定额的直接套用

当分项工程的设计要求、项目内容与预算定额项目内容完全相符时，可以直接套用定额。定额套用时，应注意以下几点。

（1）根据施工图纸、设计说明、做法说明、分项工程施工过程的划分来选择合适的定额项目。

（2）要从工程内容、技术特征和施工方法及材料机械规格与型号上仔细核对与定额规定的一致性，才能正确地确定相应的定额项目。

（3）分项工程的名称、计量单位必须与预算定额相一致，计量口径不一的，不能直接套用定额。

（4）要注意定额表上的工作内容，工作内容中列出内容的工、料、机消耗已包括在定额内，否则，需另列项目计取。

（5）查阅时，应特别注意定额表下附注，附注作为定额表的一种补充与完善，套用时必须严格执行。

应用案例 5-1

【题目】　某办公楼工程中经计算 C20 钢筋混凝土（混凝土为现场搅拌）、断面周长为

1.8 m以外的矩形柱工程量为96 m³，计算其预算工程费以及人工费、材料费和机械费。部分钢筋混凝土矩形柱的预算基价见表5-6。

表5-6　预算基价

序号	定额编号	项目名称	单位	工程量	预算单价/元	合价	其中		
							人工费	材料费	机械费
1	5-83	断面周长1.8 m外矩形钢筋混凝土柱 C20	10 m³	9.6	12 033.35	115 520.16	19 886.30	74 504.54	2 894.69

【解析】　查预算基价表可知，所计算的混凝土矩形柱分项工程与5-83预算子目一致，因而，直接套用预算基价计算，见表5-7。

表5-7　预算工程费及组成

编号	项　目			单位	预算基价					人工		材料					机械
					总价	人工费	材料费	机械费	费用	综合工日	其他人工费	水泥	砂子	石子19-25	…	混凝土	
					元	元	元	元	元	工日	元	kg	t	t		m³	
										26			0.31	58.45	49.40		
										1	2	3	4	5			
5-83	矩形柱	断面周长1.8 m以外	综合	10 m³	12 033.35	2 071.49	7 760.89	301.53	1 899.44	67.41	318.83	3 337.42	7.135	13.175	…	(10.15)	…
5-84			模板		2 556.54	853.06	826.30	106.33	770.85	27.76	131.30						
5-85		其中	钢筋		5 879.38	553.44	4 688.76	110.59	526.59	18.01	85.18						
5-86			C20混凝土		3 597.43	664.99	2 245.83	84.61	602.00	21.64	102.35	3 337.42	7.135	13.175		(10.15)	

2. 预算定额的换算

当套用预算定额时，如果工程项目内容与套用相应定额项目的要求不相符，当定额规定允许换算时，就要在定额规定的范围内进行换算，从而使施工图样的内容与定额中的要求相一致，这个过程称为定额的换算。经过换算后的定额项目，要在其定额编号后加注"换"字，以示区别。

(1)预算定额的换算原则。

1)定额的砂浆、混凝土强度等级，如果与定额不同，则允许按定额附录的砂浆、混凝土配合比表换算，但配合比中的各种材料用量不得调整。

2)定额中抹灰项目已考虑了常用厚度，各层砂浆的厚度一般不做调整。如果设计有特殊要求时，定额中人工、材料可以按厚度比例换算。

3)必须按消耗量定额中的各项规定换算定额。

(2)预算定额的换算方法。

1)系数换算法。系数换算法是根据定额说明规定的系数乘以相应定额的基价或定额中人工、材料或机械部分，计算得出一个新的定额基价。

$$换算后的定额基价＝原定额基价×换算系数$$

应用案例 5-2

【题目】 某工程反铲挖掘机挖二类土，总挖方量为 1 800 m³，深度为 2.5 m，计算人工费及施工机械使用费。

【解析】 某地区定额规定：当施工主要采用机械挖土时，取挖土总量的 10％ 乘以 2，按人工挖土定额项目计算人工费；取挖土总量的 90％，按相应机械挖土定额项目计算施工机械使用费。另外，若机械挖土单位工程总挖土量小于 2 000 m³ 时，按定额项目乘以系数 1.1 计算。

①查某地区定额（表 5-8）。

人工挖土：定额编号 1-2，定额基价 1 008.78 元/100 m³。

机械挖土：定额编号 1-147，定额基价 1 907.56 元/1 000 m³。

②定额基价换算。

机械挖土换算后的定额基价＝1 907.56×1.1＝2 098.32（元/1 000 m³）

③计算人工费及施工机械使用费。

人工挖土：1 008.78×1.8×0.1×2＝363.16（元），定额编号写为"1-2"。

机械挖土：2 098.32×1.8×0.9＝3 399.28（元），定额编号写为"1-147 换"。

合计：3 762.44 元。

表 5-8　某地区建筑工程预算定额（摘录）

工作内容：略

定额编号			1-2	1-147	2-96	5-495	7-1	7-2
定额单位			100 m³	1 000 m³	10 m³	10 m³	100 m² 框外围面积	
项　目			人工挖土方（普通挖土深度 3 m 以内）	反铲挖掘机（挖土深度 2 m 以内）	长螺旋钻孔灌注桩长 12 m 以内	现浇 C25 混凝土圈梁	木门框制作	木门框安装
							单截口	
							五块料以内	
基价			1 008.78	1 907.56	4 460.85	3 059.05	3 371.25	503.76
其中	人工费/元		1 008.78	137.28	805.37	551.41	281.42	249.85
	材料费/元				2 455.18	2 432.75	2 947.52	253.91
	机械费/元			1 770.28	1 200.3	74.89	142.31	—
名称	单位	单价/元	数　量					
人工	综合工日	工日	35.05				24.1	12.30	10.92

名称		单位	单价/元	数量			
材料	C25 低流动性混凝土(碎石 20 mm)	m³			10.15		
	一等中方(红白松、框料)	m³	1 249.87			2.066	
	二等中方(白松)	m³	1 010.64				0.061
机械	400 L 混凝土搅拌机				0.63		
	混凝土振捣器(插入式)				1.25		

2)系数增减换算法。系数增减换算是由定额说明规定的设计图样及施工情况决定的,当其与定额原项目不同时,可增减人工、材料或机械台班的消耗量,在原定额基价的基础上增减费用,计算得到换算后的定额基价。

$$换算后定额基价＝原定额基价±\sum（定额规定增减的人工、材料、$$
$$机械台班用量×相应单价）$$

应用案例 5-3

【题目】 某工程采用履带式柴油打桩机打预制管桩,桩长为 16 m,二级土,已计算出工程量为 48 m³。试计算完成打管桩所需人工、管桩、机械用量。

【解析】 查某地区建筑工程基础定额。

每 10 m 桩定额消耗量为

人工:13.27 工日;

管桩:10.10 m³;

3.5 t 履带式柴油打桩机:1.32 台班;

15 t 履带式起重机:1.32 台班。

根据该定额说明规定,单位工程打预制管桩工程量小于 50 m³,其人工、机械消耗量按相应定额项目乘以系数 1.25 计算。由此可得:

人工需用量＝13.27÷10×1.25×48＝79.62(工日)

管桩需用量＝10.10÷10×48＝48.48(m³)

3.5 t 履带式柴油打桩机＝1.32÷10×1.25×48＝7.92(台班)

15 t 履带式起重机需用量＝1.32÷10×1.25×48＝7.92(台班)

3)混凝土、砂浆配合比或强度等级换算法。当设计砂浆、混凝土配合比或强度等级与定额不同时,定额规定可以换算,换算的计算公式为

换算后的基价＝原定额基价－定额消耗量×（换入单价－换出单价）

其中，定额消耗量是指砂浆、混凝土的消耗量；单价是指砂浆、混凝土的单价。

应用案例 5-4

【题目】 某工程有现浇钢筋混凝土圈梁 3.76 m³，若设计混凝土用砾石 GD40 中砂水泥 42.5 级 C15 商品混凝土，求该圈梁的混凝土工程费。

【解析】 查某地区《建筑工程消耗量定额》，见表 5-9。套用 01040028 子目，即现浇混凝土圈梁，参考基价＝1 866.25 元/10 m³。定额用砾石 GD40 中砂水泥 32.5 级 C20 混凝土，消耗 10.15 m³，单价 134.47 元/m³。

表 5-9 某地区建筑工程消耗量定额柱混凝土浇捣（摘录）

工作内容：混凝土水平运输、清理、润湿模板、浇捣、振捣、养护。　　　　　　　　　　　　　　10 m³

定额编号				01040028	01040029	01040030
项　　目				混凝土梁		
				圈梁	过梁	拱形梁
参考基价/元				1 866.25	1 970.02	1 895.53
编码	名称	单位	单价/元	数量		
R0102001	建筑综合工日（二类）	工日	26.00	18.19	20.91	18.91
P050021	砾石 GD40 中砂水泥 32.5 级 C20	m³	134.47	10.15	10.15	10.15
C01801001	水	m³	1.97	1.67	4.99	2.73
C01809001	草袋	m³	2.10	8.26	18.57	9.98
J06090102	插入式振捣器	台班	10.13	0.77	1.25	1.25

查定额配合比参考表，砾石 GD40 中砂水泥 42.5 级 C15 商品混凝土参考价为 135.66 元/m³，则

01040028（换），换算后的基价＝1 866.25＋10.15×（135.66－134.47）

＝1 878.33（元/10 m³）

该圈梁混凝土工程费＝3.76×1 878.33/10＝706.25（元）

4）木门窗框、扇截面面积换算法。当木门窗框、扇截面如定额取定的与设计规定不同时，应按比例换算。框截面以边框截面为准（框裁口如为钉条者，加贴条的断面）；扇料以主梃截面为准。根据设计的门窗框、扇的断面、定额断面和定额木材体积，计算所需木材体积。

$$换算后的木材体积＝\frac{设计截面}{定额截面}×定额材积$$

式中　设计截面——门窗设计框梃断面积；

定额截面——见表 5-10；

定额材积——相应定额编号项目中的小于 54 cm² 木方和 55~100 cm² 木方的耗用量。

表 5-10　定额门窗取定框梃料截面

名称	门窗框框料	门窗取定框梃料	纱窗框料
带纱门	(55+5) mm×(115+5) mm	(40+5) mm×(95+5) mm	(30+5) mm×(95+5) mm
无纱门	(55+5) mm×(95+5) mm	(40+5) mm×(95+5) mm	—
带纱窗	(55+5) mm×(105+5) mm	(40+5) mm×(55+5) mm	(30+5) mm×(55+5) mm
无纱窗	(55+5) mm×(85+5) mm	(40+5) mm×(55+5) mm	—
胶合板门	—	(33+5) mm×(55+5) mm	—

换算前的定额材积可由定额中查出，则

换算后的定额基价＝换算前的定额基价±(换算后的材积－换算前的定额材积)×
相应的木材单价

应用案例 5-5

【题目】 单层玻璃窗双扇带亮窗框制作定额中每 100 m² 定额基价为 10 200 元，换算前的体积为 1.86 m³，方木单价为 1 080 元/m³，设计截面为(65+5) mm×(105+5) mm，定额截面为(55+5) mm×(105+5) mm，试求换算后定额基价。

【解析】 换算后的木材体积 $=\dfrac{(65+5)\times(105+5)}{(55+5)\times(105+5)}\times 1.86=2.17(\text{m}^3)$

换算后的单层玻璃窗双扇带亮窗框制作定额基价＝10 200+(2.17－1.86)×1 080
＝10 534.8(元/100 m²)

3. 补充定额

当所计算的分项工程与定额子目完全不一致，即由于施工图设计中某些工程项目采用了新结构、新构造、新材料和新工艺等原因，在编制预算定额时未列入而没有类似定额项目可以借鉴时，为确定工程的预算造价，需编制补充定额项目，上报地方工程造价管理部门审批后执行。套用补充定额项目时，应在定额编号后注明"补"字，以示区别。

(1)编制补充定额的原则。

1)定额的组成内容应与现行定额中同类分项工程一致。

2)人工、材料、机械消耗量计算口径应与现行定额互相统一。

3)工程主要材料的损耗率应符合现行定额的规定，施工中用的周转性材料计算应与现行定额保持一致。

4)施工中可能发生的互相关联的可变性因素要考虑周全，数据统计必须真实。

5)各项数据必须是试验结果或实际施工情况的统计，而且对于数据的计算必须实事求是。

(2)编制补充定额的要求。

1)编制补充定额，特别要注重收集和积累原始资料，原始资料的取定要有代表性，必须深入施工现场进行全过程测定，测定数据要准确。

2）注意做好补充定额使用的信息反馈工作，并在此基础上对其进行修改、补充和完善。

3）经验指导与广泛听取意见相结合。

4）借鉴其他城市、企业、项目编制的有关补充定额，并将其作为参考依据。

（3）有关消耗量的计算方法。

1）人工工日消耗量的计算方法。

①按施工过程投入的总工日及完成的总工程量计算，计算公式为

$$合计工日＝施工投入的总工日/总工程量$$

②按测定的劳动效率计算，计算公式为

$$合计工日＝定额计量单位/每工产量的测定结果＋人工幅度差$$

③按相应劳动定额计算，计算公式为

$$合计工日＝劳动定额的时间定额＋人工幅度差$$

2）材料消耗量的计算方法。

①按施工过程的实际总消耗量及完成的总工程量计算，计算公式为

$$材料消耗量＝施工过程总消耗量/总工程量$$

②按测定的损耗率及材料试验报告计算，计算公式为

$$材料消耗量＝按试验报告计算的耗用量×（1＋损耗率）$$

③按材料规格和设计要求的做法计算，计算公式为

$$材料消耗量＝按材料规格计算的耗用量×（1＋损耗率）$$

3）机械台班消耗量的计算方法。

①按施工过程投入的作业台班数及完成的总工程量计算，计算公式为

$$机械台班消耗量＝施工过程作业台班总量/总工程量$$

②按测定的台班产量计算，计算公式为

$$机械台班消耗量＝定额计量单位/台班产量＋机械幅度差$$

③按每台机械配备的操作人员数量，根据相应劳动定额计算，计算公式为

$$机械台班消耗量＝定额计量单位/操作人员数量×每工产量＋机械幅度差$$

任务四　工程单价与单位估价表

◎ 任务重点

工程单价的编制方法，地区统一工程单价的编制方法，单位估价表的编制方法。

一、工程单价

1. 工程单价的概念

工程单价一般是指单位假定建筑安装产品的不完全价格，通常是指建筑安装工程的预

算单价和概算单价。

工程单价是以概预算定额量为依据编制概预算时一个特有的概念术语，是传统概预算编制制度中采用单位估价法编制工程概预算的重要文件，也是计算程序中的一个重要环节。

应用提示 我国建设工程概预算制度中长期采用单位估价法编制概预算，因为在价格比较稳定，或价格指数比较完整、准确的情况下，有可能编制出地区的统一工程单价，以简化概预算编制工作。

2. 工程单价与完整的建筑产品价值的区别

工程单价在概念上是与完整的建筑产品（如单位产品、最终产品）价值完全不同的一种单价。完整的建筑产品价值是建筑物或构筑物在真实意义上的全部价值，即完全成本加利税。单位假定建筑安装产品单价，不仅不是可以独立发挥建筑物或构筑物价值的价格，甚至也不是单位假定建筑产品的完整价格，因为这种工程单价仅仅是由某一单位工程的人工、材料和机械费构成的。

3. 工程单价的作用

(1)确定和控制工程造价。工程单价是确定和控制概预算造价的基本依据。由于它的编制依据和编制方法规范，在确定和控制工程造价方面有不可忽视的作用。

(2)通过编制统一性地区工程单价来简化编制预算和概算的工作量和缩短工作周期，也可为投标报价提供依据。

(3)利用工程单价对结构方案进行经济比较，然后优选设计方案。

(4)利用工程单价进行工程款的期中结算。

4. 工程单价的编制依据

(1)预算定额和概算定额。编制预算单价或概算单价的主要依据之一是预算定额或概算定额。首先，工程单价的项目是根据定额的项目划分的，所以，工程单价的编号、名称、计量单位的确定均以相应的定额为依据；其次，分部分项工程的人工、材料和机械台班消耗的种类和数量也要依据相应的定额来确定。

(2)人工单价、材料预算价格和机械台班单价。工程单价除要依据概预算定额确定分部分项工程的工、料、机的消耗数量外，还必须依据上述三项"价"的因素，才能计算出分部分项工程的人工费、材料费和机械费，进而计算出工程单价。

(3)企业管理费等的取费标准。这些标准是计算综合单价的必要依据。

5. 工程单价的编制方法

工程单价的编制方法，简单地说，就是将工、料、机的消耗量和工、料、机单价加以结合。

(1)分部分项工程基本费用单价（基价）。

分部分项工程基本费用单价（基价）＝单位分部分项工程人工费＋材料费＋机械使用费

式中　　　　　人工费 $=\sum$（人工工日用量×人工日工资单价）

材料费 $=\sum$（各种材料耗用量×材料预算价格）

机械使用费 $=\sum$（机械台班用量×机械台班单价）

（2）分部分项工程全费用单价。

分部分项工程全费用单价＝单位分部分项工程基本费用＋企业管理费＋利润

式中，企业管理费一般按规定的费率及其计算基础计算，或按综合费率计算。

二、地区统一工程单价

1. 地区统一工程单价的概念

地区统一工程单价是以统一地区单位估价表形式出现的，这就是所谓量价合一的现象。在单位估价表中"基价"所列的内容，是每一定额计量单位分项工程的人工费、材料费和机械费，以及这三者之和。地区统一定额以省会所在地的人工工资单价、材料预算价格、机械台班预算价格计算基价。

2. 地区统一工程单价的必要性

编制地区统一工程单价的作用，主要是简化工程造价的计算，同时，也有利于工程造价的正确计算和控制。因为一个建设工程所包括的分部分项工程多达数千项，为确定预算单价所编制的单位估价表就要有数千张。要套用不同的定额和预算价格，还要经过多次运算，这不仅需要大量的人力、物力，而且不能保证预算编制的及时性和准确性。所以，编制地区统一工程单价不仅十分必要，也很有意义。

3. 地区统一工程单价的编制方法

编制地区统一工程单价的方法主要是加权平均法。要使编制出的工程单价能适应该地区的所有工程，就必须全面考虑各个影响工程单价的因素对所有工程的影响。一般来说，在一个地区范围内影响工程单价的因素有些是统一且比较稳定的，如预算定额和概算定额、工资单价、台班单价等。材料预算是价格不统一、不稳定的主要因素。由于原价不同，交货地点不同，运输方式和运输地点不同，以及工程所在的地点和区域不同，同一种材料所形成的材料预算价格也不同。所以，要编制地区统一工程单价，就要综合考虑上述因素，采用加权平均法计算出地区统一材料预算价格。

材料预算价格的组成因素按有关部门规定，供销部门的手续费、包装费、采购及保管费的费率，在地区范围内是相同的，材料原价一般也是基本相同的。因此，编制地区性统一材料预算价格的主要问题是材料运输费。

就一个地区看，每种材料运输费都可以分为两部分：一部分是自发货地点至当地一个中心点的运输费；另一部分是自这一中心点至各用料地点的运输费。与此相适应，材料运输费也可以分为长途（外地）运输费和短途（当地）运输费。因此，要分别采用加权平均法计算出这两部分的平均运输费。

计算长途运输的平均运输费，主要应考虑：由于供应者不同而引起的同一材料的运距和运输方式不同；每个供应者供应的材料数量不同。采用加权平均法计算其平均运输费的公式如下：

$$T_A = \frac{Q_1 t_1 + Q_2 t_2 + \cdots + Q_n t_n}{Q_1 + Q_2 + \cdots + Q_n} = R_1 T_1 + R_2 T_2 + \cdots + R_n T_n$$

式中　T_A——平均长途运输费；

　　Q_1，Q_2，…，Q_n——自各不同交货地点起运的同一材料数量；

T_1, T_2, …, T_n——自各交货地点至当地中心点的同一材料运输费；

R_1, R_2, …, R_n——自各交货地点起运的材料占该种材料总量的比例。

计算当地运输的平均运输费，主要应考虑从中心仓库到各用料地点的运距不同对运输费的影响和用料数量。计算方法和长途运输基本相同。公式如下：

$$T_B = M_1 T_1 + M_2 T_2 + \cdots + M_n T_n$$

式中　T_B——当地平均运输费；

M_1, M_2, …, M_n——各用料地点对某种材料需要量占该种材料总量的比例；

T_1, T_2, …, T_n——自当地中心仓库至各用料地点的运输费。

$$材料平均运输费 = T_A + T_B$$

如果原价不同，也可以采用加权平均法计算。

🧑 **特别提醒**　地区统一工程单价是建立在定额和统一地区材料预算价格的基础上的。当这个基础发生变化时，地区统一工程单价也就随之发生变化。在一定时期内地区统一工程单价应具有相对稳定性。不断研究和改善地区统一工程单价和地区材料预算价格的编制和管理工作，并使其具有相对稳定的基础，是加强概预算管理、提高基本建设管理水平和投资效果的客观要求。

三、单位估价表

(一)单位估价表的概念

单位估价表又称工程预算单价表，是以货币形式确定定额计量单位某分部分项工程或结构构件直接费用的文件。它是由预算定额所确定的人工、材料和机械台班消耗数量，乘以人工工资单价、材料预算价格和机械台班预算价格汇总而成的。

单位估价表是预算定额在各地区价格表现的具体形式。

(二)单位估价表的分类

单位估价表是在预算定额的基础上编制的。由于定额种类繁多，可以按编制依据、定额性质及使用范围的不同划分。

1. 按编制依据划分

单位估价表按编制依据，分为定额单位估价表和补充单位估价表。

补充单位估价表是指定额缺项，没有相应项目可使用时，可按设计图纸资料，依照定额单位估价表的编制原则制定的对单位估价表的补充。

2. 按定额性质划分

(1)建筑工程单位估价表，适用于一般建筑工程。

(2)设备安装工程单位估价表，适用于机械、电气设备安装工程，给水排水工程，电气照明工程，采暖工程，通风工程等。

3. 按使用范围划分

(1)全国统一定额单位估价表，适用于各地区、各部门的建筑及设备安装工程。

(2)地区单位估价表，是在地方统一预算定额的基础上，按本地区的工资标准、地区材料预算价格、建筑机械台班费用及本地区建设的需要而编制的，只适用在本地区范围内使用。

(3)专业工程单位估价表，仅适用于专业工程的建筑及设备安装工程的单位估价表。

(三)单位估价表的作用

(1)单位估价表是确定工程预算造价的基本依据之一，即按设计图纸计算出分项工程量后，分别乘以相应的定额单价(单位估价表)得出分项工程费，汇总各分部分项工程费，按规定计取各项费用，即得出单位工程全部预算造价。

(2)单位估价表是对设计方案进行技术经济分析的基础资料，即每个分项工程，如各种墙体、地面、装修等，选择怎样的设计方案，除考虑生产、功能、坚固、美观等条件外，还必须考虑经济条件。这就需要采用单位估价表进行衡量、比较，在同样的条件下，当然要选择一种经济、合理的方案。

(3)单位估价表是进行已完工程结算的依据，即建设单位和施工企业按单位估价表核对已完工程的单价是否正确，以便进行分部分项工程结算。

(4)单位估价表是施工企业进行经济分析的依据，即企业为了考核成本执行情况，必须按单位估价表中所定的单价和实际成本进行比较。通过对两者的比较，算出降低成本的多少并找出原因。

👤 **特别提醒** 单位估价表的作用很多。合理确定单价、正确使用单位估价表，是确定工程造价、促进企业加强经济核算、提高投资效益的重要环节。

(四)单位估价表的编制

为了使用方便，在单位估价表的基础上，应编制单位估价汇总表。单位估价汇总表的项目划分与预算定额和单位估价表是相互对应的。为了简化预算的编制，单位估价汇总表已纳入预算定额中一些常用的分部分项工程和定额中需要调整换算的项目。单位估价汇总表略去了人工、材料和机械台班的消耗数量(即"三量")，保留了单位估价表中的人工费、材料费、机械费("三价")和预算价值，见表5-11和表5-12。

表5-11 单位估价表   10 m³

序 号	项 目	单 位	单 价	数 量	合 计
1	综合人工	工日	×××	12.45	××××
2	水泥混合砂浆 M5	m³	×××	1.39	××××
3	烧结普通砖	千块	×××	4.34	××××
4	水	m³	×××	0.87	××××
5	灰浆搅拌机 200 L	台班	×××	0.23	××××
	合计				××××

表 5-12　单位估价汇总表

定额编号	工程名称	计量单位	单位价值/元	其中			附注
				工资	材料费	机械费	
4-17	空心砖墙1/2砖	10 m³	××××				
4-18	空心砖墙1砖	10 m³	××××				
4-19	空心砖墙1砖半	10 m³	××××				

应用案例 5-6

【题目】　某工程需砌筑一段毛石护坡，拟采用 M5 水泥砂浆砌筑，根据甲乙双方商定，工程单价的确定方法是：在现场测定每 10 m² 砌体人工工日、材料、机械台班消耗指标，并将其乘以相应的当地价格确定。各项测定参数如下。

(1)砌筑 1 m³ 毛石砌体需工时参数为：基本工作时间为 10.6 h，不可避免的中断时间为工作延续时间的 3%，准备与结束时间为工作延续时间的 2%，不可避免的中断时间为工作延续时间的 2%，休息时间为工作延续时间的 20%；人工幅度差系数为 10%。

(2)砌筑 10 m³ 毛石砌需各种材料净用量为毛石 7.50 m³，M5 水泥砂浆 3.10 m³，水 7.50 m³；毛石和砂浆的损耗率分别为 2%、1%。

(3)砌筑 10 m³ 毛石砌体需 200 L 砂浆搅拌机 5.5 台班，机械幅度差为 15%。

试计算：

(1)砌筑每 1 m³ 毛石护坡工程的人工时间定额和产量定额。

(2)假设人工日工资标准为 22 元/工日，毛石单价为 58 元/m³，M5 水泥砂浆单价为 121.76 元/m³，水单价为 1.80 元/m³，其他材料费为毛石、水泥砂浆和水费用的 2%。200 L 砂浆搅拌机台班费为 45.5 元/台班。试确定每 10 m³ 砌体的单价。

(3)若毛石护坡砌筑砂浆设计变更为 M10 水泥砂浆，该砂浆现行单价为 143.75 元/m³，定额消耗量不变，每 10 m³ 砌体的单价为多少？

【解】　(1)确定每 1 m³ 毛石护坡工程的人工时间定额和产量定额。

$$人工工作延续时间 = \frac{10.6}{1-(3\%+2\%+2\%+20\%)} = 14.52 \ (h)$$

$$人工时间定额 = \frac{14.52}{8} = 1.82 (工日/m³)$$

$$人工产量定额 = \frac{1}{时间定额} = \frac{1}{1.82} = 0.55(m³/工日)$$

(2)确定 10 m³ 毛石护坡工程的单价。

1)每 10 m³ 砌体人工费 = 1.82×(1+10%)×22×10 = 440.44(元/10 m³)

2)每 10 m³ 砌体材料费 = [7.5×(1+2%)×58+3.10×(1+1%)×121.76+7.5× 1.80]×(1+2%) = 855.20 元/(10 m³)

3)每 10 m³ 砌体机械费 = 5.5×(1+15%)×45.5 = 287.79(元/10 m³)

4)每 10 m³ 砌体的单价 = 440.44+855.20+287.79 = 1 583.43(元/10 m³)

(3)毛石护坡砌体改用 M10 水泥砂浆后，再换算单价计算。

每 m³ 砌体单价＝M5 毛石护坡砌体的单价＋（M10 水泥砂浆单价－M5 水泥砂浆单价）
          ×砂浆消耗量
        ＝1 583.43＋（143.75－121.76）×3.1×（1＋1％）
        ＝1 652.28（元/10 m³）

 项目小结

预算定额是规定消耗在合格质量的单位工程基本构造要素上的人工、材料和机械台班的数量标准，也是计算建筑安装产品价格的基础。本项目主要介绍预算定额的概述、预算定额的编制方法、预算定额的组成及应用、工程单价与单位估价表。

 思考与练习

一、填空题

1. _____是规定消耗在合格质量的单位工程基本构造要素上的人工、材料和机械台班的数量标准，是计算建筑安装产品价格的基础。

2. 预算定额项目名称是指一定计量单位的_____的名称。

3. 预算定额按构成生产要素分为_____、_____、_____。

4. 人工的工日数确定有两种基本方法：一种是_____；另一种是_____。

5. _____的确定，是指完成一定计量单位的分项工程或结构构件所必需的各种机械台班的消耗数量。

6. 实际工程预算工作中，预算定额的应用通常分为_____、_____、_____三种情况。

7. _____是以货币形式确定定额计量单位某分部分项工程或结构构件直接费用的文件。

二、选择题

1. 下列说法错误的是（   ）。
   A. 凡物体的截面有一定的形状和大小，但有不同长度时（如管道、电缆、导线等分项工程），应当以延长米为计量单位
   B. 当物体有一定的厚度，而面积不固定时（如通风管、油漆、防腐等分项工程），应当以 m² 作为计量单位
   C. 如果物体的长、宽、高都变化不定时（如土方、保温等分项工程），应当以 m³ 为计量单位
   D. 有的分项工程虽然体积、面积相同，但质量和价格差异很大，或者是不规则或难以度量的实体（如金属结构、非标准设备制作等分项工程），应当以质量作为计量单位

2. 在确定预算定额用工量时，一般从基本用工、超运距用工、辅助工作用工之和的
   （   ）内取定。
   A. 5％～10％　　　 B. 10％～15％　　　 C. 15％～20％　　　 D. 20％～25％

3. 工程单价的编制依据有(　　)。

　　A. 预算定额和概算定额　　　　　　B. 人工单价、材料预算价格和机械台班单价

　　C. 企业管理费等的取费标准　　　　D. 单位假定建筑安装产品单价

三、简答题

1. 预算定额的作用有哪些?

2. 预算定额编制的原则有哪些?

3. 预算定额编制的依据有哪些?

4. 简述预算定额编制的步骤。

5. 什么是材料消耗量指标? 其按用途可分为哪几种?

项目六 概算定额、概算指标和投资估算指标

（1）了解投资估算指标的概念及作用，熟悉投资估算指标的编制原则、编制依据及内容，掌握投资估算指标的编制步骤及应用。

（2）了解工期定额的概念、特征及作用，熟悉工期定额的内容及影响因素，熟悉工期定额的编制原则、依据及步骤，掌握工期定额的编制方法及应用。

（3）了解投资估算指标的概念及作用，熟悉投资估算指标的编制原则、编制依据及内容，掌握投资估算指标的编制步骤及应用。

（1）能够熟练利用概算定额和概算指标准确编制工程概算。

（2）能够编制投资估算指标。

能够分辨并理解个人情绪，调整个人行为，带着适当的情感与他人交流，有效地计划并完成各种活动。

概算定额和概算指标是工程建设定额的重要组成部分，它们都是在初步设计阶段用来编制和设计概算的基础资料。概算定额是在预算定额的基础上，进一步将工程项目综合扩大，并以扩大后的工程项目为单位进行计算的定额。概算指标比概算定额的综合性更强。投资估算指标是国家对固定资产由直接控制转变为间接控制的一项重要的经济指标，具有宏观的指导意义。

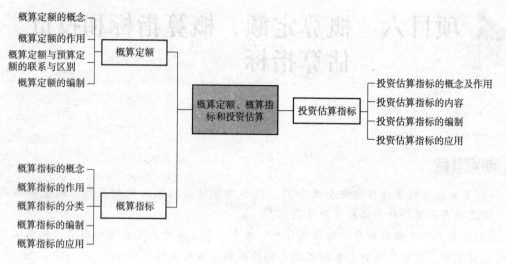

学习导图

任务一　概算定额

 任务重点

概算定额的概念，概算定额的编制。

一、概算定额的概念

概算定额是指生产一定计量单位的经扩大的建筑工程结构构件或分部分项工程所需要的人工、材料和机械台班的消耗数量及费用的标准。

概算定额是在预算定额的基础上，根据有代表性的建筑工程通用图和标准图等资料，进行综合、扩大和合并而成。因此，建筑工程概算定额又称"扩大结构定额"。

二、概算定额的作用

正确、合理地编制概算定额对提高设计概算的质量，加强基本建设经济管理，合理使用建设资金、降低建设成本，充分发挥投资效果等方面，都具有重要的作用。其作用主要表现在以下几个方面。

(1)概算定额是在扩大初步设计阶段编制概算，在技术设计阶段编制修正概算的主要依据。

(2)概算定额是编制建筑安装工程主要材料申请计划的基础。

(3)概算定额是进行设计方案技术经济比较和选择的依据。

(4)概算定额是编制概算指标的计算基础。

(5)概算定额是确定基本建设项目投资额、编制基本建设计划、实行基本建设大包干、控制基本建设投资和施工图预算造价的依据。

三、概算定额与预算定额的联系与区别

(1)概算定额与预算定额的相同之处，都是以建(构)筑物各个结构部分和分部分项工程为单位表示的，内容也都包括人工、材料和机械台班使用量定额三个基本部分，并列有基准价。

(2)概算定额表达的主要内容、表达的主要方式及基本使用方法都与预算定额相近。

定额基准价＝定额单位人工费＋定额单位材料费＋定额单位机械费

$$＝人工概算定额消耗量×人工工资单价＋\sum（材料概算定额消耗量×$$

$$材料预算价格）＋\sum（施工机械概算定额消耗量×机械台班费用单价）$$

(3)概算定额与预算定额的不同之处，在于项目划分和综合扩大程度上的差异，同时，概算定额主要用于设计概算的编制。由于概算定额综合了若干分项工程的预算定额，因此，概算工程量的计算和概算表的编制都比编制施工图预算简化了很多。

(4)编制概算定额时，应考虑到能适应规划、设计、施工各阶段的要求。概算定额与预算定额应保持一致水平，即在正常条件下，反映大多数企业的设计、生产及施工管理水平。

(5)概算定额的内容和深度，是以预算定额为基础的综合与扩大。在合并中不得遗漏或增加细目，以保证定额数据的严密性和正确性。概算定额务必达到简化、准确和适用。

四、概算定额的编制

1. 概算定额的编制依据

(1)现行的全国通用的设计标准、规范和施工验收规范。

(2)现行的预算定额。

(3)过去颁发的概算定额。

(4)标准设计和有代表性的设计图纸。

(5)现行的人工工资标准、材料预算价格和施工机械台班单价。

(6)有关施工图预算和结算资料。

2. 概算定额的编制原则

(1)为了稳定概算定额水平，统一考核尺度和简化计算工程量，编制概算定额时，原则上不留活口，对于设计和施工变化多而影响工程量多、价差大的，应根据有关资料进行测算，并综合取定常用数值，对于其中还包括不了的个性数值，可适当留一些活口。

(2)概算定额水平的确定，应与预算定额的水平基本一致，必须反映正常条件下大多数企业的设计、生产及施工管理水平。

(3)概算定额要适应设计、计划、统计和拨款的要求，更好地为基本建设服务。

(4)概算定额的编制深度，要适应设计深度的要求，项目划分应坚持简化、准确和适用的原则。以主体结构分项为主，合并其他相关部分，进行适当综合扩大；概算定额项目计量单位的确定，与预算定额要尽量一致；应考虑统筹法及应用电子计算机编制的要求，以

简化工程量和概算定额的计算编制。

3. 概算定额的编制方法

(1)定额计量单位确定。概算定额计量单位基本上按预算定额的规定执行，虽然单位的内容扩大，但仍采用 m、m^2 和 m^3 等。

(2)确定概算定额与预算定额的幅度差。由于概算定额是在预算定额基础上进行适当的合并与扩大，因此，在工程量取值、工程的标准和施工方法确定上需综合考虑，且定额与实际应用必然会产生一些差异。对于这种差异，国家允许预留一个合理的幅度差，以便依据概算定额编制的设计概算能控制施工图预算。概算定额与预算定额之间的幅度差，国家规定一般控制在 5% 以内。

(3)定额小数取位。概算定额小数取位与预算定额相同。

4. 概算定额的编制步骤

概算定额的编制步骤如图 6-1 所示。

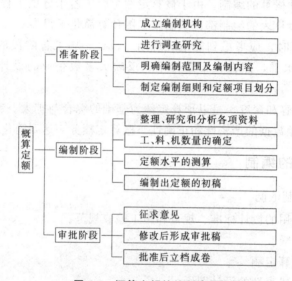

图 6-1　概算定额的编制步骤

5. 概算定额的内容

概算定额一般由总说明、分部说明、概算定额项目表及有关附录组成。其分为文字说明和定额表两部分。

(1)文字说明。文字说明部分包括总说明和各章节的说明。

总说明主要对编制的依据、用途、适用范围、工程内容、有关规定、取费标准和概算造价计算方法等进行阐述。

各章节的说明包括分部工程量的计算规则、说明、定额项目的工程内容等。

(2)定额表格式。定额表表头注有本节定额的工作内容，定额的计量单位(或在表格内)。表格内容包含基价，人工、材料和机械费，主要材料消耗量等。

6. 概算定额编制示例

表 6-1 及表 6-2 均是某地区概算定额编制范例。

表 6-1　人工挖孔桩概算定额表

工作内容：孔内挖土、弃运土方、孔内照明、抽水、修整清理、安拆模板、混凝土护壁制作安装、混凝土搅拌、运输、灌注、振实、钢筋笼制作安装。

m³

定　额　编　制					2-43	2-44	2-45
项　　目					桩径 1 500 mm 以内		
					孔深（mm 以内）		
					10	15	20
基价/元					647.82	651.28	655.91
其　中	人工费/元				153.93	160.64	168.65
	材料费/元				435.69	428.76	424.52
	机械费/元				58.20	61.88	62.74
预算定额编号	项目名称	单位	单价/元		消　耗　量		
2-80	人工挖桩孔孔深 10 m 以内、φ1 500 以内	m³	47.200		1.313	—	—
2-81	人工挖桩孔孔深 15 m 以内、φ1 500 以内	m³	58.600		—	1.313	—
2-82	人工挖桩孔孔深 20 m 以内、φ1 500 以内	m³	67.500		—	—	1.313
2-87	人工挖孔桩入岩增加费	m³	64.600		0.066	0.44	0.033
2-89	人工挖孔桩混凝土灌芯	m³	243.900		1.000	1.000	1.000
2-88	人工挖孔桩混凝土护壁安设	m³	514.700		0.239	0.239	0.239
4-398	桩基础圆钢钢筋笼制作、安装	t	2 896.000		0.014	0.012	0.011
4-399	桩基础螺纹钢筋笼制作、安装	t	2 639.000		0.039	0.038	0.037
4-393	现浇构件圆钢制作、安装	t	2 808.000		0.023	0.023	0.023
2-138	凿钻孔灌注桩头 φ800 以上	个	74.600		0.074	0.050	0.037
1-23	人工就地回填土松填	m³	1.820		0.074	0.074	0.074
人　工	人工Ⅱ类	工日	26.000		5.915	6.173	6.481
	人工Ⅰ类	工日	24.000		0.006	0.006	0.006
材　料	水	m³	1.950		0.941	0.941	0.941
	木模	m³	915.000		0.020	0.020	0.020
	圆钢综合	t	2 326.000		0.038	0.036	0.035
	低合金螺纹钢综合	t	2 301.000		0.040	0.039	0.038
	水泥 42.5 级	kg	0.271		515.523	515.523	515.523
	综合净砂	t	41.370		0.787	0.787	0.787
	碎石粒径 40 mm 以内	t	32.900		1.632	1.632	1.632

表 6-2　预制钢筋混凝土矩形梁概算定额表

10 m³

概算定额编号			5-46		5-47		5-48		5-49		5-50		5-51	
项　目			预制钢筋混凝土矩形梁											
			单　梁				连系梁				框架梁			
			刷　白		粉白灰		刷　白		粉白灰		刷　白		粉白灰	
基　价/元			2 432		2 571		2 579		2 718		2 901		3 040	
其中	人工费/元		177		215		185		223		226		264	
	材料费/元		2 119		2 214		2 159		2 255		2 442		2 537	
	机械费/元		136		142		235		240		233		239	
定额编号	综合项目	单位	单价	数量	合价	数量	合价	数量	合价	数量	合价	数量	合价	数量	合价

定额编号	综合项目	单位	单价	数量	合价	数量	合价	数量	合价	数量	合价	数量	合价	数量	合价
5-102	预制钢筋混凝土矩形梁（0.5 m³ 内）	10 m³	2 170.38	0.504	1 093.87	0.504	1 093.87	0.504	1 093.87	0.504	1 093.87	0.504	1 093.87	0.504	1 093.87
5-103	预制钢筋混凝土矩形梁（0.5 m³ 外）	10 m³	2 128.77	0.504	1 072.90	0.504	1 072.90	0.504	1 072.90	0.504	1 072.90	0.504	1 072.90	0.504	1 072.90
	钢筋增量	t	770.05	0.231	177.88	0.231	177.88	0.231	177.88	0.231	177.88	0.231	177.88	0.231	177.88
6-85	单梁安装	10 m³	55.32	1.005	55.60	1.005	55.60	—	—	—	—	—	—	—	—
6-65	连系梁安装	10 m³	201.64	—	—	—	—	1.005	202.65	1.005	202.65	—	—	—	—
6-79	框架梁安装	10 m³	382.27	—	—	—	—	—	—	—	—	1.005	384.18	1.005	384.18
5-83	框架梁接头	10 m³	140.11	—	—	—	—	—	—	—	—	1.000	140.11	1.000	140.11
11-392	梁面刷大白浆	100 m²	27.23	1.040	28.32	—	—	1.040	28.32	—	—	1.040	28.32	—	—
11-24	梁面粉白灰	100 m²	149.61	—	—	1.040	155.59	—	—	1.040	155.59	—	—	1.040	155.59
11-389	抹灰面刷大白浆	100 m²	11.24	—	—	1.040	11.69	—	—	1.040	11.69	—	—	1.040	11.69
人　工　及　主　要　材　料															
合计工		工日	—	70.91		86.75		74.02		90.01		90.95		106.94	
钢筋		t	—	1.823		1.823		1.823		1.823		1.846		1.846	
摊销原条		m³	—	0.208		0.208		0.209		0.209		0.430		0.430	
水泥		t	—	3.062		3.519		3.062		3.519		3.224		3.681	
砂		m³	—	7.83		9.79		7.53		9.79		7.82		10.08	
砾石		m³	—	8.34		8.34		8.34		8.34		8.71		8.71	
石灰		t	—			0.493				0.493				0.490	
铁件		kg	—	18		18		35		35		60		60	
钢模		t	—	0.042		0.042		0.042		0.042		0.042		0.042	

（1）充分了解概算定额与预算定额的关系，以便正确套用。概算定额由各项预算定额项目消耗量乘以相应的预算单价计算得到。预算定额是综合预算定额编制的基础，两者配合使用。

（2）熟悉概算定额综合的内容，以免重复计算或漏算。在使用综合预算定额前，一定要了解和熟悉定额综合的内容，以免重复计算或漏算。

（3）概算定额所综合的内容和含量不得随意修改。概算定额综合的内容及含量是按一般工业与民用建筑标准图集、典型工程施工图，经测算、比较、分析后取定的，不得因具体工程的内容和含量不同而随意修改定额（除定额中说明允许调整者外）。

任务二　概算指标

◎ **任务重点**

概算指标的概念、概算指标的编制。

一、概算指标的概念

概算指标是以一个建筑物或构筑物为对象，按各种不同的结构类型，确定以每 $100 \ \mathrm{m}^2$ 或 $1\,000 \ \mathrm{m}^3$ 和每座为计量单位的人工、材料和机械台班（机械台班一般不以量列出，用系数计入）的消耗指标（量）或每万元投资额中各种指标的消耗数量。

👤 **特别提醒**　概算指标比概算定额更加综合扩大，因此，它是编制初步设计或扩大初步设计概算的依据。

二、概算指标的作用

（1）在初步设计阶段，概算指标是编制建筑工程设计概算的依据，即在没有条件计算工程量的情况下，只能使用概算指标。

（2）是设计单位在建筑方案设计阶段，进行方案设计技术经济分析和估算的依据。

（3）在建设项目的可行性研究阶段，作为编制项目投资估算的依据。

（4）在建设项目规划阶段，是估算投资和计算资源需要量的依据。

三、概算指标的分类

(1)建设投资参考指标。表 6-3 为各类工业项目投资参考指标；表 6-4 为建筑安装工程万元消耗工料参考指标。

表 6-3　各类工业项目投资参考指标

序号	项目	投资分配/%					
		建筑工程			设备及安装工程		其他
		工业建筑	民用建筑	厂外工程	设备	安装	
1	冶金工业	33.4	3.5	1.3	48.2	5.7	7.9
2	电工器材工业	27.7	5.4	0.8	51.7	2.2	12.2
3	石油工业	22	3.5	1	50	10	13.5
4	机械制造工业	27	3.9	1.3	56	2.3	9.5
5	化学工业	33	3	1	46	11	9
6	建筑材料工业	35.6	3.1	3.5	50	2.8	7.8
7	轻工业	25	4.4	0.5	55	6.1	9
8	电力工业	30	1.6	1.1	51	13	3.3
9	煤炭工业	41	6	2	38	7	6
10	食品工业(冻肉厂)	55	3	0.5	30	9	2.5
11	纺织工业(棉纺厂)	29	4.5	1	53	4	8.5

表 6-4　建筑安装工程万元消耗工料参考指标　　　　　每万元

顺序	项目	单位	编号 1	2	3	4	5
			民用建筑		工业建筑		
			结构特征				
			混合	砖木	钢混	混合	砖木
1	钢筋	t	1.265	0.179	0.791	1.386	0.198
2	型钢	t	0.031	0.012	1.981	0.647	0.011
3	钢管	t	0.255	0.005	0.388	0.332	0.093
4	木材	m³	5.876	10.541	5.432	3.984	7.802
5	水泥	t	9.047	3.984	9.329	8.134	3.468
6	砖	千块	21.265	29.299	11.246	12.035	25.979
7	瓦	块	—	2 556	—	—	2 117
8	砂	m³	32.37	29.382	24.030	24.983	25.978
9	石	m³	29.30	14.110	19.837	17.430	12.450
10	毛石	m³	13.196	43.492	5.976	11.205	37.350
11	石灰	t	4.565	5.370	0.531	0.498	3.320
12	沥青	t	0.623	0.005	0.606	0.664	0.005
13	油毡	m²	5.478	4.067	237	266	150
14	薄钢板	m²	5.014	3.983	3.486	3.403	2.573
15	8号钢丝	t	0.024	0.010	0.013	0.019	0.009
16	玻璃	m²	20.252	28.054	14.940	18.260	20.750

顺序	编号 项目	单位	1	2	3	4	5
			民 用 建 筑		工 业 建 筑		
			结 构 特 征				
			混 合	砖 木	钢 混	混 合	砖 木
17	油 漆	t	0.007	0.009	0.008	0.004	0.007
18	钢 钉	t	0.011	0.043	0.002	0.005	0.032
19	电焊条	t			0.070	0.020	
20	电 线	m	121	93	128	94	90
21	暖气片	片	36	32	25	46	49
22	人 工	工日	326	341	259	288	301
23	基 价	元/m²	162	145	197	175	155

(2)各类工程的主要项目费用构成指标。表 6-5 为不同类型工程各分部工程费占造价的比例。

表 6-5　不同类型工程各分部工程费占造价的比例表

工程类型	各分部工程费占造价的百分比/%								
	基础工程	结构工程	屋面工程	门窗工程	楼地面工程	室内装饰工程	外墙装修工程	脚手架工程	其他工程
办公楼	11.30	30.50	2.55	12.58	5.48	8.49	6.16	2.15	1.36
住 宅	8.22	35.87	3.41	10.73	4.76	6.05	2.44	1.82	2.17
图书馆	9.66	30.65	2.44	11.87	4.66	11.72	3.76	1.06	2.58
实验楼	11.31	35.54	2.23	10.61	5.18	10.20	3.83	2.42	0.56

(3)各类工程技术经济指标。表 6-6 为某住宅楼工程技术经济参考指标。

表 6-6　某住宅楼工程技术经济参考指标

一、工程概况		
序 号	项 目	内容或数量
1	工程名称	新康家园 4# 住宅楼
2	建设地点	北京市
3	建设起止日期	—
4	建筑面积	16 335 m²
5	居住套数	141 套
6	层数	7.5 层
	其中：地上	6 层加跃层
	地下	1 层
7	标准层层高	2.7 m
8	结构类型	短肢剪力墙
9	抗震设防烈度	8 度

二、使用功能指标

序号	项目	单位	数量
1	户（套）均建筑面积	m²/套	110.85
2	户（套）均使用面积	m²/套	89.79
2-1	卧室使用面积	m²/套	34.55
2-2	起居、餐厅、过厅使用面积	m²/套	38.71
2-3	厨房使用面积	m²/套	6.19
2-4	卫生间使用面积	m²/套	5.09
2-5	其他使用面积	m²/套	5.05
3	户外公用建筑面积	m²/套	0.9

三、设施与装修标准

序号	项目	内容或数量
1	室内卫生洁具	一个浴盆、洗手盆、坐便器、跃层两套
2	采暖	暖气、铸铁柱形散热器
3	通风空调	无
4	照明	吸顶灯、台灯插座及普通壁灯
5	通信	3.57 个/户
6	电视天线	3.6 个/户
7	燃气	无
8	电梯	无
9	变配电	无

四、主要经济指标

序号	项目	单位	数量	%
1	土建	元/m²	984.12	82.40
2	给水排水	元/m²	57.97	4.85
3	采暖	元/m²	32.39	2.71
4	通风空调	元/m²	—	—
5	照明	元/m²	94.02	7.87
6	通信	元/m²	9.77	0.8
7	电视天线	元/m²	16.13	1.35
8	燃气	元/m²	—	—
9	电梯	元/m²	—	—
10	变配电	元/m²	—	—
11	其他	元/m²		
	合计	元/m²	1 194.29	100

五、每100 m² 主要材料消耗量				
序 号	项 目	单 位	数 量	单 价
1	人 工	工日	553.94	20.47
2	水 泥	t	19.67	332
3	钢 筋	t	3.84	3 068
4	型 钢	t	0.07	2 880
5	钢 管	t	0.682	3 300
6	铸铁管	m	6.46	29.91
7	UPVC管	m	4.57	—
8	板方材	m³	0.24	1 764
9	机 砖	千块	0.09	236
10	砂 子	m³	16.99	46.37
11	石 子	m³	52.47	31.93
12	玻 璃	m²	28.28	13.72
13	瓷 砖	m²	—	—
14	电缆、导线	m	201.3	
15	高级装修材料	—	—	—
15-1	—	—	—	—
15-2	—	—	—	—
六、编制说明				
1	编制时间		2000 年 7 月 5 日	
2	编制依据		1996 年建设工程概算定额及取费标准	
3	其他说明		施工企业管理费 13.28%，利润 7%，税金 4.09%	

四、概算指标的编制

1. 概算指标的编制依据

(1)标准设计图纸和各类工程典型设计。

(2)国家颁发的建筑标准、设计规范、施工规范等。

(3)各类工程造价资料。

(4)现行的概算定额和预算定额及补充定额。

(5)人工工资标准、材料预算价格、机械台班预算价格及其他价格资料。

2. 概算指标的编制原则

(1)按平均水平确定概算指标的原则。在社会主义市场经济的条件下，概算指标作为确定工程造价的依据，同样必须遵守价值规律的客观要求，在对其进行编制时，必须按社会必要劳动时间计算，且还要贯彻平均水平的编制原则。只有这样才能使概算指标合理确定和控制工程造价的作用得到充分发挥。

(2)概算指标的内容与表现形式要贯彻简明、适用的原则。为适应市场经济的客观要求，概算指标的项目划分应根据用途的不同，确定其项目的综合范围，遵循粗而不漏、适应面广的原则，体现综合扩大的性质。概算指标从形式到内容应该简明易懂，要便于在采用时根据拟建工程的具体情况进行必要的调整换算，能在较大范围内满足不同用途的需要。

(3)概算指标的编制依据必须具有代表性。概算指标所依据的工程设计资料，应是有代表性的，技术上是先进的，经济上是合理的。

3. 概算指标的编制步骤

(1)准备阶段。准备阶段的主要任务是收集资料，确定指标项目，研究编制概算指标的有关方针、政策和技术性的问题。

(2)编制阶段。编制阶段的主要任务是选定图纸，并根据图纸资料计算工程量和编制单位工程预算书，以及按照编制方案确定的指标项目和人工与主要材料消耗指标，填写概算指标表格。

(3)审核定案及审批。初步确定后，概算指标要对其进行审查、比较，做必要的调整后，送国家授权机关审批。

4. 概算指标编制的主要内容

概算指标的主要内容由总说明及分册说明、经济指标和结构特征等组成。

(1)总说明及分册说明。总说明主要包括概算指标编制依据、作用、适用范围、分册情况及其共性问题的说明；分册说明就是对本册中具体问题做出必要的说明。

(2)经济指标。经济指标是概算指标的核心部分，包括该单项工程或单位工程每平方米造价指标、扩大分项工程量、主要材料消耗及工日消耗指标等。

(3)结构特征。结构特征是指在概算指标内标明建筑物等的示意图，并对工程的结构形式、层高、层数和建筑工程进行说明，以表示建筑结构工程的概况。

5. 概算指标的编制方法

下面简单介绍房屋建筑工程中每 100 m^2 建筑面积造价指标的编制方法：

(1)编写资料审查意见及填写设计资料名称、设计单位、设计日期、建筑面积及构造情况，提出审查和修改意见。

(2)在计算工程量的基础上编制单位工程预算书，据以确定每 100 m^2 建筑面积及构造情况，以及人工、材料、机械消耗指标和单位造价的经济指标。

1)计算工程量，是根据审定的图样和消耗量定额计算出建筑面积及各分部分项工程量，然后按编制方案规定的项目进行归并，并以每 100 m^2 建筑面积为计算单位，换算出工程量指标。例如，计算某民用住宅的典型设计的工程量，知道其带形毛石基础的工程量为 128.3 m^3，该建筑物为 980 m^2，则 100 m^2 的该建筑物的带形毛石基础工程量指标为

$$\frac{128.3}{980} \times 100 = 13.09 (\text{m}^3)$$

其他各结构工程量指标的计算依此类推。

2）根据计算出的工程量和消耗量定额等资料编制预算书，求出每 100 m² 建筑面积的预算造价及工、料、施工机械费用和材料消耗量指标。

构筑物是以座为单位编制概算指标，因此，在计算已完工程量、编出预算书后不必进行换算，预算书确定的价值就是每座构筑物概算指标的经济指标。

6. 概算指标编制示例

××市某住宅楼造价分析。

××市某住宅楼造价分析指标见表 6-7～表 6-11。

表 6-7　工程概况

工程名称	某住宅楼	建设地点	××市	工程类别	三类
建筑面积	30 166 m²	结构类型	框架结构	檐高	19 m
层数	七层	单方造价	818 元/m²	编制日期	×年×月
工程结构特征	本工程为 7 幢七层住宅楼，底层为车库，屋顶有阁楼。基础采用 377 沉管灌注桩，±0.000 以上墙体采用标准砖、水泥砂浆石砌；±0.000 以下采用多孔砖、混合砂浆砌筑，建筑立面采用三段式设计，屋面是四坡水泥瓦；外墙以浅灰色涂料为主，二层以下为横条式仿青石棕色涂料，窗采用塑钢窗，内设塑钢推拉门，室内除公共部位均为粗装修，墙面为混合砂浆毛墙面，地面为水泥砂浆地坪，内门不装，只留洞口，安装部分包括普通水电				

表 6-8　造价指标

项　　目		单方造价/(元·m⁻²)	占总造价比例/%
总造价		817.72	100.00
土建		770.62	94.24
其中	结构	599.77	73.35
	装饰	170.85	20.89
安装		47.10	5.76
其中	水施	16.06	1.96
	电气	31.04	3.80

表 6-9　工程造价及费用组成

土建部分		
项　　目	平方米造价/元	占总造价百分比/%
总造价	770.62	100.00
分部分项工程费	620.65	80.54
综合费用	160.56	20.84
价差	−23.00	−2.98
劳动保险费	12.41	1.61

	安装部分									
项 目		总造价	主材料	安装费	其中 人工费	分部分项 工程费	综合费	税金	价差	劳动保 险费
水施	平方米造价/元	16.06	5.52	7.37	1.57	12.89	2.48	0.52	−0.11	0.28
	百分比/%	100.00	34.37	45.89	9.77	80.26	15.44	3.24	−0.68	1.74
电气	平方米造价/元	31.04	14.19	7.24	3.88	21.43	6.14	1.03	1.74	0.70
	百分比/%	100.00	45.72	23.32	12.50	69.04	19.78	3.32	5.61	2.26
合计	平方米造价/元	47.10	19.71	14.61	5.45	34.32	8.62	1.55	1.63	0.98
	百分比/%	100.00	41.85	31.02	11.57	72.87	18.30	3.29	3.46	2.08

表 6-10 土建部分构成比例及主要工程量

项 目	分部工程费/元	占全部分部工程比例/%	单位	工程量
土石方工程 挖土方	190 328	1.03	m³	0.24
打桩工程 沉管灌注桩 凿桩头	2 692 422	14.51	m³ 个	0.17 0.06
基础与垫层 独立基础	1 467 344	7.91	m³	0.08
砖石工程 多孔砖墙	1 085 582	5.85	m³	0.19
混凝土及钢筋混凝土 柱 梁 板	8 027 402	43.26	m³ m³ m³	0.05 0.08 0.12
屋面工程 混凝土瓦	641 658	3.46	m³	0.15
脚手架工程	335 952	1.81		
楼地面工程水泥 砂浆楼地面	511 763	2.76	m²	0.61
墙柱面工程 水泥砂浆墙柱面 混合砂浆墙柱面 石灰砂浆墙柱面	450 441	4.04	m² m² m²	0.81 1.49 0.66
顶棚工程	184 089	0.99		
门窗工程 塑钢门窗	1 983 982	10.69	m²	0.18
油漆涂料工程 外墙涂料 抹灰面乳胶漆	597 090	3.22	m² m²	0.63 0.64
其他工程	89 520	0.48		

表 6-11　主要工料消耗指标

项　目	单位	每平方米耗用量	每万元耗用量	项　目	单位	每平方米耗用量	每万元耗用量
一、定额用工				碎石	t	0.34	5.48
1. 土建	工日	5.04	81.20	标准砖	块	14.1	227
2. 水施	工日	0.10	—	多孔砖	块	67.6	1 089
3. 电气	工日	0.24	—	石灰	kg	16.59	267
二、材料消耗				2. 安装			
1. 土建				镀锌管	kg	0.16	—
钢筋	kg	75.18	1 211	UPVC 管	m	0.27	—
水泥	kg	279.46	4 503	型钢	kg	0.10	—
木材	m³	0.001	0.02	电线管	m	1.43	—
砂子	t	0.42	6.77	电线	m	5.06	—

五、概算指标的应用

概算指标的应用比概算定额具有更大的灵活性。由于它是一种综合性很强的指标，不可能与拟建工程的建筑特征、结构特征、自然条件、施工条件完全一致，因此，在选用概算指标时要十分慎重，选用的指标与设计对象在各个方面应尽量一致或接近，不一致的地方要进行换算，以提高准确性。

概算指标的应用一般有两种情况：第一种情况，设计对象的结构特征与概算指标一致时，可以直接套用；第二种情况，设计对象的结构特征与概算指标的规定局部不同时，要对指标的局部内容进行调整后再套用。

1. 概算指标直接套用

(1)建筑物的造价计算。计算公式为

　　　　综合单价＝拟建建筑面积×概算指标中每 1 m² 单位综合造价

　　　　土建造价＝拟建建筑面积×概算指标中每 1 m² 单位土建造价

　　　　暖卫电造价＝拟建建筑面积×概算指标中每 1 m² 单位暖卫电造价

　　　　采暖造价＝拟建建筑面积×概算指标中每 1 m² 单位采暖造价

　　　　给水排水造价＝拟建建筑面积×概算指标中每 1 m² 单位给水排水造价

　　　　电气照明造价＝拟建建筑面积×概算指标中每 1 m² 单位电气照明造价

应用案例 6-1

【题目】　某企业拟建一个化工车间，建筑面积为 6 500 m²，如果工程内容与表 6-12 概算指标中的内容基本相同，则可以直接套用表 6-12 的概算指标来计算拟建化工车间的造价。

表6-12 ××地区工业建筑工程单项形式概算参考指标

定额编号	工程名称	工作量 单位	工作量 计量	1 各分部占总价%	2 人工	3 材料	4 机械	5 企业管理费	6 规费	7 单位造价/元
1-1-004	化工车间 综合价	m²	2 000	100	7.16	60.02	5.64	10.37	16.81	1 208.23
	土建 / 水电暖卫	m²	2 000	91.68 / 8.32	6.54 / 0.62	54.57 / 5.45	5.38 / 0.26	9.57 / 0.80	15.62 / 1.19	1 107.71 / 100.52
一	土建	m²	2 000	100	7.13	59.52	5.87	10.44	17.04	1 107.71
扩大分部 1	土石方	m³	—	100 / 0.33	70.18 / 0.23			11.72 / 0.04	18.1 / 0.06	3.66
2	砖	m³	—	100 / 12.27	7.16 / 0.84	64.23 / 7.88	2.79 / 0.34	10.72 / 1.32	15.1 / 1.83	135.92
3	脚手架	m²	—	100 / 2.89	9.57 / 0.28	54.77 / 1.58	5.84 / 0.17	11.72 / 0.34	18.1 / 0.52	32.01
4	钢筋混凝土	m³	—	100 / 29.58	5.12 / 1.51	67.23 / 19.87	2.85 / 0.84	9.72 / 2.88	15.08 / 4.46	327.66
5	金属构件运输安装	m³	—	100 / 6.94	5.59 / 0.39	35.05 / 2.43	29.54 / 2.05	11.72 / 0.81	18.1 / 1.26	71.89
6	塑地墙	m²	—	100 / 14.39	5.76 / 0.83	60.45 / 8.70	3.97 / 0.57	11.72 / 1.69	18.1 / 2.60	159.40
7	楼地面	m²	—	100 / 1.16	3.80 / 0.05	81.96 / 0.72	4.42 / 0.05	11.72 / 0.14	18.1 / 0.20	12.85
8	屋面	m²	—	100 / 16.21	3.53 / 1.14	65.52 / 9.43	1.13 / 0.22	11.72 / 2.13	18.1 / 3.29	179.56
9	装饰	m²	—	100 / 15.56	12.93 / 1.75	55.59 / 9.54	1.66 / 0.23	11.72 / 1.59	18.1 / 2.45	172.36
10	金属	t	—	100 / 0.67	3.86 / 0.03	61.38 / 0.41	4.94 / 0.03	11.72 / 0.08	18.1 / 0.12	7.42
二	暖卫电	m²	2 000	100	68.85	2.89	9.06	8.86	10.34	100.52
扩大分部 1	采暖	m²	—	100 / 63.50	68.64 / 42.96	2.33 / 1.46	9.22 / 6.04	9.50 / 6.22	10.31 / 6.82	63.83
2	给水排水	m²	—	100 / 16.16	67.64 / 10.58	0.58 / 0.48	10.30 / 1.76	9.08 / 1.39	12.40 / 1.75	16.24
3	电气照明	m²	—	100 / 20.34	77.91 / 15.84	0.61 / 0.12	5.98 / 1.22	6.77 / 1.38	8.73 / 1.78	20.45

注：工程结构内容为单层混合结构，带形毛石基础，深度为2.2 m，建筑物高度为8～8.5 m，水泥砂浆外墙，外墙厚度为370～490 mm，内墙抹灰，水泥地面，厚度为240 mm，水泥池面，大型屋面板，珍珠岩保温，SBS改性沥青卷材防水，木门窗

【解析】 综合造价＝6 500×1 208.23＝7 853 495(元)

土建造价＝6 500×1 107.71＝7 200 115(元)

暖卫电造价＝6 500×100.52＝653 380(元)

采暖造价＝6 500×63.83＝414 895(元)

给水排水造价＝6 500×16.24＝105 560(元)

电气照明造价＝6 500×20.45＝132 925(元)

(2)主要材料消耗量的计算。其计算公式为

$$材料消耗量＝拟建建筑面积×概算指标中 100\ m^2\ 材料消耗量/100$$

应用案例 6-2

【题目】 某企业拟建操作车间，建筑面积为 1 000 m²。如果拟建建筑物的特征和主要结构条件与表 6-13 所依据的建筑物的条件基本相同，则可以直接利用该表的概算指标来计算拟建建筑物的主要材料的消耗量。

【解析】 钢材消耗量＝1 000×3.75/100＝37.5(t)

水泥消耗量＝1 000×16.15/100＝161.5(t)

塑钢消耗量＝1 000×3.93/100＝39.3(m³)

砖消耗量＝1 000×22.12/100＝221.2(千块)

玻璃消耗量＝1 000×35.02/100＝350.2(m²)

表 6-13　××地区装配车间每 100 m² 概算参考指标

材料名称	单　　位	消耗量
钢材	t	3.75
水泥	t	16.15
塑钢	m²	3.93
砖	千块	22.12
玻璃	m²	35.02
生石灰	t	4.15
砂	m³	31.12
碎石	m³	32.89
油毡	m²	235.72
沥青	t	0.62
圆钉	kg	11.80
钢丝	kg	110.89

2. 概算指标调整后再套用

(1)每 100 m² 造价的调整。调整的思路如同定额换算，即从原每 100 m² 概算造价中减去每 100 m² 建筑面积需换算出结构构件的价值，加上每 100 m² 建筑面积需换入结构构件的价值，即得每 100 m² 修正概算造价调整指标，再将每 100 m² 造价调整指标乘以设计对象的建筑面积，即得出拟建工程的概算造价。

应用案例 6-3

【题目】 某单层工业厂房造价指标为 427.72 元/m²，其概算指标见表 6-14。拟建厂房与该厂房技术条件相符。但在结构因素上拟建厂房是采用大型板墙作围护结构，而原指标厂房是石棉瓦墙。试对原概算指标进行调整。

表 6-14 某单层工业厂房概算指标

序号	分部分项	每平方米工程量	占造价的百分比/%	每平方米造价	分部分项单价	说 明
1	基础	0.43 m³	5.1	21.81	50.70 元/m³	—
2	外围结构	0.58 m³	6.6	28.23	18.67 元/m³	
	石棉瓦墙	(0.21 m³)	(6.6)	(28.23)	132.82 元/m³	—
3	柱	—	8	34.22		
	钢筋混凝土	(0.008 m³)	(0.3)	(1.28)	166.65 元/m³	
	钢结构	(0.046 t)	(7.7)	(32.94)	716.09 元/t	
4	吊车梁	0.139 t	24	102.65	739.05 元/t	
5	屋盖		10.2	43.63	—	
	承重结构	(1.05 m²)	(9.2)	(39.35)	37.48 元/m²	
	卷材屋面	(1.02 m²)	(1.0)	(4.28)	4.07 元/m²	
6	地平面	—	1.6	6.84		
7	钢平台	0.153 m²	34.1	145.86	953.33 元/m²	
8	其他	—	10.4	44.48		
	合计			427.72		

【解析】 调整方法是，从原造价指标中减去原结构单价，加上新结构单价，公式表达如下：

结构变化后的单位造价＝原造价指标－（每平方米新结构含量×新结构单价－

原指标每平方米旧结构含量×旧结构单价）

根据现行方案和参考有关指标，每平方米建筑面积大型板墙围护的工程量为 0.36 m³，单

价为 8.33 元/m³，则

$$变化后每平方米造价＝427.72＋0.36×8.33－0.21×132.82$$
$$＝402.83(元)$$

(2)每 100 m² 工料数量的调整。调整的思路是：从所选定指标的工料消耗量中，换出与拟建工程不同的结构构件的工料消耗量，换入所需结构构件的工料消耗量。

关于换出、换入的工料数量，是根据换出、换入结构构件的工程量乘以相应的概算定额中工料消耗指标得到的。根据调整后的工料消耗量和地区材料预算价格，人工工资标准、机械台班预算单价，计算每 100 m² 的概算基价，然后根据有关取费规定，计算每 100 m² 的概算造价。

知识拓展：
概算指标和概算定额
的区别与联系

这种方法主要适用于不同地区的同类工程编制概算。用概算指标编制工程概算，工程量的计算工作很小，也节省了大量的定额套用和工料分析工作，因此，使用这种方法比用概算定额编制工程概算的速度要快，但是准确性要差一些。

任务三　投资估算指标

◎ **任务重点**

投资估算指标的概念、投资估算指标的编制。

一、投资估算指标的概念及作用

1. 投资估算指标的概念

投资估算指标用于编制投资估算，往往以独立的单项工程或完整的工程项目为计算对象，其主要作用是为项目决策和投资控制提供依据。投资估算指标比其他各种计价定额具有更大的综合性和概括性。

建设项目投资估算指标有两种：一种是工程总投资或总造价指标；另一种是以生产能力或其他计量单位为计算单位的综合投资指标。单项工程投资估算指标一般以生产能力等为计算单位，包括建筑安装工程费、设备及工器具购置费及应计入单项工程投资的其他费用。

单位工程投资估算指标一般以 m²、m³、座等为单位。

🔧 **特别提醒**　投资估算指标应列出工程内容、结构特征等资料，以便应用时依据实际情况进行必要的调整。

2. 投资估算指标的作用

(1)投资估算指标在编制项目建议书和可行性研究报告阶段是正确编制投资估算，合理确定项目投资额，进行正确的项目投资决策的重要基础。

(2)投资估算指标是投资决策阶段计算建设项目主要材料需用量的基础。

(3)投资估算指标是编制固定资产长远规划投资额的参考依据。

(4)投资估算指标在项目实施阶段是限额设计和控制工程造价的依据。

二、投资估算指标的内容

投资估算指标是确定和控制建设项目全过程各项投资支出的技术经济指标，其范围涉及建设前期、建设实施期和竣工验收交付使用期等各个阶段的费用支出，内容因行业不同而各异，一般可分为建设项目综合指标、单项工程指标和单位工程指标三个层次。

1. 建设项目综合指标

建设项目综合指标是指按规定应列入建设项目总投资的从立项筹建开始至竣工验收交付使用的全部投资额，包括单项工程投资、工程建设其他费用和预备费等。

建设项目综合指标一般以项目的综合生产能力单位投资表示，如元/t、元/kW，或以使用功能表示，如(医院床位)元/床。

2. 单项工程指标

单项工程指标是指按规定应列入能独立发挥生产能力或使用效益的单项工程内的全部投资额，包括建筑工程费、安装工程费、设备及工器具购置费和工程建设其他费用。其组成如图6-2所示。

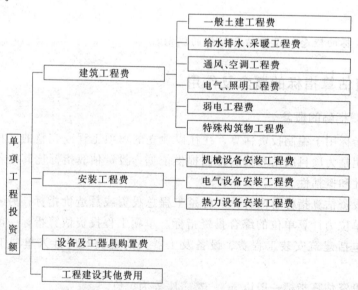

图 6-2 单项工程指标的组成

3. 单位工程指标

单位工程指标按规定应列入能独立设计、施工的工程项目的费用，即建筑安装工程费用。

单位工程指标一般以如下方式表示：例如，房屋区别于不同结构形式，以"元/m²"表示；道路区别于不同结构层、面层，以"元/m²"表示；水塔区别于不同结构层、容积，以"元/座"表示；管道区别于不同材质、管径，以"元/m"表示。

三、投资估算指标的编制

1. 投资估算指标的编制原则

(1)项目确定的原则。投资估算指标的确定，应当考虑以后若干年编制项目建议书和可行性研究投资估算的需要。

(2)坚持能分能合、有粗有细、细算粗编的原则。投资估算指标既是国家进行项目投资控制与指导的一项重要经济指标，又是编制投资估算的重要依据。因此，要求它能分能合、有粗有细、细算粗编，既要能反映一个建设项目全部投资及其构成，又要有组成建设项目投资的各个单项工程投资及具体分解指标，以使指标具有较强的实用性，扩大投资估算的覆盖面。

(3)投资估算指标的编制内容要具有更大的综合性、概括性和全面性。投资估算指标的编制不仅要反映不同行业、不同项目和不同工程的特点，而且还要反映项目建设和投产期间的静态、动态投资额，因此，要有比一般定额更大的综合性、概括性和全面性。

(4)坚持技术上先进可行、经济上合理的原则。投资估算的编制内容和典型工程的选取，必须符合国家的产业发展方向和技术经济政策。对建设项目的建设标准、工艺标准、建筑标准、占地标准、劳动定员标准等的确定，尽量做到立足国情、立足发展、立足工程实际，坚持技术上先进、可行和经济上低耗、合理，力争以较少的投入取得最大的效益。

(5)坚持与项目建议书和可行性研究报告的编制深度相适应。投资估算指标的分类、项目划分、项目内容、表现形式等，要结合各专业实际，还要与项目建议书和可行性研究报告的编制深度相适应。

2. 投资估算指标的编制依据

(1)依照不同的产品方案、工艺流程和生产规模，确定建设项目主要生产、辅助生产、公用设施，以及生活福利设施等单项工程的内容、规模、数量以及结构形式，经过分类、筛选、整理，选择具有代表性、符合技术发展方向、数量足够的已经建成或正在建设的，并具有重复使用可能的设计图纸及其工程量清单、设备清单、主要材料用量表和预算、决算资料。

(2)国家和主管部门制定颁发的建设项目用地定额、建设项目工期定额、单位工程施工工期定额及生产定员标准等。

(3)编制年度现行全国统一、地区统一的各类工程概、预算定额，各种费用标准。

(4)所在地区编制年度的各类工资标准、材料预算价格和各类工程造价指数。

(5)设备价格，包括原价和设备运杂费。

3. 投资估算指标的编制步骤

投资估算的编制是一项系统工程，它渗透的方面相当广，如产品规模、方案、工艺流程、设备选型、工程设计和技术经济等。因此，编制一开始就必须成立由专业人员和专家及相关领导参加的编制小组，制定一个包括编制原则、编制内容、指标的层次项目划分、表现形式、计量单位、计算、平衡、审查程序等内容的编制方案，具体指导编制工作。

投资估算指标编制工作一般可分为以下三个阶段进行：

(1)收集整理资料阶段。收集整理已建成或正在建设的，符合现行技术政策和技术发展方向、有可能重复采用的，有代表性的工程设计施工图和设计标准以及相应的竣工决算或施工图预算资料等。这些资料是编制工作的基础，资料收集得越多，反映的问题越多，编制工作中问题考虑得越全面，就越有利于提高投资估算指标的实用性和覆盖面。同时，对调查收集到的资料要选择占投资比例大、相互关联多的项目进行认真的分析整理，由于已建成或正在建设的工程的设计意图、建设时间和地点、资料的基础等不同，相互之间的差异很大，需要去粗取精、去伪存真地加以整理，才能重复利用。将整理后的数据资料按项目划分栏目加以归类，按照编制年度的现行定额、费用标准和价格，调整成编制年度的造价水平及相互比例。

(2)平衡调整阶段。由于调查收集的资料来源不同，虽然经过一定的分析整理，但还是难免会由于设计方案、建设条件和建设时间上的差异带来的某些影响，使数据失准或漏项等，因而必须对有关资料进行综合平衡调整。

(3)测算审查阶段。测算是将新编的指标和选定工程的概预算，在同一价格条件下进行比较，检验其"量差"的偏离程度是否在允许偏差的范围之内，如果偏差过大，则要查找原因，进行修正，以保证指标的准确、实用。另外，测算也是对指标编制质量进行的一次系统检查，应由专人进行，以保持测算口径的统一，然后在此基础上组织有关专业人员予以全面审查定稿。

四、投资估算指标的应用

投资估算指标为编制建设项目投资估算提供了重要的依据，为了保证投资估算准确，使用时一定要根据建设项目实施的时间、建设地点的自然条件和工程的具体情况等，进行必要的调整，切忌生搬硬套。

投资估算指标的应用内容见表 6-15。

表 6-15　投资估算指标的应用

序号	项　目	内　容
1	时间差异	投资估算指标编制年度所依据的各项定额、价格和费用标准可能会随时间的推移而有所变化。这些变化对项目投资的影响会因项目工期的长短而有所不同。项目投资估算一定要反映实施年度的造价水平；否则，将给项目投资留下缺口，失去控制投资的意义
2	建设地点差异	建设地点发生变化，水文、地质、气候、地震以及地形地貌等就会发生变化。这样必然要引起设计、施工的变化，由此引起投资的变化，除在投资估算指标中规定相应调整办法外，使用指标时必须依据建设地点的具体情况，研究具体处理方案，进行必要的调整

序号	项　目	内　容
3	设计差异	投资估算指标的编制是取材于已经建成或正在建设的工程设计和施工资料。而工程实践表明，设计是一种创造性的活动，简单的重复是不存在也是不允许的。建筑物层数、层高、开间、进深、结构形式、工业建筑的跨度、柱距、所用材料、施工工艺、设备选型等均会对投资产生影响，必须给予适当调整

 项目小结

本项目主要介绍概算定额、概算指标、投资估算指标的概念、作用、编制原则、编制依据、编制步骤、编制方法、编制内容，概算定额、概算指标和投资估算指标的应用等。通过本项目的学习，学生应能够编制概算定额、概算指标、投资估算指标。

 思考与练习

一、填空题

1. 概算定额是在_____的基础上，根据有代表性的建筑工程通用图和标准图等资料，进行综合、扩大和合并而成。

2. 概算指标的编制，一般分为_____、_____、_____三个阶段进行。

3. 建设项目投资估算指标有两种：一种是_____；另一种是_____。

4. 投资估算指标的内容，一般可分为_____、_____和_____三个层次。

二、选择题（有一个或多个答案）

1. 概算指标的编制依据有（　　）。

　　A. 标准设计图纸和各类工程典型设计

　　B. 国家颁发的建筑标准、设计规范、施工规范等

　　C. 各类工程造价资料

　　D. 现行的概算定额和预算定额及补充定额

　　E. 人工工资标准、材料预算价格、机械台班预算价格及其他价格资料

2. 投资估算指标的作用有（　　）。

　　A. 投资估算指标在编制项目建议书和可行性研究报告阶段是正确编制投资估算，合理确定项目投资额，进行正确的项目投资决策的重要基础

　　B. 投资估算指标是投资决策阶段计算建设项目主要材料需用量的基础

　　C. 投资估算指标是编制固定资产长远规划投资额的参考依据

　　D. 投资估算指标在项目实施阶段是限额设计和控制工程造价的依据

　　E. 投资估算指标在建设项目规划阶段，是估算投资和计算资源需要量的依据

三、简答题

1. 概算定额的作用有哪些？

2. 简述概算定额与预算定额的区别与联系。

3. 概算定额的编制原则主要有哪些？

4. 概算定额应用的注意事项有哪些？

5. 概算指标的作用有哪些？

6. 投资估算指标的编制原则有哪些？

项目七　工程费用和费用定额

知识目标

(1)了解我国现行工程费用构成、世界银行建设工程投资构成。

(2)熟悉设备购置费、工具器具及生产家具购置费的构成。

(3)熟悉建筑安装工程费用的构成。

(4)掌握建筑安装工程费用计算方法与计价程序。

(5)熟悉土地使用费、与项目建设有关的其他费用、与未来企业生产经营有关的其他费用的构成。

(6)熟悉预备费、建设期贷款利息、固定资产投资方向调节税和铺底流动资金的构成。

能力目标

(1)能够对具体工程项目计取工程费用。

(2)具备工程造价人员的基本能力。

素质目标

注意倾听他人对问题的描述,在公平和平等的基础上做出决策,了解并遵守各种行为规范和操作规范。

项目导读

工程费用是编制工程建设概预算、合理确定工程造价、编制招标标底和投标报价、签订工程承包合同、工程结算、合理确定建设项目投资及有效控制建设资金合理使用的重要依据,它对施工企业控制非生产性开支、降低工程成本、促进施工企业加强管理和提高经济效益起着积极的作用。

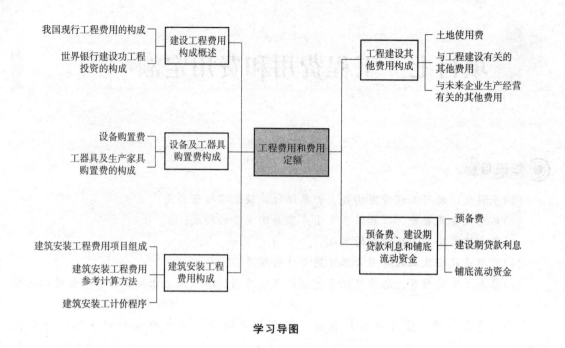

学习导图

任务一　建设工程费用构成概述

任务重点

我国现行工程费用的构成。

一、我国现行工程费用的构成

建设项目投资包含固定资产投资和流动资产投资两部分。建设项目总投资中的固定资产投资与建设项目的工程费用在量上相等。工程费用的构成按工程项目建设过程中各类费用支出或花费的性质、途径等来确定，是通过费用划分和汇集所形成的工程造价的费用分解结构。

在工程费用基本构成中，包括用于购买工程项目所含各种设备的费用，用于建筑施工和安装施工所需支出的费用，用于委托工程勘察设计应支付的费用，用于购置土地所需的费用，也包括用于建设单位自身进行项目筹建和项目管理的费用等。总之，工程费用是工程项目按照确定的建设内容、建设规模、建设标准、功能要求和使用要求等全部建成并验收合格交付使用所需的全部费用。

我国现行工程费用的构成主要划分为建筑安装工程费用、设备及工器具购置费用、工程建设其他费用、预备费、建设期贷款利息等几项。其构成如图 7-1 所示。

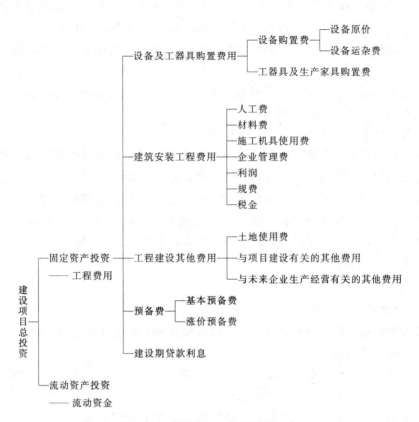

图 7-1 我国现行工程费用的构成

二、世界银行建设工程投资的构成

1978 年，世界银行、国际咨询工程师联合会对项目的总建设成本(相当于我国的建设工程总投资)做了统一规定，下面进行详细介绍。

1. 项目直接建设成市

项目直接建设成本包括以下几项内容。

(1)土地征购费。

(2)场外设施费用，如道路、码头、桥梁、机场、输电线路等设施费用。

(3)场地费用。场地费用是指用于场地准备、厂区道路、铁路、围栏、场内设施等建设费用。

(4)工艺设备费。工艺设备费是指主要设备、辅助设备及零配件的购置费。其包括海运包装费用、交货港离岸价，但不包括税金。

(5)设备安装费。设备安装费是指设备供应商的监理费用，本国劳务及工资费用，辅助材料、施工设备、消耗品和工具等的费用，以及安装承包商的管理费和利润等。

(6)管理系统费用。管理系统费用是指与系统的材料及劳务相关的全部费用。

(7)电气设备费。其内容与(4)项相似。

(8)电气安装费。电气安装费是指设备供应商的监理费用，我国劳务及工资费用，辅助材料、电缆、管道和工具费用，以及营造承包商的管理费和利润。

(9)仪器仪表费。仪器仪表费是指所有自动仪表、控制板、配线和辅助材料的费用以及供应商的监理费用、外国和本国劳务与工资费用、承包商的管理费和利润。

(10)机械的绝缘和油漆费。机械的绝缘和油漆费是指与机械及管道的绝缘和油漆相关的全部费用。

(11)工艺建筑费。工艺建筑费是指原材料、劳务费以及与基础、建筑结构、屋顶、内外装修、公共设施有关的全部费用。

(12)服务性建筑费。其内容与(11)项相似。

(13)工厂普通公共设施费。工厂普通公共设施费包括材料和劳务费以及与供水、燃料供应、通风、蒸汽、下水道、污物处理等公共设施有关的费用。

(14)其他当地费用。其他当地费用是指那些不能归类于以上任何一个项目,不能计入项目间接成本,但在建设期间又是必不可少的当地费用。如临时设备、临时公共设施及场地的维持费,营地设施及其管理,建筑保险和债券,杂项开支等费用。

2. 项目间接建设成本

项目间接建设成本包括以下几项内容。

(1)项目管理费。项目管理费包括以下四个方面的内容:

1)总部人员的薪金和福利费,以及用于初步和详细工程设计、采购、时间和成本控制、行政和其他一般管理的费用。

2)施工管理现场人员的薪金、福利费和用于施工现场监督、质量保证、现场采购、时间及成本控制、行政及其他施工管理机构的费用。

3)零星杂项费用,如返工、差旅、生活津贴、业务支出等。

4)各种酬金。

(2)开工试车费。开工试车费是指工厂投料试车必需的劳务和材料费用(项目直接成本包括项目完工后的试车和空运转费用)。

(3)业主的行政性费用。业主的行政性费用是指业主的项目管理人员费用及支出(其中某些费用必须排除在外,并在"估算基础"中详细说明)。

(4)生产前费用。生产前费用是指前期研究、勘测、建矿、采矿等费用(其中一些费用必须排除在外,并在"估算基础"中详细说明)。

(5)运费和保险费。运费和保险费是指海运、国内运输、许可证及佣金、海洋保险、综合保险等费用。

(6)地方税。地方税是指关税、地方税及对特殊项目征收的税金。

3. 应急费

应急费包括以下几项内容。

(1)未明确项目的准备金。此项准备金用于在估算时不可能明确的潜在项目,包括那些在做成本估算时因为缺乏完整、准确及详细的资料而不能完全预见和注明的项目,并且这些项目是必须完成的,或它们的费用是必定要发生的,在每一个组成部分中均单独以一定的百分比确定,并作为估算的一个项目单独列出。此项准备金不是为了支付工作范围以外可能增加的项目,不是用以应付天灾、非正常经济情况及罢工等情况,也不是用来补偿估算的任何误差,而是用来支付那些几乎可以肯定要发生的费用。因此,它是估算不可缺少的一个组成部分。

(2)不可预见准备金。此项准备金(在未明确项目准备金之外)用于在估算达到了一定的完整性并符合技术标准的基础上,由于物质、社会和经济的变化,导致估算增加的情况。此种情况可能发生,也可能不发生。因此,不可预见准备金只是一种储备,可能不动用。

4. 建设成市上升费用

通常,估算中使用的构成工资率、材料和设备价格基础的截止日期就是"估算日期"。必须对该日期或已知成本基础进行调整,以补偿直至工程结束时的未知价格增长。

应用提示　工程的各个主要组成部分(国内劳务和相关成本、本国材料、外国材料、本国设备、外国设备、项目管理机构)的细目划分确定以后,便可确定每个主要组成部分的增长率。这个增长率是一项判断因素,它以已发表的国内和国际成本指数、公司记录等为依据,并与实际供应进行核对,然后根据确定的增长率和从工程进度表中获得的每项活动的中点值,计算出每项主要组成部分的成本上升值。

任务二　设备及工器具购置费构成

任务重点

国产设备原价的构成及计算、进口设备原价的构成及计算、设备运杂费的构成。

设备及工器具购置费用是由设备购置费和工器具及生产家具购置费组成的,它是固定资产投资中的积极部分。在生产性工程建设中,设备及工器具购置费用占工程费用比例的增大,意味着生产技术的进步和资本有机构成的提高。

一、设备购置费

设备购置费是指达到固定资产标准,为建设工程项目购置或自制的各种国产或进口设备的费用,由设备原价和设备运杂费构成。

$$设备购置费＝设备原价＋设备运杂费$$

式中,设备原价是指国产设备或进口设备的原价;设备运杂费是指除设备原价外的关于设备采购、运输、途中包装及仓库保管等方面支出费用的总和。

(一)国产设备原价的构成及计算

国产设备原价一般是指设备制造厂的交货价,或订货合同价。它一般根据生产厂家或供应商的询价、报价、合同价确定,或采用一定的方法计算确定。国产设备原价分为国产标准设备原价和国产非标准设备原价。

1. 国产标准设备原价

国产标准设备是指按照主管部门颁布的标准图纸和技术要求,由设备生产厂批量生产的，符合国家质量检验标准的设备。国产标准设备原价一般是指设备制造厂的交货价，即出厂价。如设备由设备公司成套供应，则以订货合同价为设备原价。有的设备有两种出厂价，即带有备件的出厂价和不带有备件的出厂价。在计算设备原价时，一般按带有备件的出厂价计算。

2. 国产非标准设备原价

国产非标准设备是指国家尚无定型标准，各设备生产厂不可能在工艺过程中采用批量生产，只能按一次订货，并根据具体的设计图纸制造的设备。非标准设备原价有多种不同的计算方法，如成本计算估价法、系列设备插入估价法、分部组合估价法、定额估价法等。但无论采用哪种方法，都应该使非标准设备计价接近实际出厂价，并且计算方法要简便。

按成本计算估价法，非标准设备的原价由以下各项组成。

(1)材料费。其计算公式为

$$材料费=材料净重×(1+加工损耗系数)×每吨材料综合价$$

(2)加工费。加工费包括生产工人工资和工资附加费、燃料动力费、设备折旧费、车间经费等。其计算公式为

$$加工费=设备总质量(吨)×设备每吨加工费$$

(3)辅助材料费(简称辅材费)。辅助材料费包括焊条、焊丝、氧气、氩气、氮气、油漆、电石等费用。其计算公式为

$$辅助材料费=设备总质量×辅助材料费指标$$

(4)专用工具费。按(1)~(3)项之和乘以一定百分比计算。

(5)废品损失费。按(1)~(4)项之和乘以一定百分比计算。

(6)外购配套件费。按设备设计图纸所列的外购配套件的名称、型号、规格、数量、质量，根据相应的价格加运杂费计算。

(7)包装费。按以上(1)~(6)项之和乘以一定百分比计算。

(8)利润。按(1)~(5)项加(7)项之和乘以一定利润率计算。

(9)税金。税金主要是指增值税，计算公式为

增值税=当期销项税额-进项税额当期销项税额=销售额×适用增值税税率销售额为(1)~(8)项之和。

(10)非标准设备设计费：按国家规定的设计费收费标准计算。

综上所述，单台非标准设备原价可用下面的公式表达：

$$
\begin{aligned}
单台非标准设备原价=&\{[(材料费+加工费+辅助材料费)×(1+专用工具费费率)× \\
&(1+废品损失费费率)+外购配套件费]×(1+包装费费率)- \\
&外购配套件费\}×(1+利润率)+销项税金+非标准设备设计费+ \\
&外购配套件费
\end{aligned}
$$

(二)进口设备原价的构成及计算

进口设备的原价是指进口设备的抵岸价，即抵达买方边境港口或边境车站，且交完关税等税费后形成的价格。进口设备抵岸价的构成与进口设备的交货方式有关。

1. 进口设备的交货方式

进口设备的交货方式可分为内陆交货类、目的地交货类、装运港交货类，见表7-1。

表 7-1 进口设备的交货方式

序号	交货方式	说　明
1	内陆交货类	内陆交货类即卖方在出口国内陆的某个地点交货。在交货地点，卖方及时提交合同规定的货物和有关凭证，并负担交货前的一切费用和风险；买方按时接收货物，交付货款，负担接货后的一切费用和风险，并自行办理出口手续和装运出口。货物的所有权也在交货后由卖方转移给买方
2	目的地交货类	目的地交货类即卖方在进口国的港口或内地交货，有目的港船上交货价、目的港船边交货价(FOS)、目的港码头交货价(关税已付)及完税后交货价(进口国的指定地点)等几种交货价。它们的特点是：买卖双方承担的责任、费用和风险是以目的地约定交货点为分界线，只有当卖方在交货点将货物置于买方控制下才算交货，才能向买方收取货款。这种交货类别对卖方来说承担的风险较大，在国际贸易中卖方一般不愿采用
3	装运港交货类	装运港交货类即卖方在出口国装运港交货，主要有装运港船上交货价(FOB)，习惯称为离岸价格，运费在内价(C&F)和运费、保险费在内价(CIF)，习惯称到岸价格。它们的特点是：卖方按照约定的时间在装运港交货，只要卖方把合同规定的货物装船后提供货运单据便完成交货任务，可凭单据收回货款。 装运港船上交货价(FOB)是我国进口设备采用最多的一种货价。采用船上交货价时，卖方的责任包括：在规定的期限内，负责在合同规定的装运港口将货物装上买方指定的船只，并及时通知买方；负担货物装船前的一切费用和风险，负责办理出口手续；提供出口国政府或有关方面签发的证件；负责提供有关装运单据。买方的责任是：负责租船或订舱，支付运费，并将船期、船名通知卖方；负担货物装船后的一切费用和风险；负责办理保险及支付保险费，办理在目的港的进口和收货手续；接收卖方提供的有关装运单据，并按合同规定支付货款

2. 进口设备原价的构成及计算

进口设备采用最多的是装运港船上交货价(FOB)。其抵岸价的构成可概括为

进口设备原价＝货价＋国际运费＋运输保险费＋银行财务费＋外贸手续费＋
关税＋增值税＋消费税＋海关监管手续费＋车辆购置附加费

(1)货价。货价一般是指装运港船上交货价(FOB)。设备货价分为原币货价和人民币货价。原币货价一律折算为美元表示；人民币货价按原币货价乘以外汇市场美元兑换人民币中间价确定。进口设备货价按有关生产厂商询价、报价、订货合同价计算。

(2)国际运费。国际运费是指从装运港(站)到达我国抵达港(站)的运费。我国进口设备大部分采用海洋运输，小部分采用铁路运输，个别采用航空运输。进口设备国际运费的计算公式为

$$国际运费(海、陆、空)＝原币货价(FOB)\times 运费费率$$
$$国际运费(海、陆、空)＝运量\times 单位运价$$

其中，运费费率或单位运价参照有关部门或进出口公司的规定执行。

(3)运输保险费。对外贸易货物运输保险是由保险人(保险公司)与被保险人(出口人或进口人)订立保险契约，在被保险人交付议定的保险费后，保险人根据保险契约的规定对货物在运输过程中发生的承保责任范围内的损失给予经济上的补偿。这是一种财产保险。其计算公式为

$$运输保险费＝\frac{原币货价(FOB)＋国外运费}{1－保险费费率}\times 保险费费率$$

其中，保险费费率按保险公司规定的进口货物保险费费率计算。

(4)银行财务费。一般是指中国银行手续费，可按下式简化计算：

$$银行财务费＝人民币货价(FOB)×银行财务费费率$$

(5)外贸手续费。外贸手续费是指按商务部规定的外贸手续费费率计取的费用，外贸手续费费率一般取1.5%。其计算公式为

$$外贸手续费＝[装运港船上交货价(FOB)＋国际运费＋运输保险费]×外贸手续费费率$$

(6)关税。由海关对进出国境或关境的货物和物品征收的一种税。其计算公式为

$$关税＝到岸价格(CIF)×进口关税税率$$

其中，到岸价格(CIF)包括离岸价格(FOB)、国际运费、运输保险费等费用，可以作为关税完税价格。进口关税税率按我国海关总署发布的进口关税税率计算。

(7)增值税。增值税是对从事进口贸易的单位和个人，在进口商品报关进口后征收的税种。我国规定，进口应税产品均按组成计税价格和增值税税率直接计算应纳税额，即

$$进口产品增值税税额＝组成计税价格×增值税税率$$

$$组成计税价格＝关税完税价格＋关税＋消费税$$

增值税税率根据规定的税率计算。

(8)消费税。对部分进口设备(如轿车、摩托车等)征收，一般计算公式为

$$应纳消费税额＝\frac{到岸价＋关税}{1－消费税税率}×消费税税率$$

其中，消费税税率根据规定的税率计算。

(9)海关监管手续费。海关监管手续费是指海关对进口减税、免税、保税货物实施监督、管理，提供服务的手续费。对于全额征收进口关税的货物，不计本项费用。其计算公式如下：

$$海关监管手续费＝到岸价×海关监管手续费费率$$

(10)车辆购置附加费。车辆购置附加费是指进口车辆需缴进口车辆购置附加费。其计算公式如下：

$$进口车辆购置附加费＝(到岸价＋关税＋消费税＋增值税)×进口车辆购置附加费费率$$

(三)设备运杂费的构成

设备运杂费通常由下列各项构成。

(1)国产标准设备由设备制造厂交货地点起至工地仓库(或施工组织设计指定的需要安装设备的堆放地点)止所发生的运费和装卸费。

进口设备则由我国到岸港口、边境车站起至工地仓库(或施工组织设计指定的需要安装设备的堆放地点)止所发生的运费和装卸费。

(2)在设备出厂价格中没有包含的设备包装和包装材料器具费；在设备出厂价或进口设备价格中如已包含了此项费用，则不应重复计算。

(3)供销部门的手续费，按有关部门规定的统一费率计算。

(4)建设单位(或工程承包公司)的采购与仓库保管费，是指采购、验收、保管和收发设备所发生的各种费用，包括设备采购、保管和管理人员工资、工资附加费、办公费、差旅交通费、设备供应部门办公和仓库所占固定资产使用费、工具用具使用费、劳动保护费、检验试验费等。这些费用可按主管部门规定的采购及保管费费率计算。

设备运杂费按设备原价乘以设备运杂费费率计算。其计算公式为

$$设备运杂费＝设备原价×设备运杂费费率$$

其中，设备运杂费费率按各部门及省、市等的规定计取。

应用提示 沿海和交通便利的地区，设备运杂费费率相对低一些；内地和交通不很便利的地区就要相对高一些，边远省份则要更高一些。对于非标准设备来讲，应尽量就近委托设备制造厂，以大幅度降低设备运杂费。进口设备由于原价较高，在国内的运距较短，运杂费费率应适当降低。

二、工器具及生产家具购置费的构成

工器具及生产家具购置费是指新建或扩建项目初步设计规定的，保证初期正常生产必须购置的没有达到固定资产标准的设备、仪器、工卡模具、器具、生产家具和备品备件等购置费用。一般以设备购置费为计算基数，按照部门或行业规定的工器具及生产家具费费率计算。其计算公式为

$$工器具及生产家具购置费＝设备购置费×定额费费率$$

任务三　建筑安装工程费用构成

◎ 任务重点

人工费、材料费、施工机具使用费、企业管理费和利润、分项工程费、措施项目费、其他项目费的计算。

一、建筑安装工程费用项目组成

(一)按费用构成要素划分

建筑安装工程费按照费用构成要素划分，由人工费、材料(包含工程设备，下同)费、施工机具使用费、企业管理费、利润、规费和税金组成。其中，人工费、材料费、施工机具使用费、企业管理费和利润包含在分部分项工程费、措施项目费、其他项目费中，如图7-2所示。

1. 人工费

人工费是指按工资总额构成规定，支付给从事建筑安装工程施工的生产工人和附属生产单位工人的各项费用。其内容包括：

(1)计时工资或计件工资：是指按计时工资标准和工作时间或对已做工作按计件单价支付给个人的劳动报酬。

(2)奖金：是指对超额劳动和增收节支的个人支付的劳动报酬。如节约奖、劳动竞赛奖等。

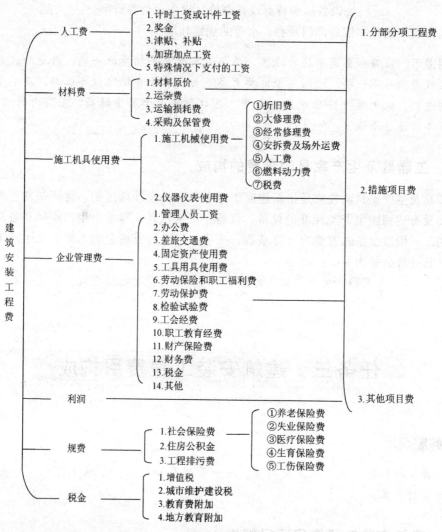

图 7-2 建筑安装工程费用项目组成（按费用构成要素划分）

（3）津贴、补贴：是指为了补偿职工特殊或额外的劳动消耗和因其他特殊原因支付给个人的津贴，以及为了保证职工工资水平不受物价影响支付给个人的物价补贴。如流动施工津贴、特殊地区施工津贴、高温(寒)作业临时津贴、高空津贴等。

（4）加班加点工资：是指按规定支付的在法定节假日工作的加班工资和在法定日工作时间外延时工作的加点工资。

（5）特殊情况下支付的工资：是指根据国家法律法规和政策的规定，因病、工伤、产假、计划生育假、婚丧假、事假、探亲假、定期休假、停工学习、执行国家或社会义务等原因按计时工资标准或计时工资标准的一定比例支付的工资。

2. 材料费

材料费是指施工过程中耗费的原材料、辅助材料、构配件、零件、半成品或成品、工程设备的费用。其内容包括：

（1）材料原价：是指材料、工程设备的出厂价格或商家供应价格。

（2）运杂费：是指材料、工程设备自来源地运至工地仓库或指定堆放地点所发生的全部费用。

（3）运输损耗费：是指材料在运输装卸过程中不可避免的损耗。

（4）采购及保管费：是指为组织采购、供应和保管材料、工程设备的过程中所需要的各项费用。其中，包括采购费、仓储费、工地保管费、仓储损耗费。

工程设备是指构成或计划构成永久工程一部分的机电设备、金属结构设备、仪器装置及其他类似的设备和装置。

3. 施工机具使用费

施工机具使用费是指施工作业所发生的施工机械、仪器仪表使用费或其租赁费。

（1）施工机械使用费。施工机械使用费以施工机械台班耗用量乘以施工机械台班单价表示，施工机械台班单价应由下列七项费用组成：

1）折旧费：是指施工机械在规定的使用年限内，陆续收回其原值的费用。

2）大修理费：是指施工机械按规定的大修理间隔台班进行必要的大修理，以恢复其正常功能所需的费用。

3）经常修理费：是指施工机械除大修理外的各级保养和临时故障排除所需的费用。包括为保障机械正常运转所需替换设备与随机配备工具附具的摊销和维护费用，机械运转中日常保养所需润滑与擦拭的材料费用及机械停滞期间的维护和保养费用等。

4）安拆费及场外运费：安拆费指施工机械（大型机械除外）在现场进行安装与拆卸所需的人工、材料、机械和试运转费用以及机械辅助设施的折旧、搭设、拆除等费用；场外运费指施工机械整体或分体自停放地点运至施工现场或由一施工地点运至另一施工地点的运输、装卸、辅助材料及架线等费用。

5）人工费：是指机上司机（司炉）和其他操作人员的人工费。

6）燃料动力费：是指施工机械在运转作业中所消耗的各种燃料，以及水、电等。

7）税费：是指施工机械按照国家规定应缴纳的车船使用税、保险费及年检费等。

（2）仪器仪表使用费。仪器仪表使用费是指工程施工所需使用的仪器仪表的摊销及维修费用。

4. 企业管理费

企业管理费是指建筑安装企业组织施工生产和经营管理所需的费用。其内容如下：

（1）管理人员工资：是指按规定支付给管理人员的计时工资，奖金，津贴、补贴，加班加点工资及特殊情况下支付的工资等。

（2）办公费：是指企业管理办公用的文具、纸张、账表、印刷、邮电、书报、办公软件、现场监控、会议、水电、烧水和集体取暖降温（包括现场临时宿舍取暖降温）等费用。

（3）差旅交通费：是指职工因公出差、调动工作的差旅费、住勤补助费，市内交通费和误餐补助费，职工探亲路费，劳动力招募费，职工退休、退职一次性路费，工伤人员就医路费，工地转移费以及管理部门使用的交通工具的油料、燃料等费用。

（4）固定资产使用费：是指管理和试验部门及附属生产单位使用的属于固定资产的房屋、设备、仪器等的折旧、大修、维修或租赁费。

（5）工具用具使用费：是指企业施工生产和管理使用的不属于固定资产的工具、器具、家具、交通工具和检验、试验、测绘、消防用具等的购置、维修和摊销费。

(6)劳动保险和职工福利费：是指由企业支付的职工退职金、按规定支付给离休干部的经费，集体福利费、夏季防暑降温、冬季取暖补贴、上下班交通补贴等。

(7)劳动保护费：是企业按规定发放的劳动保护用品的支出。如工作服、手套、防暑降温饮料以及在有碍身体健康的环境中施工的保健费用等。

(8)检验试验费：是指施工企业按照有关标准规定，对建筑以及材料、构件和建筑安装物进行一般鉴定、检查所发生的费用，包括自设试验室进行试验所耗用的材料等费用。其中不包括新结构、新材料的试验费，对构件做破坏性试验及其他特殊要求检验试验的费用和建设单位委托检测机构进行检测的费用。此类检测发生的费用，由建设单位在工程建设其他费用中列支。但对施工企业提供的具有合格证明的材料进行检测不合格的，该检测费用由施工企业支付。

(9)工会经费：是指企业按工会法规定的全部职工工资总额比例计提的工会经费。

(10)职工教育经费：是指按职工工资总额的规定比例计提，企业为职工进行专业技术和职业技能培训，专业技术人员继续教育、职工职业技能鉴定、职业资格认定以及根据需要对职工进行各类文化教育所发生的费用。

(11)财产保险费：是指施工管理用财产、车辆等的保险费用。

(12)财务费：是指企业为施工生产筹集资金或提供预付款担保、履约担保、职工工资支付担保等所发生的各种费用。

(13)税金：是指企业按规定缴纳的房产税、车船使用税、土地使用税、印花税等。

(14)其他：其他费用包括技术转让费、技术开发费、投标费、业务招待费、绿化费、广告费、公证费、法律顾问费、审计费、咨询费、保险费等。

5. 利润

利润是指施工企业完成所承包工程获得的营利。

6. 规费

规费是指按国家法律、法规规定，由省级政府和省级有关权力部门规定必须缴纳或计取的费用。其内容如下：

(1)社会保险费。

1)养老保险费：是指企业按照规定标准为职工缴纳的基本养老保险费。

2)失业保险费：是指企业按照规定标准为职工缴纳的失业保险费。

3)医疗保险费：是指企业按照规定标准为职工缴纳的基本医疗保险费。

4)生育保险费：是指企业按照规定标准为职工缴纳的生育保险费。

5)工伤保险费：是指企业按照规定标准为职工缴纳的工伤保险费。

(2)住房公积金：是指企业按规定标准为职工缴纳的住房公积金。

(3)工程排污费：是指按规定缴纳的施工现场工程排污费。

其他应列而未列入的规费，则按实际发生计取。

7. 税金

税金是指国家税法规定的应计入建筑安装工程造价内的增值税、城市维护建设税、教育费附加及地方教育附加。

(二)按造价形成划分

建筑安装工程费按照工程造价形成由分部分项工程费、措施项目费、其他项目费、规费、税金组成。分部分项工程费、措施项目费、其他项目费包含人工费、材料费、施工机具使用费、企业管理费和利润，如图7-3所示。

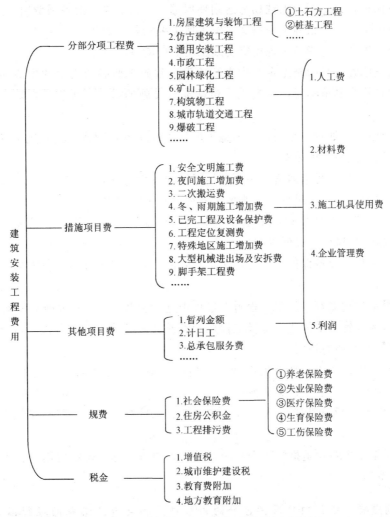

图 7-3　建筑安装工程费用项目组成(按造价形成划分)

1. 分部分项工程费

分部分项工程费是指各专业工程的分部分项工程应予列支的各项费用。

(1)专业工程：是指按现行国家计量规范划分的房屋建筑与装饰工程、仿古建筑工程、通用安装工程、市政工程、园林绿化工程、矿山工程、构筑物工程、城市轨道交通工程、爆破工程等各类工程。

(2)分部分项工程：是指按现行国家计量规范对各专业工程划分的项目。如房屋建筑与装饰工程划分的土石方工程、地基处理与桩基工程、砌筑工程、钢筋及钢筋混凝土工程等。

👤 **特别提醒**　各类专业工程的分部分项工程划分见现行国家或行业计量规范。

2. 措施项目费

措施项目费是指为完成建设工程施工，发生于该工程施工前和施工过程中的技术、生活、安全、环境保护等方面的费用。其内容包括：

(1)安全文明施工费。

1)环境保护费：是指施工现场为达到环保部门要求所需要的各项费用。

2)文明施工费：是指施工现场文明施工所需要的各项费用。

3)安全施工费：是指施工现场安全施工所需要的各项费用。

4)临时设施费：是指施工企业为进行建设工程施工所必须搭设的生活和生产用的临时建筑物、构筑物和其他临时设施费用，包括临时设施的搭设、维修、拆除、清理费或摊销费等。

(2)夜间施工增加费：是指因夜间施工所发生的夜班补助费、夜间施工降效、夜间施工照明设备摊销及照明用电等费用。

(3)二次搬运费：是指因施工场地条件限制而发生的材料、构配件、半成品等一次运输不能到达堆放地点，必须进行二次或多次搬运而发生的费用。

(4)冬、雨期施工增加费：是指在冬期或雨期施工需增加的临时设施、防滑、排除雨雪，人工及施工机械效率降低等费用。

(5)已完工程及设备保护费：是指竣工验收前，对已完工程及设备采取的必要保护措施所发生的费用。

(6)工程定位复测费：是指工程施工过程中进行全部施工测量放线和复测工作的费用。

(7)特殊地区施工增加费：是指工程在沙漠或其边缘地区、高海拔、高寒、原始森林等特殊地区施工而增加的费用。

(8)大型机械设备进出场及安拆费：是指机械整体或分体自停放场地运至施工现场或由一个施工地点运至另一个施工地点，所发生的机械进出场运输及转移费用与机械在施工现场进行安装、拆卸所需的人工费、材料费、机械费、试运转费和安装所需辅助设施的费用。

(9)脚手架工程费：是指施工需要的各种脚手架搭、拆、运输费用及脚手架购置费的摊销(或租赁)费用。

👤 **特别提醒** 措施项目及其包含的内容详见各类专业工程的现行国家或行业计量规范。

3. 其他项目费

(1)暂列金额：是指建设单位在工程量清单中暂定并包括在工程合同价款中的一笔款项。用于施工合同签订时尚未确定或者不可预见的所需材料、工程设备、服务的采购，施工中可能发生的工程变更、合同约定调整因素出现时的工程价款调整以及发生的索赔、现场签证确认等的费用。

(2)计日工：是指在施工过程中，施工企业完成建设单位提出的施工图纸以外的零星项目或工作所需的费用。

(3)总承包服务费：是指总承包人为配合、协调建设单位进行的专业工程发包，对建设单位自行采购的材料、工程设备等进行保管，以及施工现场管理、竣工资料汇总整理等服务所需的费用。

4. 规费

建筑安装工程费用项目组成按造价形成划分时，规费的定义与按费用构成要素划分时的相同。

5. 税金

建筑安装工程费用项目组成按造价形成划分时，税金的定义与按费用构成要素划分时的相同。

二、建筑安装工程费用参考计算方法

(一)各费用构成要素参考计算方法

1. 人工费

公式1

$$人工费 = \sum(工日消耗量 \times 日工资单价)$$

$$日工资单价 = \frac{生产工人平均月工资(计时、计件) + 平均月(奖金 + 津贴、补贴 + 特殊情况下支付的工资)}{年平均每月法定工作日}$$

注：公式1主要适用于施工企业投标报价时自主确定人工费，也是工程造价管理机构编制计价定额确定定额人工单价或发布人工成本信息的参考依据。

公式2

$$人工费 = \sum(工程工日消耗量 \times 日工资单价)$$

注：公式2适用于工程造价管理机构编制计价定额时确定定额人工费，是施工企业投标报价的参考依据。

日工资单价是指施工企业平均技术熟练程度的生产工人在每工作日(国家法定工作时间内)按规定从事施工作业应得的日工资总额。

工程造价管理机构确定日工资单价应通过市场调查、根据工程项目的技术要求，参考实物工程量人工单价综合分析确定，最低日工资单价不得低于工程所在地人力资源和社会保障部门所发布的最低工资标准：普工1.3倍、一般技工2倍、高级技工3倍。

特别提醒 计价定额不可只列一个综合工日单价，应根据工程项目技术要求和工种差别适当划分多种日人工单价，确保各分部工程人工费的合理构成。

2. 材料费

(1)材料费。其计算公式为

$$材料费 = \sum(材料消耗量 \times 材料单价)$$

$$单价 = (材料原价 + 运杂费) \times [1 + 运输损耗率(\%)] \times [1 + 采购及保管费费率(\%)]$$

(2)工程设备费。其计算公式为

$$工程设备费 = \sum(工程设备量 \times 工程设备单价)$$

$$工程设备单价＝(设备原价＋运杂费)×[1＋采购及保管费费率(\%)]$$

3. 施工机具使用费

(1)施工机械使用费。其计算公式为

$$施工机械使用费＝\sum(施工机械台班消耗量×机械台班单价)$$

$$机械台班单价＝台班折旧费＋台班大修费＋台班经常修理费＋台班安拆费及场外运费＋$$
$$台班人工费＋台班燃料动力费＋台班车船税费$$

注：工程造价管理机构在确定计价定额中的施工机械使用费时，应根据《建设工程施工机械台班费用编制规则》，并结合市场调查编制施工机械台班单价。施工企业可以参考工程造价管理机构发布的台班单价，自主确定施工机械使用费的报价，如租赁施工机械，公式为：施工机械使用费＝$\sum$(施工机械台班消耗量×机械台班租赁单价)。

(2)仪器仪表使用费。其计算公式为

$$仪器仪表使用费＝工程使用的仪器仪表摊销费＋维修费$$

4. 企业管理费费率

(1)以分部分项工程费为计算基础。其计算公式为

$$企业管理费费率(\%)＝\frac{生产工人年平均管理费}{年有效施工天数×人工单价}×人工费占分部分项工程费比例(\%)$$

(2)以人工费和机械费合计为计算基础。其计算公式为

$$企业管理费费率(\%)＝\frac{生产工人年平均管理费}{年有效施工天数×(人工单价＋每一工日机械使用费)}×100\%$$

(3)以人工费为计算基础。其计算公式为

$$企业管理费费率(\%)＝\frac{生产工人年平均管理费}{年有效施工天数×人工单价}×100\%$$

注：上述公式适用于施工企业投标报价时自主确定管理费，是工程造价管理机构编制计价定额确定企业管理费的参考依据。

工程造价管理机构在确定计价定额中企业管理费时，应以定额人工费或(定额人工费＋定额机械费)作为计算基数，其费率根据历年工程造价积累的资料，辅以调查数据确定，列入分部分项工程和措施项目中。

5. 利润

(1)施工企业根据企业自身需求并结合建筑市场实际自主确定，并列入报价中。

(2)工程造价管理机构在确定计价定额中利润时，应以定额人工费或(定额人工费＋定额机械费)作为计算基数，其费率根据历年工程造价积累的资料，并结合建筑市场实际确定，以单位(单项)工程测算，利润在税前建筑安装工程费的比例可按不低于5%且不高于7%的费率计算。利润应列入分部分项工程和措施项目中。

6. 规费

(1)社会保险费和住房公积金。社会保险费和住房公积金应以定额人工费为计算基础，根据工程所在地省、自治区、直辖市或行业建设主管部门规定费率计算。其计算公式为

$$社会保险费和住房公积金＝\sum(工程定额人工费×社会保险费和住房公积金费率)$$

其中，社会保险费和住房公积金费率可以每万元发承包价的生产工人人工费和管理人员工

资含量与工程所在地规定的缴纳标准综合分析取定。

（2）工程排污费。工程排污费等其他应列而未列入的规费应按工程所在地环境保护等部门规定的标准缴纳，按实计取用并列入。

7. 税金

税金计算公式为

$$税金＝税前造价×综合税率（\%）$$

（二）建筑安装工程计价参考公式

1. 分部分项工程费

分部分项工程费计算公式为

$$分部分项工程费＝\sum（分部分项工程量×综合单价）$$

式中，综合单价包括人工费、材料费、施工机具使用费、企业管理费和利润及一定范围的风险费用（下同）。

2. 措施项目费

（1）国家计量规范规定应予计量的措施项目，其计算公式为

$$措施项目费＝\sum（措施项目工程量×综合单价）$$

（2）国家计量规范规定不宜计量的措施项目计算方法如下：

1）安全文明施工费。其计算公式为

$$安全文明施工费＝计算基数×安全文明施工费费率（\%）$$

计算基数应为定额基价（定额分部分项工程费＋定额中可以计量的措施项目费）、定额人工费或（定额人工费＋定额机械费），其费率由工程造价管理机构根据各专业工程的特点综合确定。

2）夜间施工增加费。其计算公式为

$$夜间施工增加费＝计算基数×夜间施工增加费费率（\%）$$

3）二次搬运费。其计算公式为

$$二次搬运费＝计算基数×二次搬运费费率（\%）$$

4）冬、雨期施工增加费。其计算公式为

$$冬、雨期施工增加费＝计算基数×冬、雨期施工增加费费率（\%）$$

5）已完工程及设备保护费。其计算公式为

$$已完工程及设备保护费＝计算基数×已完工程及设备保护费费率（\%）$$

上述 2）～5）项措施项目的计费基数应为定额人工费或（定额人工费＋定额机械费），其费率由工程造价管理机构根据各专业工程特点和调查资料综合分析后确定。

3. 其他项目费

（1）暂列金额由建设单位根据工程特点，按有关计价规定估算，施工过程中由建设单位掌握使用、扣除合同价款调整后若有余额，归建设单位所有。

（2）计日工由建设单位和施工企业按施工过程中的签证计价。

（3）总承包服务费由建设单位在招标控制价中根据总包服务范围和有关计价规定编制，施工企业投标时自主报价，在施工过程中按签约合同价执行。

4. 规费和税金

建设单位和施工企业均应按照省、自治区、直辖市或行业建设主管部门发布标准计算规费和税金，不得作为竞争性费用。

(三)相关问题的说明

(1)各专业工程计价定额的编制及其计价程序，均按相关规定实施。

(2)各专业工程计价定额的使用周期原则上为 5 年。

(3)工程造价管理机构在定额使用周期内，应及时发布人工、材料、机械台班价格信息，实行工程造价动态管理，如遇国家法律、法规、规章或相关政策变化以及建筑市场物价波动较大时，应适时调整定额人工费、定额机械费及定额基价或规费费率，使建筑安装工程费可以反映建筑市场实际。

(4)建设单位在编制招标控制价时，应按照各专业工程的计量规范和计价定额及工程造价信息编制。

(5)施工企业在使用计价定额时除不可竞争费用外，其余仅作参考，由施工企业投标时自主报价。

三、建筑安装工程计价程序

1. 建设单位工程招标控制价计价程序

建设单位工程招标控制价计价程序见表 7-2。

表 7-2　建设单位工程招标控制价计价程序

工程名称：　　　　　　　　　　　　　　标段：

序号	内容	计算方法	金额/元
1	分部分项工程费	按计价规定计算	
1.1			
1.2			
1.3			
1.4			
1.5			

序号	内容	计算方法	金额/元
2	措施项目费	按计价规定计算	
2.1	其中：安全文明施工费	按规定标准计算	
3	其他项目费		
3.1	其中：暂列金额	按计价规定估算	
3.2	其中：专业工程暂估价	按计价规定估算	
3.3	其中：计日工	按计价规定估算	
3.4	其中：总承包服务费	按计价规定估算	
4	规费	按规定标准计算	
5	税金（扣除不列入计税范围的工程设备金额）	（1＋2＋3＋4）×规定税率	
招标控制价合计＝1＋2＋3＋4＋5			

2. 施工企业工程投标报价计价程序

施工企业工程投标报价计价程序见表 7-3。

表 7-3　施工企业工程投标报价计价程序

工程名称：　　　　　　　　　　　　标段：

序号	内容	计算方法	金额/元
1	分部分项工程费	自主报价	
1.1			
1.2			
1.3			
1.4			
1.5			
2	措施项目费	自主报价	
2.1	其中：安全文明施工费	按规定标准计算	
3	其他项目费		

序号	内容	计算方法	金额/元
3.1	其中：暂列金额	按招标文件提供金额计列	
3.2	其中：专业工程暂估价	按招标文件提供金额计列	
3.3	其中：计日工	自主报价	
3.4	其中：总承包服务费	自主报价	
4	规费	按规定标准计算	
5	税金（扣除不列入计税范围的工程设备金额）	（1+2+3+4）×规定税率	
投标报价合计＝1+2+3+4+5			

3. 工程结算计价程序

工程结算计价程序见表 7-4。

表 7-4　工程结算计价程序

工程名称：　　　　　　　　　　标段：

序号	汇总内容	计算方法	金额/元
1	分部分项工程费	按合同约定计算	
1.1			
1.2			
1.3			
1.4			
1.5			
2	措施项目	按合同约定计算	
2.1	其中：安全文明施工费	按规定标准计算	
3	其他项目		
3.1	其中：专业工程结算价	按合同约定计算	
3.2	其中：计日工	按计日工签证计算	
3.3	其中：总承包服务费	按合同约定计算	
3.4	索赔与现场签证	按发承包双方确认数额计算	
4	规费	按规定标准计算	
5	税金（扣除不列入计税范围的工程设备金额）	（1+2+3+4）×规定税率	
工程结算总价合计＝1+2+3+4+5			

任务四　工程建设其他费用构成

土地征用及迁移补偿费、土地使用权出让金、城市建设配套费、拆迁补偿与临时安置补助费的确定。

工程建设其他费用是指从工程筹建到工程竣工验收交付使用的整个建设期间，除建筑安装工程费用和设备及工器具购置费外，为保证工程建设顺利完成和交付使用后能够正常发挥效用而发生的各项费用开支。长期以来，其他费用一直采用定性与定量相结合的方式，由主管部门制定费用标准，为合理确定工程造价提供依据。工程建设其他费用定额经批准后，对建设项目实施全过程费用控制。

工程建设其他费用定额包括土地使用费、与项目建设有关的其他费用和与未来企业生产经营有关的其他费用，如图7-4所示。

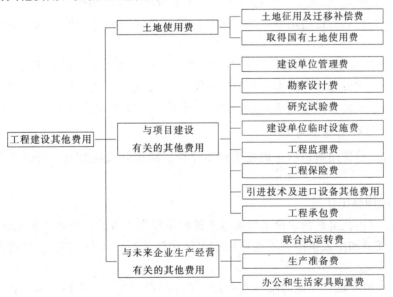

图7-4　工程建设其他费用构成

一、土地使用费

任何建设项目都要固定于一定地点，与地面相连接，必须占用一定量的土地，也就必然会发生为获得建设用地而支付的费用，这就是土地使用费。它是指通过划拨方式取得土地使用权而支付的土地征用及迁移补偿费，或者通过土地使用权出让方式取得土地使用权而支付的土地使用权出让金。

(一)土地征用及迁移补偿费

土地征用及迁移补偿费是指建设项目通过划拨方式取得无限期的土地使用权,依照《中华人民共和国土地管理法》等规定所支付的费用。其总和一般不得超过被征土地年产值的20倍,土地年产值则按该地被征用前3年的平均产量和国家规定的价格计算。土地征用及迁移补偿费包括以下内容:

(1)土地补偿费。土地补偿费是指征用耕地(包括菜地)的补偿标准,具体补偿标准由省、自治区、直辖市人民政府在规定范围内制定。征用园地、鱼塘、藕塘、苇塘、宅基地、林地、牧场、草原等的补偿标准,由省、自治区、直辖市人民政府制定。征收无收益的土地,不予补偿。

(2)青苗补偿费,指被征用土地上的房屋、水井等补偿费。青苗补偿费和被征用土地上的房屋、水井、树木等附着物补偿费的标准由省、自治区、直辖市人民政府制定。征用城市郊区的菜地时,还应按有关规定向国家缴纳新菜地开发建设基金。

(3)安置补助费。征用耕地、菜地的,每个农业人口的安置补助费为该地每亩年产值的2~3倍,每亩耕地的安置补助费最高不得超过其年产值的10倍。

(4)缴纳的耕地占用税、城镇土地使用税等。缴纳的耕地占用税或城镇土地使用税、土地登记费及征地管理费是指县市土地管理机关从征地费中提取土地管理费的比率,要按征地工作量的大小,视不同情况提取(1%~4%)。

(5)征地动迁费。征地动迁费包括征用土地上的房屋及附属构筑物、城市公共设施等的拆除、迁建补偿费和搬迁运输费,企业单位因搬迁造成的减产、停工损失补贴费,拆迁管理费等。

(6)水利水电工程水库淹没处理补偿费。水利水电工程水库淹没处理补偿费包括农村移民安置迁建费,城市迁建补偿费,库区工矿企业、交通、电力、通信、广播、管网、水利等的恢复、迁建补偿费,库底清理费,防护工程费,环境影响补偿费用等。

(二)取得国有土地使用费

取得国有土地使用费包括土地使用权出让金、城市建设配套费、拆迁补偿与临时安置补助费等。

1. 土地使用权出让金

土地使用权出让金是指建设工程通过土地使用权出让方式,取得有限期的土地使用权,依照《中华人民共和国城镇国有土地使用权出让和转让暂行条例》规定支付的土地使用权出让金。

(1)明确国家是城市土地的唯一所有者,并分层次、有偿、有限期地出让、转让城市土地。第一层次是城市政府将国有土地使用权出让给用地者,该层次由城市政府垄断经营。出让对象既可以是有法人资格的企事业单位,也可以是外商;第二层次及以下层次的转让则发生在使用者之间。

(2)城市土地的出让和转让可采用协议、招标、公开拍卖等方式。

1)协议方式是由用地单位申请,经市政府批准同意后双方洽谈具体地块及地价。该方式适用于市政工程、公益事业用地以及需要减免地价的机关、部队用地和需要重点扶持、优先发展的产业用地。

2)招标方式是在规定的期限内，由用地单位以书面形式投标，市政府根据投标报价、所提供的规划方案以及企业信誉综合考虑，择优而取。该方式适用于一般工程建设用地。

3)公开拍卖是指在指定的地点和时间，由申请用地者叫价应价，价高者得。这完全是由市场竞争决定，适用于营利高的行业用地。

(3)在有偿出让和转让土地时，政府对地价不做统一规定，但应坚持以下原则：

1)地价对目前的投资环境不产生大的影响。

2)地价与当地的社会经济承受能力相适应。

3)地价要考虑已投入的土地开发费用、土地市场供求关系、土地用途和使用年限因素。

(4)关于政府有偿出让土地使用权的年限，各地可根据时间、区位等各种条件作出不同的规定，一般为30~99年。按照地面附属建筑物的折旧年限来看，以50年为宜。

(5)土地有偿出让和转让，土地使用者和所有者要签约，明确使用者对土地享有的权利和对土地所有者应承担的义务。

1)有偿出让和转让使用权，要向土地受让者征收契税。

2)转让土地如有增值，要向转让者征收土地增值税。

3)在土地转让期间，国家要区别不同地段、不同用途向土地使用者收取土地占用费。

2. 城市建设配套费

城市建设配套费是指因进行城市公共设施的建设而分摊的费用。

3. 拆迁补偿与临时安置补助费

此项费用由两部分构成，即拆迁补偿费和临时安置补助费或搬迁补助费。拆迁补偿费是指拆迁人对被拆迁人，按照有关规定予以补偿所需的费用。拆迁补偿的形式可分为产权调换和货币补偿两种形式。产权调换的面积按照所拆迁房屋的建筑面积计算；货币补偿的金额以被拆迁房屋所处区位的新建普通商品房市场价格评估确定。而在过渡期内，被拆迁人或者房屋承租人自行安排住处的，应由拆迁人支付临时安置补助费。

二、与工程建设有关的其他费用

根据工程的不同，与工程建设有关的其他费用的构成也不尽相同，一般包括以下几项，在进行工程估算及概算中可根据实际情况进行计算。

1. 建设单位管理费

建设单位管理费是指建设项目从立项、筹建、建设、联合试运转、竣工验收、交付使用到后评估等全过程管理所需的费用。其内容包括以下几个方面：

(1)建设单位开办费。建设单位开办费是指新建项目为保证筹建和建设工作正常进行所需办公设备、生活家具、用具、交通工具等购置费用。

(2)建设单位经费。建设单位经费包括工作人员的基本工资、工资性补贴、职工福利费、劳动保护费、劳动保险费、办公费、差旅交通费、工会经费、职工教育经费、固定资产使用费、工具用具使用费、技术图书资料费、生产人员招募费、工程招标费、合同契约公证费、工程质量监督检测费、工程咨询费、法律顾问费、审计费、业务招待费、排污费、竣工交付使用清理及竣工验收费、后评估等费用。不包括应计入设备、材料预算价格的建设单位采购及保管设备材料所需的费用。

建设单位管理费按照单项工程费用之和(包括设备及工器具购置费和建筑安装工程费用)乘以建设单位管理费费率计算。

建设单位管理费费率按照建设项目的不同性质、不同规模确定。有的建设项目按照建设工期和规定的金额计算建设单位管理费。

2. 勘察设计费

勘察设计费是指为本建设项目提供项目建议书、可行性研究报告及设计文件等所需费用。其内容包括以下几个方面:

(1)编制项目建议书、可行性研究报告及投资估算、工程咨询、评价,以及为编制上述文件所进行勘察、设计、研究试验等所需费用。

(2)委托勘察、设计单位进行初步设计、施工图设计及概预算编制等所需费用。

(3)在规定范围内由建设单位自行完成的勘察、设计工作所需费用。

勘察设计费中,项目建议书、可行性研究报告按国家颁布的收费标准计算,设计费按国家颁布的工程设计收费标准计算;勘察费一般民用建筑 6 层以下的按 $3\sim5$ 元$/m^2$ 计算,高层建筑按 $8\sim10$ 元$/m^2$ 计算,工业建筑按 $10\sim12$ 元$/m^2$ 计算。

3. 研究试验费

研究试验费是指为建设项目提供和验证设计参数、数据、资料等所进行必要的试验费用,以及设计规定在施工中必须进行试验、验证所需费用。其中,包括自行或委托其他部门研究试验所需人工费、材料费、试验设备及仪器使用费等。这项费用按照设计单位根据本工程项目的需要提出的研究试验内容和要求计算。

4. 建设单位临时设施费

建设单位临时设施费是指建设期间建设单位所需临时设施的搭设、维修、摊销费用或租赁费用。

临时设施包括临时宿舍、文化福利及公用事业房屋与构筑物、仓库、办公室、加工厂,以及规定范围内的道路、水、电、管线等临时设施和小型临时设施。

建设单位临时设施费的计算方法:

$$建设单位临时设施费＝单项工程费×建设单位临时设施费费率$$

5. 工程监理费

工程监理费是指建设单位委托工程监理单位对工程实施监理工作所需费用,应根据国家或省市颁布的收取标准,选择下列方法之一计算:

(1)工程监理费＝监理工程概预算工程造价×收费标准。

此方法适用于一般工业与民用建筑工程的监理。工程监理费收费标准见表 7-5。

表 7-5 工程监理费收费标准

序 号	工程概(预)算造价/万元	施工(含施工招标)及保修阶段监理收费/%
1	≤500	>2.50
2	500～1 000	2.00～2.50
3	1 000～5 000	1.40～2.00
4	5 000～10 000	1.20～1.40

序　号	工程概（预）算造价/万元	施工（含施工招标）及保修阶段监理收费/%
5	10 000～50 000	0.80～1.20
6	50 000～100 000	0.60～0.80
7	＞100 000	≤0.60

（2）工程监理费＝监理的年平均人数×[3.5万～5万元/(人·年)]。

此方法适用于单工种或临时性项目的监理。

（3）不宜按（1）（2）两种办法计收的，由业主和监理单位按商定的其他办法计收。

6. 工程保险费

工程保险费是指建设项目在建设期间根据需要实施工程保险所需的费用。其中包括以各种建筑工程及其在施工过程中的物料、机器设备为保险标的的建筑工程一切险，以安装工程中的各种机器、机械设备为保险标的的安装工程一切险，以及机器损坏保险等。根据不同的工程类别，分别以其建筑、安装工程费乘以建筑、安装工程保险费费率计算。民用建筑（住宅楼、综合性大楼、商场、旅馆、医院、学校等）占建筑工程费的 2‰～4‰；其他建筑（工业厂房、仓库、道路、码头、水坝、隧道、桥梁、管道等）占建筑工程费的 3‰～6‰；安装工程（农业、工业、机械、电子、电器、纺织、矿山、石油、化学及钢铁工业、钢结构桥梁）占建筑工程费的 3‰～6‰。

工程保险费计算方法为

$$工程保险费＝建筑工程费×工程保险费费率$$

工程保险费费率参见表 7-6 。

表 7-6　建筑安装工程保险费费率

序号	工程名称	保险费费率/‰
1	建筑工程	—
1.1	民用建筑	—
	住宅楼、综合性大楼、商场、旅馆、医院、学校等	2～4
1.2	其他建筑	—
	工业厂房、仓库、道路、码头、水坝、隧道、桥梁、管道等	3～6
2	安装工程	—
	农业、工业、机械、电子、电器、纺织、矿山、石油、化学及钢铁工业、钢结构桥梁	3～6

7. 引进技术及进口设备其他费用

引进技术及进口设备其他费用包括出国人员费用、国外工程技术人员来华费用、技术引进费、分期或延期付款利息、担保费及进口设备检验鉴定费。

（1）出国人员费用。出国人员费用是指为引进技术和进口设备派出人员在国外培训和进行设计联络、设备检验等的差旅费、制装费、生活费等。这项费用根据设计规定的出国培训和工作的人数、时间及派往国家，按财政部、外交部规定的临时出国人员费用开支标准及中国民用航空公司现行国际航线票价等进行计算，其中使用外汇部分应计算银行财务费用。

（2）国外工程技术人员来华费用。国外工程技术人员来华费用是指为安装进口设备、引进国外技术等聘用外国工程技术人员进行技术指导工作所发生的费用。其中包括技术服务费、外国技术人员的在华工资、生活补贴、差旅费、医药费、住宿费、交通费、宴请费、参观游览等招待费。这项费用按每人每月费用指标计算。

（3）技术引进费。技术引进费是指为引进国外先进技术而支付的费用。其中包括专利费、专有技术费（技术保密费）、国外设计及技术资料费、计算机软件费等。这项费用根据合同或协议的价格计算。

（4）分期或延期付款利息。分期或延期付款利息是指利用出口信贷引进技术或进口设备采取分期或延期付款的办法所支付的利息。

（5）担保费。担保费是指国内金融机构为买方出具保函的担保费。这项费用按有关金融机构规定的担保费费率计算（一般可按承保金额的 5‰ 计算）。

（6）进口设备检验鉴定费。进口设备检验鉴定费是指进口设备按规定付给商品检验部门的进口设备检验鉴定费。这项费用按进口设备货价的 3‰～5‰ 计算。

8. 工程承包费

工程承包费是指具有总承包条件的工程公司，对工程建设项目从开始建设至竣工投产全过程的总承包所收取的管理费用。具体内容包括组织勘察设计、设备材料采购、非标准设备设计制造与销售、施工招标、发包、工程预决算、项目管理、施工质量监督、隐蔽工程检查、验收和试车直至竣工投产的各种管理费用。该费用按国家主管部门或省、自治区、直辖市协调规定的工程总承包费取费标准计算。

当没有规定时，工程承包费可按以下计算方式计算：

$$工程承包费＝项目投资估算造价×费率$$

式中，费率为民用建筑取 $4\%～6\%$；工业建筑取 $6\%～8\%$；市政工程取 $4\%～6\%$。

注意：不实行工程承包的项目不计算本项费用。

三、与未来企业生产经营有关的其他费用

1. 联合试运转费

联合试运转费是指新建企业或改、扩建企业在工程竣工验收前，按照设计的生产工艺流程和质量标准对整个企业进行联合试运转所发生的费用支出与联合试运转期间的收入部分的差额部分。联合试运转费用一般根据不同的项目按需进行试运转的工艺设备购置费的百分比计算。

联合试运转费的计取方法为

$$联合试运转费＝试运转车间的工艺设备购置费×费率$$

式中，费率按有关规定计取。

注意：该项费用不包括应由设备安装工程费用项目开支的单台设备调试费及试车费用。

2. 生产准备费

生产准备费是指新建企业或新增生产能力的企业，为保证竣工交付使用进行必要的生

产准备所发生的费用。费用内容包括以下几项：

(1)生产人员培训费：包括自行培训、委托其他单位培训的人员的工资、工资性补贴、职工福利费、差旅交通费、学习资料费、学习费、劳动保护费等。

(2)生产单位提前进厂参加施工、设备安装、调试等以及熟悉工艺流程及设备性能等人员的工资、工资性补贴、职工福利费、差旅交通费、劳动保护费等。

生产准备费一般根据需要培训和提前进厂人员的人数及培训时间，按生产准备费指标进行估算。

👤**特别提醒**　应该指出，生产准备费在实际执行中是一笔在时间上、人数上、培训深度上很难划分的，活口很大的支出，尤其要严格掌握。

生产准备费指标可参照表7-7。

表7-7　生产准备费指标

序号	费用名称	计算基础	费用指标	
			内部培训	外部培训
1	职工培训费	培训人数	300~500 元/(人·月)	600~1 000 元/(人·月)
2	提前进厂费	提前进厂人数	6 000~10 000 元/(人·年)	

3. 办公和生活家具购置费

办公和生活家具购置费是指为保证新建、改建、扩建项目初期正常生产、使用与管理所必须购置的办公和生活家具、用具的费用。改建、扩建项目所需的办公和生活用具购置费，应低于新建项目。其包括办公室、会议室、资料档案室、阅览室、文娱室、食堂、浴室、理发室、单身宿舍和设计规定必须建设的托儿所、卫生所、招待所、中小学校等家具用具购置费。这项费用按照设计定员人数乘以综合指标计算，一般为600~800 元/人。

任务五　预备费、建设期贷款利息和铺底流动资金

◎ **任务重点**

预备费的计算、建设期利息的计算、估算项目的建设投资。

一、预备费

按我国现行相关标准规定，预备费包括基本预备费和涨价预备费。

1. 基本预备费

基本预备费是指在初步设计及概算内难以预料的工程费用，包括以下几项。

(1)在批准的初步设计范围内，技术设计、施工图设计及施工过程中所增加的工程费用；设计变更、局部地基处理等增加的费用。

(2)一般自然灾害造成的损失和预防自然灾害所采取的措施费用。实行工程保险的工程项目费用应适当降低。

(3)竣工验收时为鉴定工程质量对隐蔽工程进行必要的挖掘和修复费用。

基本预备费是按设备及工器具购置费、建筑安装工程费用和工程建设其他费用三者之和为计取基础，乘以基本预备费费率进行计算。

基本预备费＝(设备及工器具购置费＋建筑安装工程费用＋工程建设其他费用)×
基本预备费费率

基本预备费费率的取值应执行国家及相关部门的有关规定。

2. 涨价预备费

涨价预备费是指建设项目在建设期间由于价格等变化引起工程造价变化的预测预留费用。费用内容包括人工、设备、材料、施工机械的价差费，建筑安装工程费及工程建设其他费用调整，利率、汇率调整等增加的费用。

涨价预备费的测算方法，一般根据国家规定的投资综合价格指数，按估算年份价格水平的投资额为基数，采用复利方法计算。其计算公式为

$$PF = \sum_{t=1}^{n} I_t \left[(1+f)^t - 1 \right]$$

式中　　PF——涨价预备费；

n——建设期年份数；

I_t——建设期中第 t 年的投资计划额，包括设备及工器具购置费、建筑安装工程费、工程建设其他费用及基本预备费；

f——年均投资价格上涨率。

应用案例 7-1

【题目】　某建设项目的建设期为 3 年，各年投资计划额如下：第一年贷款 7 200 万元，第二年 10 800 万元，第三年 3 600 万元，年均投资价格上涨率为 6%。请计算该建设项目在建设期间的涨价预备费。

【解析】　第一年涨价预备费为

$$PF_1 = I_1 \left[(1+f) - 1 \right] = 7\ 200 \times 0.06$$

第二年涨价预备费为

$$PF_2 = I_2 \left[(1+f)^2 - 1 \right] = 10\ 800 \times (1.06^2 - 1)$$

第三年涨价预备费为

$$PF_3 = I_3 \left[(1+f)^3 - 1 \right] = 3\ 600 \times (1.06^3 - 1)$$

所以，建设期的涨价预备费为

$$PF = 7\ 200 \times 0.06 + 10\ 800 \times (1.06^2 - 1) + 3\ 600 \times (1.06^3 - 1)$$
$$= 2\ 454.54(万元)$$

二、建设期贷款利息

为筹措建设项目资金所发生的各项费用(包括工程建设期间投资贷款利息、企业债券发行费、国外借款手续费和承诺费、汇兑净损失及调整外汇手续费、金融机构手续费及为筹措建设资金发生的其他财务费用等)统称为"财务费"。其中最主要的一项是在工程项目建设期投资贷款所产生的利息。

建设期贷款利息是指建设项目使用银行或其他金融机构的贷款,在建设期应归还的借款的利息。建设项目筹建期间借款的利息,按规定可以计入购建资产的价值或开办费。贷款机构在贷出款项时,一般都是按复利计算的。作为投资者,在项目建设期间,由于投资项目一般没有还本付息的资金来源,即使按要求还款,其资金也可能是通过再申请借款来支付。当项目建设期长于一年时,为简化计算,可假定借款发生当年均在年中支用,按半年计息,年初欠款按全年计息,这样,建设期投资贷款的利息可按下式计算:

$$q_j = \left(P_{j-1} + \frac{1}{2}A_j\right) \cdot i$$

式中　q_j——建设期第 j 年应计利息;

　　　P_{j-1}——建设期第$(j-1)$年年末贷款累计金额与利息累计金额之和;

　　　A_j——建设期第 j 年贷款金额;

　　　i——年利率。

应用案例 7-2

【题目】　某新建项目的建设期为 3 年,共向银行贷款 1 300 万元,贷款情况为:第一年 300 万元,第二年 600 万元,第三年 400 万元。年利率为 6%。请计算建设期利息。

【解析】　在建设期,各年利息的计算方法如下:

第一年应计利息 $= \frac{1}{2} \times 300 \times 6\% = 9(万元)$

第二年应计利息 $= \left(300 + 9 + \frac{1}{2} \times 600\right) \times 6\% = 36.54(万元)$

第三年应计利息 $= \left(300 + 9 + 600 + 36.54 + \frac{1}{2} \times 400\right) \times 6\%$
$$= 68.73(万元)$$

建设期利息总和为 114.27 万元。

三、铺底流动资金

铺底流动资金是指生产经营性项目投产后,为进行正常生产运营,用于购买原材料、燃料，支付工资及其他经营费用等所需的周转资金。流动资金估算一般是参照现有同类企业的状况采用分项详细估算法，个别情况或者小型项目可采用扩大指标估算法。

1. 分项详细估算法

对计算流动资金需要掌握的流动资产和流动负债这两类因素应分别进行估算。在可行性研究中，为简化计算，仅对存货、现金、应收账款这三项流动资产和应付账款这项流动负债进行估算。

2. 扩大指标估算法

(1)按建设投资的一定比例估算。例如，国外化工企业的流动资金一般是按建设投资的15％～20％计算。

(2)按经营成本的一定比例估算。

(3)按年销售收入的一定比例估算。

(4)按单位产量占用流动资金的比例估算。

特别提醒 流动资金一般在投产前开始筹措。在投产第一年开始按生产负荷进行安排，其借款部分按全年计算利息。流动资金利息应计入财务费用。项目计算期末回收全部流动资金。

应用案例 7-3

【题目】 某建设工程在建设期初的建筑安装工程费和设备和工器具购置费为 45 000 万元。按照本项目实施的进度计划，项目建设期为 3 年，投资分年使用比例为：第一年 25％，第二年 55％，第三年 20％，建设期内预计年平均价格总水平上涨率为 5％。建设期贷款利息为 1 395 万元，建设工程其他费用为 3 860 万元，基本预备费费率为 10％。试估算该项目的建设投资。

【解析】 (1)计算项目的涨价预备费：

第一年年末的涨价预备费 $= 45\ 000 \times 25\% \times [(1+0.05)^1 - 1]$

$\qquad = 562.5(万元)$

第二年年末的涨价预备费 $= 45\ 000 \times 55\% \times [(1+0.05)^2 - 1]$

$\qquad = 2\ 536.88(万元)$

第三年年末的涨价预备费 $= 45\ 000 \times 20\% \times [(1+0.05)^3 - 1]$

$\qquad = 1\ 418.63(万元)$

该项目建设期的涨价预备费 $= 562.5 + 2\ 536.88 + 1\ 418.63$

$\qquad = 4\ 518.01(万元)$

(2)计算项目的建设投资：

建设投资 = 静态投资 + 建设期贷款利息 + 涨价预备费

$\qquad = (45\ 000 + 3\ 860) \times (1 + 10\%) + 1\ 395 + 4\ 518.01$

$\qquad = 59\ 659.01(万元)$

项目小结

建设工程费用是指建设工程按照既定的建设内容、建设规模、建设标准、工期全部建成并经验收合格交付使用所需的全部费用。建筑安装工程费用定额是以某个或多个自变量为基数基础，反映专项费用(因变量)社会必要劳动量的百分率或标准。本项目主要介绍建设工程费用构成、建筑安装工程费用组成及其参考计算方法，建筑安装工程计价程序，工程建设其他费用的构成。

思考与练习

一、填空题

1. 人工费是指按_____规定，支付给从事建筑安装工程施工的生产工人和附属生产单位工人的各项费用。

2. 材料费的内容包括_____。

3. 施工机械使用费以_____表示，施工机械台班单价应由_____七项费用组成。

4. 分部分项工程费是指_____。

5. 土地征用及迁移补偿费包括内容有_____。

6. 取得国有土地使用费包括_____等。

7. 勘察费：一般民用建筑 6 层以下的按_____元/m² 计算，高层建筑按_____元/m² 计算，工业建筑按_____元/m² 计算。

8. 按我国现行规定，预备费包括_____和_____。

二、选择题(有一个或多个答案)

1. 下列不属于企业管理费的是(　　　)。
   A. 管理人员工资
   B. 特殊情况下支付的工资
   C. 固定资产使用费
   D. 劳动保险和职工福利费

2. 下列属于社会保险费的是(　　　)。
   A. 养老保险费
   B. 失业保险费
   C. 医疗保险费
   D. 生育保险费
   E. 工伤保险费

3. 各专业工程计价定额的使用周期原则上为(　　　)年。
   A. 4
   B. 5
   C. 6
   D. 7

4. 某地区税法规定，建筑安装工程中税金应包含增值税、城市维护建设税、教育费附加和地方教育附加，其中地方教育费按增值税 1% 计提，则纳税地点在市区的企业综合税率为(　　　)%。
   A. 3.44
   B. 3.41
   C. 3.35
   D. 3.22

三、简答题

1. 我国现行工程费用由哪几项内容构成？

2. 设备运杂费由哪些内容构成？

3. 建筑安装工程费由哪几部分构成？

4. 工程建设的其他费用包括哪些内容？

5. 如何确定利润与税金？

6. 与企业未来生产经营有关的其他费用有哪些？

项目八　工期定额

 知识目标

了解工期定额的概念、特征及作用，熟悉工期定额的内容及影响因素，熟悉工期定额的编制原则、依据及步骤，掌握工期定额的编制方法及应用。

 能力目标

能够计算具体的工程工期。

 素质目标

将知识或思想观点分解、对其进行深入思考，看发现其中的各种关系，从多角度考虑问题。

 项目导读

建设工期定额是计算和确定建设项目进程的尺度，是工程管理的基础，主要为项目评估、决策、设计及按合理工期组织建设提供服务。

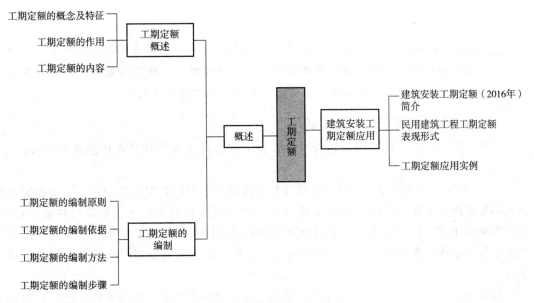

学习导图

任务一 概述

工期定额的概念，工期定额的编制方法、编制步骤。

一、工期定额概述

(一)工期定额的概念及特征

1. 工期定额的概念

工期定额是指在一定的经济和社会条件下，在一定时期内由住房城乡建设主管部门制定并发布的工程项目建设消耗的时间标准。工期定额具有一定的法规性，对确定具体工程项目的工期具有指导意义，体现了合理建设工期，反映了一定时期国家、地区或部门不同建设项目的建设和管理水平。

工期定额包括建设工期定额和施工工期定额两个层次。建设工期定额一般是指建设项目中构成固定资产的单项工程、单位工程从正式破土动工至按设计文件建成，能验收交付使用过程所需要的时间标准；施工工期定额是指单项工程从基础破土动工(或自然地坪打基础桩)起至完成建筑安装工程施工全部内容，并达到国家验收标准之日止的全过程所需的日历天数。

> 👤 **特别提醒** 施工工期定额是建设部组织编制，以民用和工业通过的建筑安装工程为对象，根据工程结构、层数不同，并考虑到施工方法等因素，规定从基础破土开始至完成全部工程设计或定额子目规定的内容并达到国家验收标准的日历天数。

2. 工期定额的特征

工期定额和概算定额、预算定额一样，是工程建设定额管理体系中的重要组成部分，主要具有如下特性。

(1)法规性。法规性是指工期定额是考核工程项目工期的客观标准和对工期实施宏观控制的必要手段，工期定额由住房城乡建设主管部门或授权有关行业主管部门制定、发布。它作为确定建设项目工期和工程承包合同工期的规范性文件，未经主管部门同意，任何单位或个人无权修改或解释，建设工期的执行与监督工作也由发布部门或授权部门进行日常管理。

(2)普遍性。普遍性是指工期定额的编制依据正常的建设条件和施工程序进行，综合了大多数企业的施工技术和管理水平，因此，具有广泛的代表性。

(3)科学性。科学性是指工期定额的制定、审查等工作采用科学的方法和手段进行统计、测定与计算等。

(二)工期定额的作用

工期定额是计算和确定建设项目工期的尺度，是工期管理的基础，主要为项目评估、决策、设计，按合理工期组织建设服务。工期定额作为编审设计任务书和初步设计文件时确定建设工期的依据，对于编制施工组织设计、进行项目投资包干和工程招标投标等工作中的工期管理具有指导作用。

(1)工期定额是编制招标文件的依据。

(2)工期定额是签订建筑安装工程施工合同，确定合理工期的基础。

(3)工期定额是施工企业编制施工组织设计，确定投标工期，安排施工进度的参考。

(4)工期定额是施工企业进行施工索赔的基础。

(5)工期定额是工程工期提前时，计算赶工措施费的基础。

(三)工期定额的内容

各类建设工期定额按项目的类别主要分为三大部分：第一部分为民用建筑工程；第二部分为工业及其他建筑工程；第三部分为专业工程。民用建筑工程包括住宅工程，宾馆、饭店工程，综合楼工程，办公、教学楼工程，医疗、门诊楼工程等；工业及其他建筑工程包括单层、多层厂房工程，降压站工程，冷冻机房工程，冷库、冷藏间工程等；专业工程包括电梯、起重机、锅炉、空调设备的安装工程等。

💡 知识窗

影响工期定额的主要因素

影响定额工期的因素是多方面的、复杂的，而且许多因素具有不确定性，概括起来主要有以下几个方面。

(1)时间因素。春、夏、秋、冬开工时间不同，对施工工期有一定的影响。冬季开始施工的工程，有效工作天数相对较少，施工费用较高，工期也较长。春、夏开工的项目可赶在冬天到来之前完成主体，冬天则进行辅助工程和室内工程施工，可以缩短建设工期。

(2)空间因素。空间因素也就是地区不同的因素。如北方地区冬季较长，南方则较短些，南方雨量较多，而北方则较少些。一般将全国划分为Ⅰ、Ⅱ、Ⅲ类地区。

(3)施工对象因素。施工对象因素是指结构、层数、面积不同对工期的影响。在工程项目建设中，同一规模的建筑由于其结构形式不同，如采用钢结构、预制结构、现浇结构或砖混结构，其工期不同。同一结构的建筑，由于其层数、面积的不同，工期也不相同。

(4)施工方法因素。机械化、工厂化施工程度不同，也影响着工期的长短。机械化水平较高时，工期会相应缩短。

(5)资金使用和物资供应方式的因素。一个建设项目获批后，其资金使用方式和物资供应方式是不同的，因此，对于工期也将产生不同的影响。

二、工期定额的编制

(一)工期定额的编制原则

(1)适合国家建设的需要,体现国家建设的方针、政策。

(2)适合国家生产力发展水平。工期定额要反映当前和今后一个时期或定额使用期内建筑业生产力水平,考虑到今后建筑业管理水平和施工技术装备水平适度提高的可能性。

(3)工期定额的编制还要同有关的经济政策、劳动法规、施工验收标准及安全规程相匹配。

(4)工期定额应采用先进科学的方法进行编制,且需要对大量的资料和数据进行科学、合理的分析,剔除不合理因素。

(5)工期定额的项目划分要根据不同建设项目的规模、生产能力、工程结构、层数等合理分档,便于定额的使用。

(6)要考虑气候、地理等自然条件的差异对建设工期的影响,分别利用系数进行相应的调整换算,以扩大定额的适用范围。

(二)工期定额的编制依据

(1)国家的方针、政策、法律法规。

(2)现行的施工规范和验收标准。

(3)现行建筑安装工程劳动定额。

(4)已完工程合同工期、实际工期等资料。

(5)其他有关资料。

(三)工期定额的编制方法

1. 施工组织设计法

施工组织设计法是对某项工程按工期定额划分的项目,采取施工组织设计技术,建立横道图或建立标准的网络图来进行计算。标准网络法由于可采用计算机进行各种参数的计算和工期-成本、劳动力、材料资源的优化,因此使用得较为普遍。

应用标准网络法编制建设工期定额的基本程序如下。

(1)建立标准网络模型,以此揭示项目中各单位工程、单项工程之间的相互关系和施工程序及搭接程度。

(2)确定各工序的名称,选定适当的施工方案。

(3)计算各工序对应的综合劳动定额。

(4)计算各工序所含实物工程量。

(5)计算工序作业时间。工序作业时间是网络技术中最基本的参数,它同工序的划分、劳动定额和实物工程量都为函数关系,同时,工序作业时间的计算是否准确也影响整个建设工期的计算精度。工序作业时间的计算公式为

$$D = Q/P$$

式中 D——工序作业时间;

Q——工序所含实物工程量;

P——综合劳动定额。

(6)计算初始网络时间参数,得到初始工期值,确定关键线路和影响整个工期值的各工序组合。

(7)进行工期-成本、劳动力、材料资源的优化后,得出最优工期。

(8)根据网络计算的最优工期,考虑其他影响因素,进行适当调整后即定额工期。

2. 数理统计法

数理统计法是把过去的有关工期资料按编制的要求进行分类,然后用数理统计的方法推导出计算式,求得统计工期值。统计的方法虽然简单,在理论上也可靠,但对数据的处理很严格,要求建设工期原始资料完整、真实,要剔除各种不合理的因素;同时,还要合理选择统计资料和统计对象。

数理统计法是一种编制工期定额较为通用的方法,具体的统计对象和统计对象预测的范围根据编制工作的需要而确定,主要有评审技术法、曲线回归法。

(1)评审技术法。对于不确定的因素较多、分项工程较复杂的工程项目,主要是根据实际经验,结合工程实际,估计某一项目最大可能完成时间,最乐观、最悲观可能完成时间,用经验公式求出建设工期。评审技术法,可以将非确定性的问题转化为确定性的问题,从而达到计算出合理工期的目的。

(2)曲线回归法。通过对单项工程的调查整理、分析处理,找出一个或几个与工程密切相关的参数与工期,建立平面直角坐标系,再把调查来的数据经过处理后反映在坐标系内,运用数学回归的原理,求出所需要的数据,用以确定建设工期。

3. 专家评估法

专家评估法是在难以用定量的数学模型和解析方法求解时而采用的一种有效的估计预测方法,属于经验评估的范畴。通过调查建设工期问题专家、技术人员,对确定的工期目标进行估计和预测。其具体步骤如下:

(1)确定好预测的目标。目标可以是某项工程的建设工期,也可以是某个工序的作业时间或编制建设工期定额中的某个具体条件、某个数值等。

(2)选择专家、技术人员。所选专家、技术人员必须经验丰富、有权威、有代表性。

(3)按照专门设计的征询表格请专家填写,表格栏目要明确、简洁、扼要,填写方式尽可能简单。

(4)经过数轮征询和数轮信息反馈,将各轮的评估结果做统计分析。

(5)不断修改评估意见,最终使评价结果趋于一致,作为确定定额工期的依据。

应用提示　以上是建设工期定额的几种主要的编制方法,而在实际工作中,一般根据具体的建设项目采用一种方法或几种办法综合使用。

(四)工期定额的编制步骤

工期定额的编制大致分为三个阶段,即确定编制原则和项目划分、确定定额工期水平、报送审稿,如图 8-1 所示。

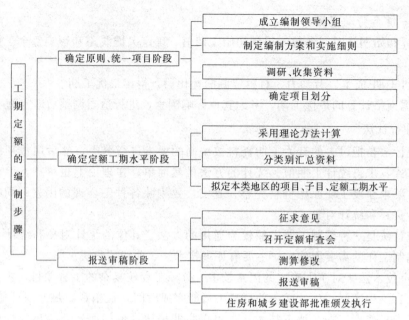

图 8-1　工期定额的编制步骤示意

任务二　建筑安装工期定额应用

任务重点

民用建筑工程、工业及其他建筑工程、构筑物工程、专业工程工期定额的基本内容。

一、建筑安装工期定额(2016 年)简介

为了满足科学合理确定建筑安装工程工期的需要,我国于 2016 年 10 月 1 日执行最新修订的《建筑安装工程工期定额》(以下简称《工期定额》),其是在《全国统一建筑安装工程工期定额》(2000 年)基础上,依据国家现行产品标准、设计规范、施工及验收规范,质量评定标准和技术、安全操作规程,按照正常使用条件,常用施工方法、合理劳动组织及平均施工技术装备程度和管理水平,并结合当前常见结构及规模安装工程的施工情况编制的。

知识拓展:
工期定额的
发布与实施

(一)施工范围及说明

(1)本定额适用于新建和扩建的建筑安装工程。

(2)本定额是国有资金投资工程在可行性研究、初步设计、招标阶段确定工期的依据,非国有资金投资工程参照执行;是签订建筑安装工程施工合同的基础。

(3)本定额工期是指自开工之日起，到完成各章、节所包含的全部工程内容并达到国家验收标准之日止的日历天数（包括法定节假日）；不包括三通一平、打试验桩、地下障碍物处理、基础施工前的降水和基坑支护时间、竣工文件编制所需的时间。

(4)我国各地气候条件差别较大，因此，以下省、市和自治区按其省会（首府）气候条件为基准划分为Ⅰ、Ⅱ、Ⅲ类地区，工期天数分别列项。

Ⅰ类地区：上海、江苏、浙江、安徽、福建、江西、湖北、湖南、广东、广西、四川、贵州、云南、重庆、海南。

Ⅱ类地区：北京、天津、河北、山西、山东、河南、陕西、甘肃、宁夏。

Ⅲ类地区：内蒙古、辽宁、吉林、黑龙江、西藏、青海、新疆。

👤 **特别提醒** 设备安装和机械施工工程执行本定额时不分地区类别。

(5)本定额综合考虑了冬期、雨期施工，一般气候影响、常规地质条件和节假日等因素。

(6)本定额已综合考虑预拌混凝土和现场搅拌混凝土、预拌砂浆和现场搅拌砂浆的施工因素。

(7)框架-剪力墙结构工期按照剪力墙结构工期计算。

(8)本定额的工期是按照合格产品标准编制的。

应用提示 工期压缩时，宜组织专家论证，且相应增加压缩工期增加费。

(9)本定额施工工期的调整：

1)施工过程中，遇不可抗力、极端天气或政府政策性影响施工进度或暂停施工的，按照实际延误的工期顺延。

2)施工过程中发现实际地质情况与地质勘查报告出入较大的，应按照实际地质情况调整工期。

3)施工过程中遇到障碍物或古墓、文物、化石、流砂、溶洞、暗河、淤泥、石方、地下水等需要进行特殊处理且影响关键线路时，工期相应顺延。

(10)同期施工的群体工程中，1个承包人同时承包2个以上（含2个）单项（位）工程时，工期的计算以1个最大工期的单项（位）工程为基数，另加其他单项（位）工程工期总和乘以相应系数计算：加1个乘以系数0.35；加2个乘以系数0.2；加3个乘以系数0.15；加4个及以上的单项（位）工程，不另增加工期。

加1个单项（位）工程：$T = T_1 + T_2 \times 0.35$；

加2个单项（位）工程：$T = T_1 + (T_2 + T_3) \times 0.2$；

加3个及以上单项（位）工程：$T = T_1 + (T_2 + T_3 + T_4) \times 0.15$。

其中，T为工程总工期；T_1、T_2、T_3、T_4为所有单项（位）工程工期最大的前4个，且$T_1 \geqslant T_2 \geqslant T_3 \geqslant T_4$。

(11)本定额中的建筑面积按照国家标准《建筑工程建筑面积计算规范》（GB/T 50353—2013）计算；层数以建筑自然层数计算，设备管道层计算层数，出屋面的楼（电）梯间、水箱间不计算层数。

(12)本定额子目中凡注明"××以内（下）者"，均包括"××"本身，"××以外（上）"者，则不包括"××"本身。

(13)超出本定额范围的按照实际情况另行计算工期。

(二)工期定额的基本内容

本定额包括民用建筑工程、工业及其他建筑工程、构筑物工程、专业工程四部分。

1. 民用建筑工程

本部分包括民用建筑±0.000以下工程、±0.000以上工程、±0.000以上钢结构工程和±0.000以上超高层建筑四部分。

(1)±0.000以下工程划分为无地下室和有地下室两部分。无地下室项目按基础类型及首层建筑面积划分;有地下室项目按地下室层数(层)、地下室建筑面积划分。其工期包括±0.000以下全部工程内容,但不含桩基工程。

(2)±0.000以上工程按工程用途、结构类型、层数(层)及建筑面积划分。其工期包括±0.000以上结构、装修、安装等全部工程内容。

(3)本部分装饰装修是按一般装修标准考虑的,低于一般装修标准按照相应工期乘以系数0.95;中级装修按照相应工期乘以系数1.05;高级装修按照相应工期乘以系数1.20计算。一般装修、中级装修、高级装修的划分标准见表8-1。

表 8-1　装修标准的划分

项目	一般	中级	高级
内墙面	一般涂料	贴面砖、高级涂料、贴墙纸、镶贴大理石、木墙裙	干挂石材、铝合金条板、镶贴石材、乳胶漆三遍及以上、贴壁纸、锦缎软包、镶板墙面、金属装饰板、造型木墙裙
外墙面	勾缝、水刷石、干粘石、一般涂料	贴面砖、高级涂料、镶贴石材、干挂石材	干挂石材、铝合金条板、镶贴石材、弹性涂料、真石渣、幕墙、金属装饰板
天棚	一般涂料	高级涂料、吊顶、壁纸	高级涂料、造型吊顶、金属吊顶、壁纸
楼地面	水泥、混凝土、塑料、涂料、块料地面	块料、木地板、地毯楼地面	大理石、花岗岩、木地板、地毯楼地面
门、窗	塑钢窗、钢木门(窗)	彩板、塑钢、铝合金、普通木门(窗)	彩板、塑钢、铝合金、硬木、不锈钢门(窗)

注:1. 高级装修:内外墙面、楼地面每项分别满足3个及3个以上高级装饰项目,顶棚、门窗每项分别满足2个及2个以上高级装修项目,并且每项装修项目的面积之和占相应装修项目面积70%以上者。

2. 中级装修:内外墙面、楼地面、顶棚、门窗每项分别满足2个及2个以上中级装修项目,并且每项装修项目的面积之和占相应装修项目面积70%以上者

(4)有关规定。

1)±0.000以下工程工期:无地下室按首层建筑面积计算,有地下室按地下室建筑面积总和计算。

2)±0.000以上工程工期:按±0.000以上部分建筑面积总和计算。

3)总工期:±0.000以下工程工期与±0.000以上工程工期之和。

4)单项工程±0.000以下由两种或两种以上类型组成时,按不同类型部分的面积查出相

应工期，相加计算。

5) 单项工程±0.000以上结构相同，使用功能不同。无变形缝时，按使用功能占建筑面积比例大的计算工期；有变形缝时，先按不同使用功能的面积查出相应工期，再以其中一个最大工期为基数，另加其他部分工期的25%计算。

6) 单项工程±0.000以上由两种或两种以上结构组成。无变形缝时，先按全部面积查出不同结构的相应工期，再按不同结构各自的建筑面积加权平均计算；有变形缝时，先按不同结构各自的面积查出相应工期，再以其中一个最大工期为基数，另外其他部分工期的25%计算。

7) 单项工程±0.000以上层数(层)不同，有变形缝时，先按不同层数(层)各自的面积查出相应工期，再以其中一个最大工期为基数，另加其他部分工期的25%计算。

8) 单项工程中±0.000以上分成若干个独立部分时，参照上述(一)(10)条同期施工的群体工程计算工期。如果±0.000以上有整体部分，将其并入工期最大的单项(位)工程中计算。

9) 本定额工业化建筑中的装配式混凝土结构施工工期仅计算现场安装阶段，工期按照装配率50%编制．装配率40%、60%、70%按本定额相应工期乘以系数1.05、0.95、0.90计算。

10) 钢-混凝土组合结构的工期，参照相应项目的工期乘以系数1.10计算。

11) ±0.000以上超高层建筑单层平均面积按主塔楼±0.000以上总建筑面积除以地上总层数计算。

2. 工业及其他建筑工程

(1) 本部分包括单层厂房、多层厂房、仓库、降压站、冷冻机房、冷库、冷藏间、空压机房、变电室、开闭所、锅炉房、服务用房、汽车库、独立地下工程、室外停车场、园林庭院工程。

(2) 本部分所列的工期不含地下室工期，地下室工期执行±0.000以下工程相应项目乘以系数0.70。

(3) 工业及其他建筑工程施工内容包括基础、结构、装修和设备安装等全部工程内容。

(4) 本部分厂房是指机加工、装配、五金、一般纺织(粗纺、制条、洗毛等)、电子、服装及无特殊要求的装配车间。

(5) 冷库工程不适用于山洞冷库、地下冷库和装配式冷库工程。

(6) 单层厂房的主跨高度以9 m为准，高度在9 m以上时，每增加2 m增加工期10天，不足2 m者，不增加工期。

当多层厂房层高在4.5 m以上时，每增加1 m增加工期5天；不足1 m者不增加工期，对每层单独计取后累加。

特别提醒 厂房主跨高度是指自室外地坪至檐口的高度。

(7) 单层厂房的设备基础体积超过100 m³时，另增加工期10天；体积超过500 m³，另增加工期15天；体积超过1 000 m³时，另增加工期20天。带钢筋混凝土隔振沟的设备基础，隔振沟长度超过100 m时，另增加工期10天，超过200 m时，另增加工期15天，超过500 m时，另增加工期20天。

(8)带站台的仓库(不含冷库工程),其工期按本定额仓库相应子目项乘以系数 1.15 计算。

(9)园林庭院工程的面积按占地面积计算(包括一般园林、喷水池、花池、葡萄架、石椅、石凳等庭院道路、园林绿化等)。

3. 构筑物工程

(1)构筑物工程包括烟囱、水塔、钢筋混凝土贮水池、钢筋混凝土污水池、滑模筒仓、冷却塔等工程。

(2)烟囱工程工期是按照钢筋混凝土结构考虑的,如采用砖砌体结构工程,其工期按相应高度钢筋混凝土烟囱工期定额乘以系数 0.8。

(3)水塔工程按照不保温结构考虑的,如果增加保温内容,工期应增加 10 天。

4. 专业工程

(1)本部分包括机械土方工程、桩基工程、装饰装修工程、设备安装工程、机械吊装工程、钢结构工程。

(2)机械土方工程工期按不同挖深、土方量列项,包含土方开挖和运输。除基础采用逆作法施工的工期由甲、乙双方协商确定外,设计采用不同机械和施工方法时,不做调整。

开工日期从破土开挖开始计算,不包括开工前的准备工作时间。

(3)桩基工程工期依据不同土的类别条件编制,土的分类参照《房屋建筑与装饰工程工程量计算规范》(GB 50854—2013),见表 8-2。

表 8-2 土的分类表

土的分类	土的名称
Ⅰ、Ⅱ类土	粉土、砂土(粉砂、细砂、中砂、粗砂、砾砂)、粉质黏土、弱中盐渍土、软土(淤泥质土、泥炭、泥炭质土)、软塑红黏土、冲填土
Ⅲ类土	黏土、碎石土(圆砾、角砾)混合土、可塑红黏土、硬塑红黏土、强盐渍土、素填土、压实填土
Ⅳ类土	碎石土(卵石、碎石、漂石、块石)、坚硬红黏土、超盐渍土、杂填土
注:1. 冲孔桩、钻孔桩穿岩层或入岩层时应适当增加工期。 2. 钻孔扩底灌注桩按同条件钻孔灌注桩工期乘以系数 1.10 计算。 3. 同一工程采用不同成孔方式同时施工时,各自计算工期取最大值	

打桩开工日期以打第一根桩开始计算,包括桩的现场搬运、就位、打桩、压桩、接桩、送桩和钢筋笼制作安装等工作内容;不包括施工准备、机械进场、试桩、检验检测时间。

特别提醒 预制混凝土桩的工期不区分施工工艺。

(4)装饰装修工程按照装饰装修空间划分为室内装饰装修工程和外墙装饰装修工程。

住宅、其他公共建筑及科技厂房工程按照设计使用年限、功能用途、材料设备选用、装饰工艺、环境舒适度划分为三个等级,分别为一般装修、中级装修和高级装修。宾馆(饭店)装饰装修工程装修标准按《中华人民共和国星级酒店评定标准》确定。装饰装修工程不包括超高层。

对原建筑室内、外墙装饰装修有拆除要求的室内、外墙改造或改建的装饰装修工程，拆除原装饰装修层及垃圾外运工期另行计算。

1）室内装饰装修工程工期说明。

①室内装饰装修工程的内容包括建筑物内空间范围的楼地面、顶棚、墙柱面、门窗、室内隔断、厨房及厨具、卫生间及洁具、室内绿化等，以及室内装饰装修工程有关与相应项目。

②室内装饰装修工程工期中所讲的建筑面积是指装饰装修施工部分范围空间内的建筑面积。

③室内装饰装修工程已综合考虑建筑物的地上、地下部分和楼层层数对施工工期的影响。

④室内装饰装修工程按使用功能用途分为以下三类计算工期。

a. 住宅装饰装修工程：包括住宅、公寓等建筑物室内装饰装修工程。

b. 宾馆、酒店、饭店装饰装修工程：包括宾馆、酒店、饭店、旅馆、酒吧、餐厅、会所、娱乐场所等建筑物的室内装饰装修工程。

c. 公共建筑装饰装修工程：包括办公楼、写字楼、商场、学校、幼儿园、养老院、影剧院、体育馆、展览馆、机场航站楼、火车站、汽车站等建筑物的室内装饰装修工程。

2）外墙装饰装修工程工期说明。

①外墙装饰装修工程的内容包括外墙抹灰、外墙保温层、涂料、油漆、面砖、石材、幕墙、门窗、门楼雨篷、广告招牌、装饰造型、照明电气等外墙装饰装修形式。

②外墙装饰装修工程工期中所讲的外墙装饰装修高度是指室外地坪至外墙装饰装修最高点的垂直高度，外墙装饰装修面积是指进行装饰装修施工的外墙展开面积。

③外墙装饰装修工程是按一般装修编制的，中级装修按照相应工期乘以系数 1.20 计算，高级装修按照相应工期乘以系数 1.40 计算。

（5）设备安装工程包括变电室、开闭所、降压站、发电机房、空压站、消防自动报警系统、消防灭火系统、锅炉房、热力站、通风空调系统、冷冻机房、冷库、冷藏间、起重机和金属容器安装工程。工期计算从专业安装工程具备连续施工条件起，至完成承担的全部设计内容的日历天数。设备安装工程中的给水排水、电气、弱电及预留、预埋工程已综合考虑在建筑工程总工期中，不再单独列项。本工期不包括室外工程、主要设备订货和第三方有偿检测的工程内容。

（6）机械吊装工程包括构件吊装工程和网架吊装工程。构件吊装工程包括梁、柱、板、屋架、天窗架、支撑、楼梯、阳台等构件的现场搬运、就位、拼装、焊接等（后张法不包括开工前的准备工作、钢筋张拉和孔道灌浆）。网架吊装工程包括就位、拼装、焊接、架子搭设、安装等，不包括下料、喷漆。工期计算已综合考虑各种施工工艺，实际使用不做调整。

（7）钢结构安装工程工期是指钢结构现场拼装和安装、油漆等施工工期，不包括建筑的现浇混凝土结构和其他专业工程如装修、设备安装等的施工工期，也不包括钢结构深化设计、构件制作工期。

二、民用建筑工程工期定额表现形式

1. 单项工程工期定额表现形式

单项工程工期定额表现形式主要与下列因素有关。

（1）工程使用功能：主要指本工程的用途，如住宅、饭店、综合楼等。

（2）结构类型：主要指砖混、全现浇、框架等。

（3）层数。

（4）建筑面积：分为 500 m 以内、1 000 m 以内、1 000 m 以外等。

（5）地区类别：分为Ⅰ、Ⅱ、Ⅲ类。

2. 单位工程结构工程工期定额表现形式

单位工程结构工程工期定额表现形式主要与下列因素有关。

（1）结构类型。

（2）层数。

（3）建筑高度。

（4）地区类别。

3. 单位工程装修工程工期定额表现形式

单位工程装修工程工期定额表现形成主要与下列因素有关。

（1）使用功能：主要指宾馆、饭店、其他建筑工程等。

（2）装修标准：主要指星级、一般、中级、高级等。

（3）建筑面积。

（4）地区类别。

三、工期定额应用实例

某大学高层框架-剪力墙异形柱结构体系高层住宅施工工期的确定方法如下。

（一）工程概况

（1）该大学高层住宅位于××市，属Ⅱ类地区，为两幢塔式高层建筑物，主体结构为框架、剪力墙异形柱结构体系，中间核心筒；基础采用筏形基础，柱、墙下设钢筋混凝土灌注桩。

（2）建筑层数为地上 16 层，地下室 1 层，局部 17 层为电梯间和水箱间。

（3）塔式高层住宅采用一梯 6 户，品字形布局，两幢塔式住宅与东边裙房围合成院落，采用封闭式管理。裙房入口有进入院内的消防车道，顶部距地净高 4 m，高层四周均有消防车道。

（4）建筑物首层高为 3.15 m，为物业管理、垃圾间、洗衣房等公共用房及活动用房，建筑面积共计 1 268.62 m²。半地下层为自行车库和设备用房，共计 1 254.89 m²，2～16 层为住宅，除第 9 层和第 16 层，其余各层均为 2.7 m 高，总面积共计 16 545.75 m²。局部 17 层为电梯机房和水箱间，共计 147 m²。裙房为两层活动用房，共计 714.88 m²。每层公共交通面积为57.56 m²。建筑总面积为 19 946.5 m²（其中高层部分为 19 231.62 m²，裙房为 714.88 m²）。

（5）本工程设计抗震烈度为 7 度；耐火等级为二级，其中地下室为一级。

（6）电梯为每幢楼设两部电梯，其中一部为消防电梯。每台电梯载重量为 1 000 kg，速度为 1.5 m/s。

（7）外围护墙为 250 mm 空心砖墙，室内填充墙为 200 mm 加气混凝土砌块墙。外围内面贴 50 mm 厚水泥聚苯保温板，外檐门窗为双层铝合金窗，阳台为单层铝合金窗。内门为木制夹板门，木防火门。外墙装饰面为高级彩色外墙涂料，室内为一般水泥面。与电梯间相邻住户设隔声墙一道。

（8）场地地基从上到下依次为素填土、粉质黏土、粉土、粉质黏土、粉砂、黏土、粉质黏土。地下水属潜水和微承压水。基础采用筏形基础，墙柱下设钢筋混凝土灌注桩，需 $\phi800$ 钻孔灌注桩 340 根，长度为 16 m。

（9）采暖系统：热源来自学校集中锅炉房，室外热网直埋敷设。楼内分高区和低区两个系统，1～8 层为低区，9～16 层为高区，低区由室外热网直接供给，高区需再经热交换机组，进行水-水交换。

（10）本建筑附近已建有 10/0.4 kV 变电站，可提供二级负荷的 380/220 V 电源给本建筑。

（11）本工程全部建筑及安装工程由建筑工程公司总承包。

（二）施工工期的确定

1. 主体建筑物施工工期的确定

根据已知设计情况，本住宅建筑物属于一般建筑，本工程分为 ±0.000 以下和 ±0.000 以上两部分工期之和。

（1）±0.000 以下工程工期。两栋楼单层地下室总面积为 1 254.89 m²。另外，本住宅位于 II 类地区，因此可以参考有地下室工程《工期定额》来确定施工工期，见表 8-3。

表 8-3　有地下室工程（《工期定额》节选）

编号	层数/层	建筑面积/m²	工期/天		
			I 类	II 类	III 类
1-25		1 000 以内	80	85	90
1-26		3 000 以内	105	110	115
1-27		5 000 以内	115	120	125
1-28	1	7 000 以内	125	130	135
1-29		10 000 以内	150	155	160
1-30		10 000 以外	170	175	180
1-31		2 000 以内	120	125	130
1-32		4 000 以内	135	140	145
1-33		6 000 以内	155	160	165
1-34		8 000 以内	170	175	180
1-35	2	10 000 以内	185	190	195
1-36		15 000 以内	210	220	230
1-37		20 000 以内	235	245	255
1-38		20 000 以外	260	270	280

编号	层数/层	建筑面积/m²	工期/天		
			Ⅰ类	Ⅱ类	Ⅲ类
1-39		3 000 以内	165	170	180
1-40		5 000 以内	180	185	195
1-41		7 000 以内	195	205	220
1-42		10 000 以内	215	225	240
1-43	3	15 000 以内	240	250	265
1-44		20 000 以内	265	275	295
1-45		25 000 以内	290	300	320
1-46		30 000 以内	315	325	350
1-47		30 000 以外	340	350	375
1-48		10 000 以内	255	265	280
1-49		15 000 以内	280	290	305
1-50		20 000 以内	305	315	335
1-51		25 000 以内	330	340	360
1-52	4	30 000 以内	355	365	390
1-53		35 000 以内	380	390	415
1-54		40 000 以内	405	415	445
1-55		40 000 以外	430	440	470
1-56		10 000 以内	285	295	310
1-57		15 000 以内	310	325	350
1-58		20 000 以内	340	355	380
1-59		25 000 以内	365	380	410
1-60	5	30 000 以内	390	405	435
1-61		40 000 以内	415	430	465
1-62		50 000 以内	440	455	490
1-63		50 000 以外	470	485	520

根据编号 1-26 查得：单层地下室工期 T_1 为 110 天。

（2）地基处理采用 ϕ600 mm，长 18 m 的钻孔灌注桩 340 根（每栋楼 170 根，总共 2×170 根），参考钻孔灌注桩《工期定额》来确定施工工期，见表 8-4。

表 8-4　钻孔灌注桩(《工期定额》节选)

编号	桩深/m	直径/cm	工程量/根	工期/天		
				Ⅰ类	Ⅱ类	Ⅲ类
4-229			100 以内	11	12	15
4-230			150 以内	14	15	20
4-231			200 以内	20	21	26
4-232			250 以内	24	26	32
4-233			300 以内	30	32	36
4-234			350 以内	35	37	41
4-235			400 以内	40	42	48
4-236			450 以内	46	48	53
4-237			500 以内	51	53	58
4-238	12 以内	φ80	550 以内	57	59	64
4-239			600 以内	62	64	70
4-240			650 以内	68	70	75
4-241			700 以内	74	76	81
4-242			750 以内	79	81	86
4-243			800 以内	85	87	92
4-244			850 以内	90	92	98
4-245			900 以内	96	98	103
4-246			950 以内	102	104	109
4-247			1 000 以内	107	109	114
4-248			100 以内	12	14	19
4-249			150 以内	21	24	30
4-250			200 以内	27	30	37
4-251			250 以内	34	37	43
4-252			300 以内	41	45	52
4-253			350 以内	48	52	58
4-254			400 以内	54	58	65
4-255			450 以内	61	65	73
4-256			500 以内	69	73	80
4-257	16 以内	φ80	550 以内	77	81	88
4-258			600 以内	84	88	95
4-259			650 以内	91	96	104
4-260			700 以内	99	104	111
4-261			750 以内	106	111	119
4-262			800 以内	114	116	123
4-263			850 以内	122	127	134
4-264			900 以内	129	134	141
4-265			950 以内	136	141	149
4-266			1 000 以内	144	149	156

编号	桩深/m	直径/cm	工程量/根	工期/天		
				I 类	II 类	III 类
4-267			100 以内	13	15	20
4-268			150 以内	22	25	31
4-269			200 以内	28	31	38
4-270			250 以内	35	38	44
4-271			300 以内	42	46	53
4-272			350 以内	49	53	59
4-273			400 以内	52	56	63
4-274			450 以内	55	59	67
4-275			500 以内	70	74	81
4-276	20 以内	$\phi80$	550 以内	78	82	89
4-277			600 以内	85	89	96
4-278			650 以内	92	97	105
4-279			700 以内	100	105	112
4-280			750 以内	107	112	120
4-281			800 以内	115	117	124
4-282			850 以内	123	128	135
4-283			900 以内	130	135	142
4-284			950 以内	137	142	150
4-285			1 000 以内	145	150	157

根据编号 4-269 查得每栋住宅楼的桩基工程工期 T_2 为 31 天。

2. ±0.000 以上工程工期

本住宅楼为 16 层，第 17 层是电梯间和水箱间，根据第 2 页的说明不计层数，楼房结构为现浇框架结构，总建筑面积为 19 946.5 m²，其中高层部分为 19 231.62 m²（甲座为 8 557.8 m²，乙座为 7 987.95 m²），裙房部分为 714.88 m²，故其工期可以分为两个部分：

(1)高层部分(甲、乙两座)计算施工工期。查现浇框架结构《工期定额》可知施工工期，见表 8-5。

表 8-5 现浇框架结构(《工期定额》节选)

编号	层数/层	建筑面积/m²	工期/天		
			I 类	II 类	III 类
1-134		1 000 以内	140	155	170
1-135		2 000 以内	150	165	180
1-136	3 以下	4 000 以内	165	180	195
1-137		6 000 以内	185	200	215
1-138		6 000 以外	205	220	240

编号	层数/层	建筑面积/m²	工期/天		
			Ⅰ类	Ⅱ类	Ⅲ类
1-139	6 以下	3 000 以内	190	205	225
1-140		6 000 以内	215	230	250
1-141		8 000 以内	235	250	270
1-142		10 000 以内	250	265	285
1-143		10 000 以外	285	300	325
1-144	8 以下	5 000 以内	235	250	275
1-145		8 000 以内	255	270	295
1-146		10 000 以内	270	285	315
1-147		15 000 以内	290	305	335
1-148		15 000 以外	320	335	365
1-149	10 以下	8 000 以内	275	290	320
1-150		10 000 以内	290	305	335
1-151		15 000 以内	310	325	355
1-152		15 000 以外	365	380	410
1-153	12 以下	10 000 以内	310	325	360
1-154		15 000 以内	330	345	380
1-155		20 000 以内	345	365	395
1-156		20 000 以外	370	390	420
1-157	16 以下	15 000 以内	375	395	430
1-158		20 000 以内	390	410	445
1-159		25 000 以内	410	430	465
1-160		30 000 以内	430	450	485
1-161		30 000 以外	455	475	510
1-162	20 以下	20 000 以内	430	450	490
1-163		25 000 以内	450	470	510
1-164		30 000 以内	475	495	535
1-165		40 000 以内	515	535	575
1-166		40 000 以外	540	560	600
1-167	30 以下	30 000 以内	550	575	615
1-168		35 000 以内	565	590	630
1-169		40 000 以内	580	605	645
1-170		50 000 以内	620	645	685
1-171		50 000 以外	650	675	715

根据编号 1-157，且该工程所在地属Ⅱ类地区查得：甲座 T_3 为 395 天，乙座 T_4 为 395 天。

（2）裙房部分施工工期。查《工期定额》"居住建筑—砖混结构"，见表8-6。

表 8-6　砖混结构（《工期定额》节选）

编号	层数/层	建筑面积/m²	工期/天		
			Ⅰ类	Ⅱ类	Ⅲ类
1-64	2以下	500 以内	40	50	70
1-65		1 000 以内	50	60	80
1-66		2 000 以内	60	70	90
1-67		2 000 以外	75	85	105
1-68	3	1 000 以内	70	80	100
1-69		2 000 以内	80	90	110
1-70		3 000 以内	95	105	130
1-71		3 000 以外	115	125	150
1-72	4	2 000 以内	100	110	130
1-73		3 000 以内	110	120	140
1-74		5 000 以内	135	145	165
1-75		5 000 以外	155	165	185
1-76	5	3 000 以内	130	140	165
1-77		5 000 以内	150	160	185
1-78		8 000 以内	170	180	205
1-79		10 000 以内	185	195	220
1-80		10 000 以外	205	215	240
1-81	6	4 000 以内	160	170	195
1-82		6 000 以内	175	185	210
1-83		8 000 以内	190	200	225
1-84		10 000 以内	205	215	240
1-85		10 000 以外	225	235	260
1-86	7	5 000 以内	185	195	220
1-87		7 000 以内	200	215	240
1-88		10 000 以内	220	235	260
1-89		10 000 以外	250	265	290

根据编号 1-65，且该工程所在地属 Ⅱ 类地区查得裙房部分施工工期 T_5 为 60 天。

该土建部分施工工期应为上述各部分工期的总和，由于两座高层建筑甲座和乙座的建筑安装工程任务均由一个承包公司承担，按该《工期定额》规定：同期施工的群体工程中，一个承包人同时承包 2 个以上（含 2 个）单项（位）工程时，工期的计算以一个最大工期的单项（位）工程为基数，另加其他单项（位）工程工期总和乘以相应系数计算：加 1 个乘以系数 0.35；加 2 个乘以系数 0.2；加 3 个乘以系数 0.15；加 4 个及以上的单项（位）工程不另加工期。

项目小结

工程定额是在一定经济和社会条件下，在一定时期内建设行政主管部门制定并发布的工程项目建设消耗的时间标准。本项目主要介绍工期定额的概念、编制方法及其具体应用。

 思考与练习

一、填空题

1. _____是指在一定的经济和社会条件下，在一定时期内由住房城乡建设主管部门制定并发布的工程项目建设消耗的时间标准。

2. 工期定额包括_____和_____两个层次。

二、选择题(有一个或多个答案)

1. 影响工期定额的主要因素有(   )。

    A. 时间因素   B. 空间因素

    C. 施工对象因素   D. 施工方法因素

    E. 资金使用和物资供应方式的因素

2. 编制工期定额时，(   )可以将非确定性的问题，转化为确定性的问题，从而达到获得合理工期的目的。

    A. 施工组织设计法   B. 评审技术法

    C. 曲线回归法   D. 专家评估法

三、简答题

1. 工期定额的作用包括哪些内容？

2. 工期定额的编制原则是什么？

项目九　建筑面积计算

◎ **知识目标**

了解建筑面积的概念；熟悉建筑面积的计算意义；掌握计算建筑面积的规定。

◎ **能力目标**

能够运用建筑面积计算规则进行具体工程项目建筑面积的计算。

◎ **素质目标**

要勇于创新，与他人交流所学的内容，运用知识方式解决新的问题。

◎ **项目导读**

建筑面积是衡量建设规模、考察建筑投资及进行经济核算的综合性指标，它广泛应用于基本建设规划、统计、设计、施工和工程概预算等各个方面。在建筑工程造价管理方面，建筑面积起着非常重要的作用，是房屋建筑计价的主要指标之一。此外，科学、准确地计算建筑面积，还有利于建筑工程有关分项工程的工程量计算和费用计算。

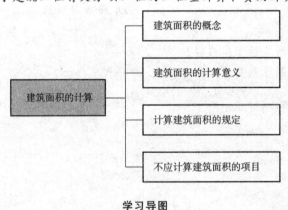

学习导图

一、建筑面积的概念

建筑面积也称为建筑展开面积，是指建筑物各层面积的总和。建筑面积包括使用面积、辅助面积和结构面积。使用面积是指建筑物各层平面布置中可直接为生产或生活使用的净面积总和。居室净面积在民用建筑中，也称为居住面积。辅助面积是指建筑物各层平面布置中为辅助生产或生活所占净面积的总和。使用面积与辅助面积的总和称为有效面积。结构面积是指建筑物各层平面布置中的墙体、柱等结构所占面积的总和。

二、建筑面积的计算意义

(1)建筑面积是一项重要的技术经济指标。在国民经济一定时期内，完成建筑面积的多少，也标志着一个国家的工农业生产发展状况、人民生活居住条件的改善和文化生活福利设施发展的程度。

(2)建筑面积是计算结构工程量或用于确定某些费用指标的基础。如计算出建筑面积之后，利用这个基数，就可以计算地面抹灰、室内填土、地面垫层、平整场地、脚手架工程等项目的预算价值。为了简化预算的编制和某些费用的计算，有些取费指标的取定，如中小型机械费、生产工具使用费、检验试验费、成品保护增加费等也是以建筑面积为基数确定的。

(3)建筑面积作为结构工程量的计算基础，不仅重要，而且也是一项需要认真对待和细心计算的工作，任何粗心大意都会造成计算上的错误，不但会造成结构工程量计算上的偏差，也会直接影响概预算造价的准确性，造成人力、物力和国家建设资金的浪费及大量建筑材料的积压。

(4)建筑面积与使用面积、辅助面积、结构面积之间存在着一定的比例关系。设计人员在进行建筑或结构设计时，都应在计算建筑面积的基础上再分别计算出结构面积、有效面积及诸如平面系数、土地利用系数等技术经济指标。有了建筑面积，才有可能计算单位建筑面积的技术经济指标。

(5)建筑面积的计算对于建筑施工企业实行内部经济承包责任制、投标报价、编制施工组织设计、配备施工力量、成本核算及物资供应等，都具有重要的意义。

三、计算建筑面积的规定

(1)建筑物的建筑面积应按自然层外墙结构外围水平面积之和计算。结构层高在 2.20 m 及以上的，应计算全面积；结构层高在 2.20 m 以下的，应计算 1/2 面积。

应用案例 9-1

【题目】 已知某房屋平面图和剖面图(图 9-1)，计算该房屋建筑面积。

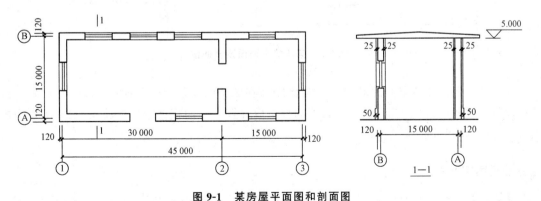

图 9-1 某房屋平面图和剖面图

【解析】 $S=45.24\times15.24=689.46(\text{m}^2)$

（2）建筑物内设有局部楼层时，对于局部楼层的二层及以上楼层，有围护结构的应按其围护结构外围水平面积计算，无围护结构的应按其结构底板水平面积计算，且结构层高在2.20 m及以上的，应计算全面积，结构层高在2.20 m以下的，应计算1/2面积。建筑物内的局部楼层如图9-2所示。

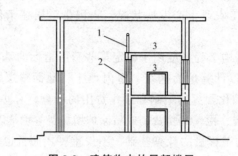

图 9-2　建筑物内的局部楼层

1—围护设施；2—围护结构；3—局部楼层

应用案例 9-2

【题目】　某建筑平面图及剖面图如图9-3所示，$L=12\ 000\ mm$，$B=6\ 000\ mm$，$a=3\ 300\ mm$，$b=4\ 800\ mm$，计算工程建筑面积。

【解析】　建筑面积$=12\times6+3.3\times4.8\times1/2$

$$=79.92(\text{m}^2)$$

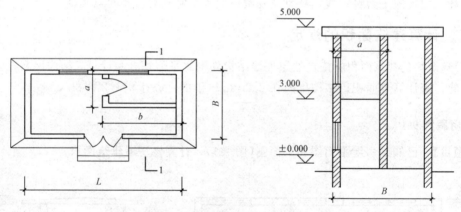

图 9-3　某建筑平面图及剖面图

（3）对于形成建筑空间的坡屋顶，结构净高在2.10 m及以上的部位应计算全面积；结构净高在1.20 m及以上至2.10 m以下的部位应计算1/2面积；结构净高在1.20 m以下的部位不应计算建筑面积。

应用案例 9-3

【题目】　某坡屋面建筑平面图与剖面图如图9-4所示，其中$A=10\ 000\ mm$，$B=4\ 000\ mm$，$H_1=4\ 000\ mm$，$B_1=3\ 400\ mm$，$B_1=1\ 500\ mm$。试计算工程建筑面积。

【解析】 一层建筑面积＝10×4＝40（m²）

当坡屋顶建筑面积净高＞2.10 m部分，建筑面积＝10×1.5＝15（m²）

1.20 m＜净高＜2.10 m部分，建筑面积＝10×(3.4−1.5)×1/2＝9.5（m²）

当坡屋面净高＜1.20 m部分，建筑面积＝0

总建筑面积＝40＋15＋9.5＝64.5（m²）

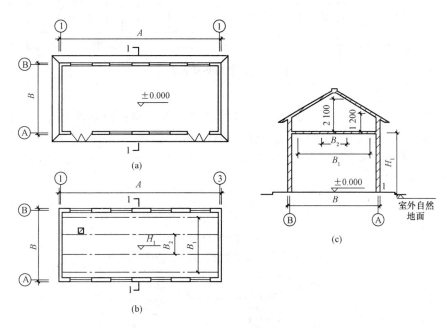

图 9-4　坡屋面建筑平面图与剖面图

(a)底层平面图；(b)阁楼平面图；(c)1—1剖面图

(4)对于场馆看台下的建筑空间，结构净高在2.10 m及以上的部位应计算全面积；结构净高在1.20 m及以上至2.10 m以下的部位应计算1/2面积；结构净高在1.20 m以下的部位不应计算建筑面积。室内单独设置的有围护设施的悬挑看台，应按看台结构底板水平投影面积计算建筑面积。有顶盖无围护结构的场馆看台应按其顶盖水平投影面积的1/2计算面积。

👨 **特别提醒**　场馆看台下的建筑空间因其上部结构多为斜板，所以采用净高尺寸划定建筑面积的计算范围和对应规则。室内单独设置的有围护设施的悬挑看台，由于看台上部设有顶盖且可供人使用，应按看台板的结构底板水平投影计算建筑面积。

有顶盖无围护的场馆看台中的"场馆"为专业术语，是指各种"场"类建筑，如体育场、足球场、网球场、带看台的风雨操场等。

🏗 **应用案例 9-4**

【题目】　试计算图9-5所示的建筑物场馆看台下(做更衣室)的建筑面积。

【解析】　S＝8×(5.3＋1.6×0.5)＝48.8（m²）

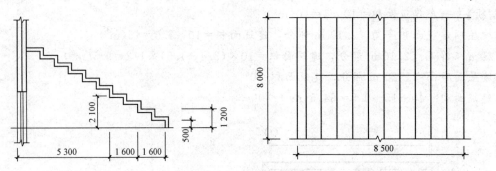

图 9-5 建筑物场馆看台

(5)地下室、半地下室应按其结构外围水平面积计算。结构层高在 2.20 m 及以上的，应计算全面积；结构层高在 2.20 m 以下的，应计算 1/2 面积。

(6)出入口外墙外侧坡道有顶盖的部位，应按其外墙结构外围水平面积的 1/2 计算面积。地下室出入口如图 9-6 所示。

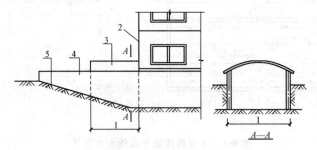

图 9-6 地下室出入口

1—计算 1/2 投影面积部位；2—主体建筑；3—出入口顶盖；4—封闭出入口侧墙；5—出入口坡道

(7)建筑物架空层及坡地建筑物吊脚架空层(图 9-7)，应按其顶板水平投影计算建筑面积。结构层高在 2.20 m 及以上的，应计算全面积；结构层高在 2.20 m 以下的，应计算 1/2 面积。

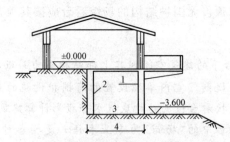

图 9-7 建筑物吊脚架空层

1—柱；2—墙；3—吊脚架空层；4—计算建筑面积部位

应用案例 9-5

【题目】 某坡地建筑物如图 9-8 所示，求该建筑物的建筑面积。

【解析】 $S=(7.44×4.74)×2+(2.0+0.12×2)×4.74=81.15(\text{m}^2)$

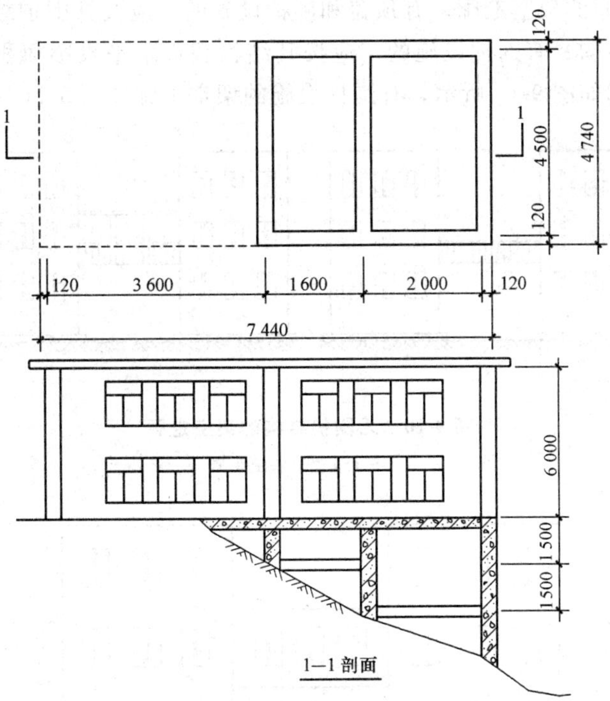

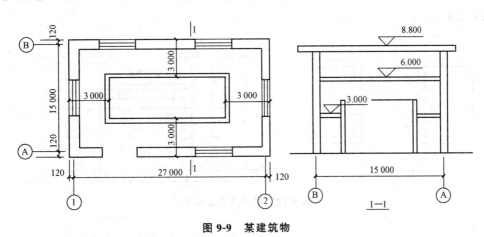

图 9-8 某坡地建筑物

(8)建筑物的门厅、大厅应按一层计算建筑面积,门厅、大厅内设置的走廊应按走廊结构底板水平投影面积计算建筑面积。结构层高在 2.20 m 及以上的,应计算全面积;结构层高在 2.20 m 以下的,应计算 1/2 面积。

应用案例 9-6

【题目】 计算图 9-9 所示的某建筑物的建筑面积。

图 9-9 某建筑物

【解析】 $S = 27.24 \times 15.24 \times 3 - (15 + 0.24 - 6) \times (27 + 0.24 - 6) = 1 \ 049.16 (\text{m}^2)$

(9)对于建筑物间的架空走廊,有顶盖和围护设施的,应按其围护结构外围水平面积计算全面积;无围护结构、有围护设施的,应按其结构底板水平投影面积计算 1/2 面积。无围护结构的架空走廊如图 9-10 所示。有围护设施的架空走廊如图 9-11 所示。

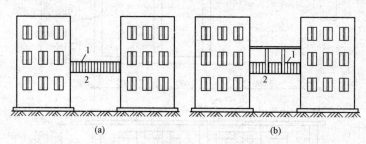

(a)   (b)

图 9-10   无围护结构的架空走廊

1—栏杆;2—架空走廊

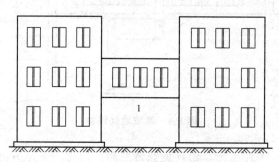

图 9-11   有围护结构的架空走廊

1—架空走廊

应用案例 9-7

【题目】 计算图 9-12 所示的有顶盖架空通廊的建筑面积。

【解析】 $S=6\times1.5=9(\text{m}^2)$

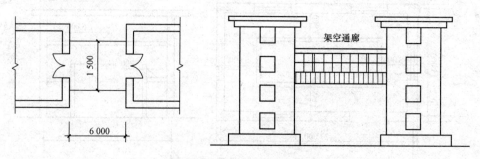

图 9-12   有顶盖架空通廊

(10)对于立体书库、立体仓库、立体车库,有围护结构的,应按其围护结构外围水平面积计算建筑面积;无围护结构、有围护设施的,应按其结构底板水平投影面积计算建筑面积。无结构层的应按一层计算，有结构层的应按其结构层面积分别计算。结构层高在2.20 m及以上的，应计算全面积；结构层高在2.20 m以下的，应计算1/2面积。

👤 **特别提醒** 起局部分隔、存储等作用的书架层、货架层或可升降的立体钢结构停车层，均不属于结构层，故该部分分层不计算建筑面积。

(11)有围护结构的舞台灯光控制室，应按其围护结构外围水平面积计算。结构层高在2.20 m及以上的，应计算全面积；结构层高在2.20 m以下的，应计算1/2面积。

🖊 **应用案例 9-8**

【题目】 计算图9-13所示的有围护结构的舞台灯光控制室的建筑面积。

【解析】
$$S = 100.24 \times 50.24 + (\pi r^2/2) \times 2 \times 2$$
$$= 100.24 \times 50.24 + (3.14/2) \times 1.24^2 \times 4$$
$$= 5\,045.71\,(\text{m}^2)$$

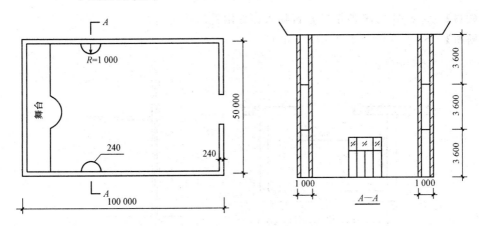

图 9-13 有围护结构的舞台灯光控制室

(12)附属在建筑物外墙的落地橱窗，应按其围护结构外围水平面积计算。结构层高在2.20 m及以上的，应计算全面积；结构层高在2.20 m以下的，应计算1/2面积。

(13)窗台与室内楼地面高差在0.45 m以下且结构净高在2.10 m及以上的凸(飘)窗，应按其围护结构外围水平面积计算1/2面积。

(14)有围护设施的室外走廊(挑廊)，应按其结构底板水平投影面积计算1/2面积；有围护设施(或柱)的檐廊(图9-14)，应按其围护设施(或柱)外围水平面积计算1/2面积。

(15)门斗(图9-15)应按其围护结构外围水平面积计算建筑面积，且结构层高在2.20 m及以上的，应计算全面积；结构层高在2.20 m以下的，应计算1/2面积。

(16)门廊应按其顶板的水平投影面积的1/2计算建筑面积；有柱雨篷应按其结构板水平投影面积的1/2计算建筑面积；无柱雨篷的结构外边线至外墙结构外边线的宽度在2.10 m及以上的，应按雨篷结构板的水平投影面积的1/2计算建筑面积。

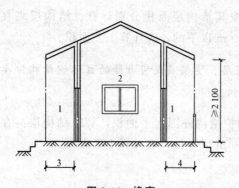

图 9-14 檐廊

1—檐廊；2—室内；3—不计算建筑面积部位；
4—计算建筑面积部位

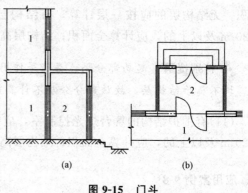

图 9-15 门斗

1—室内；2—门斗

应用案例 9-9

【题目】 计算图 9-16 所示的建筑物入口处雨篷的建筑面积。

【解析】 $S = 2.3 \times 4 \times 1/2 = 4.6 \, (\text{m}^2)$

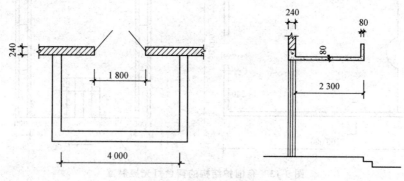

图 9-16 建筑物入口处雨篷

(17)设在建筑物顶部的、有围护结构的楼梯间、水箱间、电梯机房等，结构层高在 2.20 m 及以上的应计算全面积；结构层高在 2.20 m 以下的，应计算 1/2 面积。

(18)围护结构不垂直于水平面的楼层，应按其底板面的外墙外围水平面积计算。结构净高在 2.10 m 及以上的部位，应计算全面积；结构净高在 1.20 m 及以上至 2.10 m 以下的部位，应计算 1/2 面积；结构净高在 1.20 m 以下的部位，不应计算建筑面积。斜围护结构如图 9-17 所示。

(19)建筑物的室内楼梯、电梯井、提物井、管道井、通风排气竖井、烟道，应并入建筑物的自然层计算建筑面积。有顶盖的采光井应按一层计算面积，且结构净高在 2.10 m 及以上的，应计算全面积；结构净高在 2.10 m 以下的，应计算 1/2 面积。地下室采光井如图 9-18 所示。

(20)室外楼梯应并入所依附建筑物自然层，并应按其水平投影面积的 1/2 计算建筑面积。

(21)在主体结构内的阳台，应按其结构外围水平面积计算全面积；在主体结构外的阳台，应按其结构底板水平投影面积计算 1/2 面积。

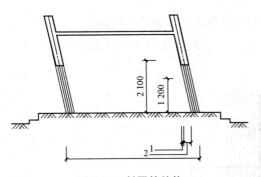

图 9-17 斜围护结构

1—计算 1/2 建筑面积部位；2—不计算建筑面积部位

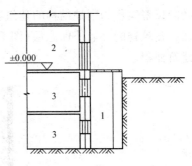

图 9-18 地下室采光井

1—采光井；2—室内；3—地下室

应用案例 9-10

【题目】 计算图 9-19 所示的建筑物阳台的建筑面积。

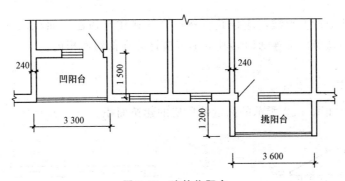

图 9-19 建筑物阳台

【解析】 $S=(3.3-0.24)\times1.5\times1+1.2\times(3.6+0.24)\times1/2=6.89(\mathrm{m}^2)$

(22)有顶盖无围护结构的车棚、货棚、站台、加油站、收费站等，应按其顶盖水平投影面积的 1/2 计算建筑面积。

应用案例 9-11

【题目】 计算如图 9-20 所示的火车站单排柱站台的建筑面积。

【解析】 $S=30\times6\times1/2=90(\mathrm{m}^2)$

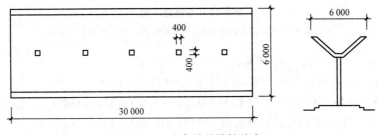

图 9-20 火车站单排柱站台

(23)以幕墙作为围护结构的建筑物,应按幕墙外边线计算建筑面积。

(24)建筑物的外墙外保温层(图 9-21),应按其保温材料的水平截面积计算,并计入自然层建筑面积。

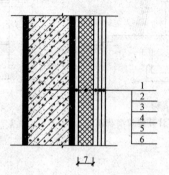

图 9-21　建筑物外墙外保温层

1—墙体;2—粘结胶结浆;3—保温材料;4—标准网;5—加强网;6—抹面胶浆;7—计算建筑面积部位

(25)与室内相通的变形缝,应按其自然层合并在建筑物建筑面积内计算。对于高低联跨的建筑物,当高低跨内部连通时,其变形缝应计算在低跨面积内。

应用案例 9-12

【题目】　计算如图 9-22 所示的高低跨厂房的建筑面积。

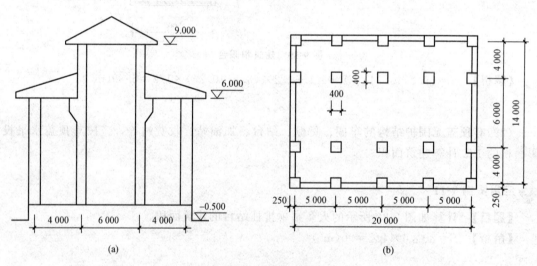

(a)　　　　　　　　　　　　　　　(b)

图 9-22　高低跨厂房

(a)高低联跨单层建筑剖面示意;(b)高低联跨单层建筑平面示意

【解析】　按 $S=S_1+S_2+S_3$ 计算。

高跨:$S_1=(20.00+0.50)\times(6.00+0.40)=131.20(\text{m}^2)$

右低跨:$S_2=(20.00+0.50)\times(4.00+0.25-0.20)=83.03(\text{m}^2)$

左低跨:$S_3=(20.00+0.50)\times(4.00+0.25-0.20)=83.03(\text{m}^2)$

$S=S_1+S_2+S_3=131.20+83.03\times2=297.26\approx297(\text{m}^2)$

(26)对于建筑物内的设备层、管道层、避难层等有结构层的楼层，结构层高在2.20 m及以上的，应计算全面积；结构层高在2.20 m以下的，应计算1/2面积。

四、不应计算建筑面积的项目

(1)与建筑物内不相连通的建筑部件。

(2)骑楼(图9-23)和过街楼(图9-24)底层的开放公共空间和建筑物通道。

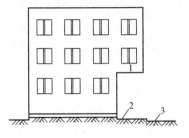 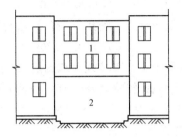

图9-23　骑楼　　　　　　　　　　**图9-24　过街楼**
1—骑楼；2—人行道；3—街道　　　　1—过街楼；2—建筑物通道

(3)舞台及后台悬挂幕布和布景的天桥、挑台等。

(4)露台、露天游泳池、花架、屋顶的水箱及装饰性结构构件。

(5)建筑物内的操作平台、上料平台、安装箱和罐体的平台。

(6)勒脚、附墙柱、垛、台阶、墙面抹灰、装饰面、镶贴块料面层、装饰性幕墙，主体结构外的空调室外机搁板(箱)、构件、配件，挑出宽度在2.10 m以下的无柱雨篷和顶盖高度达到或超过两个楼层的无柱雨篷。

(7)窗台与室内地面高差在0.45 m以下且结构净高在2.10 m以下的凸(飘)窗，窗台与室内地面高差在0.45m及以上的凸(飘)窗。

(8)室外爬梯、室外专用消防钢楼梯。

(9)无围护结构的观光电梯。

(10)建筑物以外的地下人防通道，独立的烟囱、烟道、地沟、油(水)罐、气柜、水塔、贮油(水)池、贮仓、栈桥等构筑物。

 项目小结

建筑面积是房屋建筑各层水平面积的总和。本项目主要介绍计算建筑面积的方法。

 思考与练习

一、填空题

1. ＿＿＿＿＿＿与＿＿＿＿＿＿的总和称为有效面积。

2. ＿＿＿＿＿＿是指建筑物各层平面布置中的墙体、柱等结构所占面积的总和。

3. 建筑物的建筑面积应按_____计算。

4. 窗台与室内楼地面高差在_____ m 以下且结构净高在_____ m 及以上的凸（飘）窗，应按其围护结构外围水平面积计算 1/2 面积。

二、选择题（有一个或多个答案）

1. 门斗应按其围护结构外围水平面积计算建筑面积，且结构层高在（   ）m 及以上的，应计算全面积；结构层高在（   ）m 以下的，应计算 1/2 面积。

    A. 2.10   B. 2.20   C. 2.30   D. 2.40

2. 对于场馆看台下的建筑空间，结构净高在（   ）m 及以上的，应计算全面积。

    A. 2.10   B. 2.20   C. 2.30   D. 2.40

3. 下列属于不计算建筑面积的有（   ）。

    A. 建筑物通道（骑楼、过街楼的底层）

    B. 建筑物内的设备管道夹层

    C. 建筑物内分隔的单层房间，舞台及后台悬挂幕布或布景的天桥、挑台等

    D. 屋顶水箱、花架、露台、露天游泳池

    E. 建筑物内的操作平台、上料平台、安装箱和罐体的平台

三、简答题

1. 什么是建筑面积？它包括哪些内容？

2. 建筑面积的计算意义有哪些？

参 考 文 献

[1] 中华人民共和国住宅和城乡建设部 . TY 01—31—2015 房屋建筑与装饰工程消耗量定额 [S]. 北京：中国计划出版社，2015.

[2] 中华人民共和国住房和城乡建设部 . 建设工程施工机械台班费用编制规则[S]. 北京：中国计划出版社，2015.

[3] 中华人民共和国住房和城乡建设部 . GB 50500—2013 建设工程工程量清单计价规范 [S]. 北京：中国计划出版社，2013.

[4] 何辉，吴瑛 . 工程建设定额原理与实务[M].3 版 . 北京：中国建筑工业出版社，2015.

[5] 于香梅 . 建筑工程定额与预算[M]. 北京：清华大学出版社，2016.

[6] 王武奇 . 建筑工程计量与计价[M]. 北京：中国建筑工业出版社，2015.

[7] 廖天平 . 建筑工程定额与预算[M]. 北京：高等教育出版社，2015.

[8] 李建峰 . 建设工程定额原理与实务[M]. 北京：机械工业出版社，2013.

参考文献